Handwritten signature and date: "Juli 2013"

BÖHNKE

Mit Hunden gewaltfrei kommunizieren

„Für Henry, Lotti, Bummi und Elsa
und alle, von denen ich lernen durfte
und darf."

JUDITH BÖHNKE

Mit Hunden gewaltfrei kommunizieren

KOSMOS

Inhalt

Bedürfnisse erkennen und eingestehen 85

Wenn im Folgenden insbesondere in Bezug auf Hundebesitzer weitgehend auf die weibliche Form verzichtet wird, so geschieht dies aus Gründen der besseren Lesbarkeit. Gemeint sind immer beide Geschlechter. Alle Rechte vorbehalten.

„Nicht Erbarmen, sondern Gerechtigkeit
ist man den Tieren schuldig."
Arthur Schopenhauer

Beziehungen – ein Stück Lebensglück

Jedes Tier ist anders.
Jeder Mensch ist besonders.
Jede Beziehung ist einzigartig.

Beziehungen verknüpfen Leben. Darauf sind wir als soziale Lebewesen angewiesen. Ohne Beziehungen kommen wir zumeist nicht weit. Zumindest nicht ohne die guten. Gute Beziehungen gelten in manchen Kreisen sogar als das „Vitamin B" für Erfolg und sozialen Aufstieg. Doch auch im Kleinen nähren gute Beziehungen unser Lebensglück. In der Familie und unter Freunden. Die Qualität unserer Beziehungen bestimmt über den Grad unserer Lebensqualität. Eine glückliche Beziehung kann uns manchmal gar dafür entschädigen, dass es in anderen Bereichen unseres Lebens vielleicht gerade gar nicht so gut läuft. Aus unseren Beziehungen schöpfen wir Kraft, die Kraft, gewisse Dinge durchzustehen, andere durchzusetzen, uns von wieder anderen zu befreien. Eine Beziehung, die wir schätzen und genießen und in der es uns gelingt, unsere damit verbundenen

Bedürfnisse zu erfüllen, ist Voraussetzung für das Entstehen von Bindung. Gute Beziehungen, solche, die wir vielleicht sogar als besonders erleben, können uns jedoch nicht nur mit anderen Menschen gelingen, sondern auch mit unseren Hunden. **Hier wie da ist der Schlüssel zu einer guten Beziehung Kommunikation.**

Es ist jedoch nicht bloße Kommunikation als solche, was entscheidenden Einfluss darauf hat, wie sich eine Beziehung entwickelt. Es ist die Art, wie wir miteinander kommunizieren. Damit können wir von Anfang an vielversprechende Beziehungen ruinieren, genauso wie es uns gelingen kann, manch ruinierte Beziehung durch kluge Kommunikationstechniken zu retten. Das gilt im Zusammenleben von Menschen genauso wie im Zusammenleben von Menschen und Hunden.

Kommunikation ist facettenreich

Wir kommunizieren auf vielfältige Weise, mit Worten und Lauten, Gesten und Berührungen, Körperspannung, Stimmlage und Sprechweise, mit Blicken und Mimik, sogar Gerüchen und Kleidung, Frisuren und Make-up, Autmarken, Statussymbolen etc. Nicht umsonst heißt es: Man kann nicht „nicht kommunizieren". Auch mit unseren Hunden kommunizieren wir mit Worten, Lauten, Gesten, Berührungen, Blicken, Mimik etc. Das Wie überlassen wir dabei zu einem großen Teil unserem Instinkt, was im Allgemeinen auch recht gut funktioniert. Dennoch entdecken wir immer wieder immenses Potenzial für Missverständnisse. In der Mensch-Hund-Kommunikation vor allem hinsichtlich dessen, was wir in hundliches Verhalten hineininterpretieren, aber auch in Bezug auf das, was unser Hund aus unserer Körpersprache bzw. unserem Ausdrucksverhalten herauszulesen meint. Allzu oft reden Mensch und Hund aneinander vorbei. Missverständnisse wiederum nagen am Kommunikationserfolg und beeinträchtigen unsere Zufriedenheit in der betroffenen Beziehung: Wir reagieren mit Frustration, mit Ärger, Wut, Irritation, Verzweiflung, Hilflosigkeit oder auch Traurigkeit und Depression. Auch unserem Hund geht es nicht gut, wenn er uns oder wir ihn missverstehen. Nicht wenige Hundebesitzer besinnen sich deshalb auf die Möglichkeit, in „Fremdsprache" kommunizieren zu können. Weil sie die Erfahrung gemacht haben, dass das mit Französisch, Japanisch oder Afrikaans ganz hervorragend klappt, versuchen sie, auch „hund" zu lernen. Die Sache hat jedoch einen Haken: In einer fremden Sprache zu kommunizieren setzt nicht nur voraus, dass wir sie verstehen, sondern auch, dass wir sie selbst tatsächlich sprechen, uns in der fremden Sprache ausdrücken können. Das gelingt uns jedoch nur, wenn das Fremde trotz seines Fremdseins von unserer Art ist. Und das sind unsere Hunde nicht.

Körpersprache und Ausdrucksverhalten

Die Begriffe „Körpersprache" und „Ausdrucksverhalten" werden synonym verwendet, obwohl Ausdrucksverhalten keine Körpersprache im eigentlichen Sinne darstellt. Umgangssprachlich haben sie sich jedoch als Synonyme eingebürgert.

Verstehen reicht aus

Wenn wir uns intensiv mit Hundeverhalten beschäftigen, gelingt es uns, „hund" zu verstehen. Dennoch beobachte ich sehr häufig, dass Hundebesitzer überzeugt sind, sich ihrem Hund nur dadurch unmissverständlich mitteilen zu können, dass sie Hundeverhalten imitieren. Fast immer betrifft das Versuche, den Hund wegen einer Missetat zu bestrafen, ihn von gewissen Dummheiten abzubringen, zu beschwichtigen oder ihn zur Unterordnung zu zwingen. Was vielfach durchaus funktioniert, hat nach meiner Erfahrung fatale Auswirkungen auf die Qualität der Beziehung zwischen Mensch und Hund. Auch, wenn aus der Sicht des Menschen alles in Ordnung zu sein scheint, weil der Hund ja „hört". Der Hund kann die Beziehung ganz anders wahrnehmen und alles andere als zufrieden oder gar glücklich darin sein. Denn: Wissen wir wirklich, was wir sagen, wenn wir unseren Hund anknurren, angähnen, am Nackenfell packen oder auf den Rücken werfen und festhalten? Sind solche Aktionen im Einzelfall wirklich angezeigt oder würde ein Hund an unserer Stelle vielleicht etwas ganz anderes oder gar nichts tun?

Ich denke, dass wir Missverständnisse in der Mensch-Hund-Kommunikation noch potenzieren, wenn wir versuchen, uns wie Hunde auszudrücken – einige wenige Signale (insbesondere sogenannte Beruhigungssignale oder auch Spielsignale) im Einzelfall ausgenommen. Weil wir nun mal keine Hunde sind, können wir auch kaum wie Hunde kommunizieren, und wenn wir ehrlich sind, müssen wir zugeben, dass alle unsere Versuche und Bemühungen reichlich unzulänglich bleiben, wie sehr wir uns auch anstrengen mögen. „Hundesprache" ist ebenso detailreich und fein abgestimmt wie die menschliche Sprache, sie ist eben nur anders und kein gleichsam digitales Konstrukt, aus dem man etwas ableiten könnte wie: „Wenn es hier blinkt, bedeutet es das; wenn es dort rasselt, bedeutet es das."

Leider beobachte ich immer wieder, dass wir Menschen genau diesem Blick auf unsere Hunde sehr anhaften. Vielleicht weil wir noch immer stark an der Vorstellung vom „Maschinenhund" festhalten, dem Tier aus den Labors der Lerntheoretiker, das nach dem Prinzip des „Stimulus-Response" funktioniert, im besten Fall zu „bestimmten Grundgefühlen" fähig ist, aber weder denken noch eine Seele gleich der unseren sein Eigen nennen kann. Und selbst, wenn uns die Vorstellung vom Maschinenhund absurd erscheint, sehen wir die Kommunikation mit unseren Hunden oft auf einige simple Laute, Haltungen, Geräusche und Maßregelungen reduziert. Vor allem aber glauben wir, durch geeignete Maßnahmen den perfekten Hund ganz nach unseren Vorstellungen und behördlichen Regelwerken kreieren, konditionieren, erziehen zu können.

Authentizität wahren

Ich denke, wir kommunizieren am besten und am authentischsten, wenn wir auch unserem Hund gegenüber mit unseren Wörtern, Gesten, Berührungen etc. kommunizieren. So wie wir lernen können, die „Sprache" unseres Hundes in ihren Lautäußerungen, körpersprachlichen Signalen, in Mimik, Berührungen, Blicken zu verstehen, kann unser Hund lernen, unsere Äußerungen zu entschlüsseln (Sozialisierung bzw. soziales Lernen). Dabei wird deutlich, dass sich der Begriff Kommunikation nur in einem ganzheitlichen Sinne verstehen lässt, zusammengesetzt aus einem digitalen und einem analogen Teil.

> Digitale Kommunikation setzt dabei voraus, dass wir mit unserem Hund Vereinbarungen hinsichtlich der Bedeutung bestimmter Wörter, Melodien, Töne oder Gesten treffen. Dazu gehören „sitz" und „platz" beispielsweise ebenso wie der Pfiff aus der Hundepfeife, das Klickgeräusch eines Clickers oder der ganz spezifische Singsang eines immer gleich gesprochenen Satzes.

> Analoge Kommunikation, also das, was wir etwa mit Blicken und
Berührungen, mit (Körper-)Gerüchen, Körperspannung, Stimm-
modulation und Mimik, aber beispielsweise auch mit Blickrich-
tungen oder dem Abstand und Winkel, in dem sich einer zum
anderen bewegt oder steht, zum Ausdruck bringen, wird demgegenüber intuitiv von einem gut auf Menschen sozialisierten Hund
verstanden. Im Zusammenleben mit Hunden besitzt die analoge
Kommunikation eine weitaus größere Bedeutung als die digitale,
wie die Kanidenexpertin Dorit Urd Feddersen-Petersen in ihren
Büchern „Ausdrucksverhalten beim Hund" und „Hundepsychologie" immer wieder eindrücklich veranschaulicht.

In gegenseitigem Vertrauen ganzheitlich miteinander zu kommunizieren, fällt Menschen wie Hunden nicht immer leicht. Dabei sind
Missverständnisse nicht die einzigen Erreger, an denen Kommunikation erkranken kann. Tatsächlich steckt unsere Art zu kommunizieren voller Gewalt. Übrigens ganz im Gegensatz zur Kommunikation
des Hundes, auch und besonders im Hinblick darauf, dass Hunde
zuweilen aggressiv kommunizieren. Aggressive Kommunikation des
Hundes hat jedoch nur sehr selten etwas mit Gewalt zu tun, so wie
wir Gewalt einsetzen. Meist gilt gar das genaue Gegenteil, wie wir
noch sehen werden. Die Gewalt, die unsere Kommunikation vielfach durchdringt, wirkt zudem auf uns zurück, darauf, wie wir uns
selbst und wie wir unseren Hund sehen, also auf das innere Bild, das
wir uns von uns und von ihm machen. Und das nicht nur, wenn wir
fluchen, schimpfen, strafen oder fordern, analysieren, kritisieren und
interpretieren, sondern auch, wenn wir z.B. loben oder Anerkennung
zollen. Mit unseren Hunden kommunizieren wir sehr ausgeprägt in
dieser Weise, was vielleicht auch daran liegt, dass wir den Bereich der
analogen Kommunikation so leicht aus den Augen verlieren und der
Maschinenhund so fest in unseren Köpfen sitzt.

Über den Einfluss negativer Gefühle

Unsere Kommunikation mit anderen Menschen ist bei genauerem Hinsehen ebenso erfüllt von Gewalt. Mit Worten treffen wir wie mit Pfeilen ins Mark und treiben Keile zwischen uns, beschämen, manipulieren, be- und verurteilen. Es mag beruhigen, dass Hunde nicht verstehen, was wir sagen, doch aus dem, wie wir etwas sagen, mit unserer Körpersprache und Stimmlage (analoge Kommunikation), ziehen sie ihre Schlüsse. Je nachdem, wie stark die Gefühle sind, die uns im Augenblick bewegen (Wut oder Ärger ebenso wie Freude oder Begeisterung), sind diese Schlüsse für unsere Hunde mehr oder weniger einfach zu ziehen. Und Gefühle bewegen uns immer, im wahrsten Sinne des Wortes. Vor allem, wenn uns „negative", unangenehme Gefühle bewegen, kann das problematisch werden. Dabei bringt der Alltag mit unseren Hunden jede Menge Potenzial für negative Gefühlsausbrüche mit sich, vom Leinenzwang über Hundeerziehung bis hin zu hundlichen Missetaten und Verhaltensproblemen. Vielfach sehen wir dann unsere Mitmenschen wie unseren Hund nicht als Partner, sondern als Gegner. Vor allem, wenn wir uns ärgern, tun wir manchmal sogar Dinge, die wir später bereuen, für die wir uns schämen und mit Schuldvorwürfen geißeln. Dinge, von denen wir schon im Voraus wussten, dass sie nichts zur Lösung unseres Problems beitragen werden und im Zweifel alles nur noch schlimmer machen.

Ein Schlüssel zur Verständigung

Als Hundetrainerin und Tier-Verhaltensberaterin war ich lange auf der Suche nach etwas, das Mensch und Hund eine von Gefühlen unabhängige Kommunikation ermöglicht, den Hund insbesondere loslöst vom Ärger und von der Frustration des Besitzers, wenn „etwas" nicht klappt. Die Gefühle, die wir in Bezug auf unsere Hunde hegen, beeinflussen die Qualität unserer Mensch-Hund-Beziehungen. Gleiches gilt für die Gefühle, die unser Hund in Bezug auf uns hegt. Deshalb sind die einen Hunde und Menschen glücklich miteinander und die anderen nicht und manche nur auf Kosten des anderen. Viele bewegen sich irgendwo dazwischen. Meine Suche blieb erfolglos, bis ich auf das Prinzip der Gewaltfreien Kommunikation (GfK) nach Marshall B. Rosenberg stieß und erkannte, dass das genaue Gegenteil „emotionsloser" Kommunikation der Schlüssel ist: **Die Reflexion der Ursachen unserer Gefühle, unserer inneren Verfassung und unserer damit verbundenen Wortwahl und Körpersprache.**

Mit dem von ihm entwickelten Prinzip der GfK ist es Rosenberg gelungen, genau jene Gedankenmuster aufzubrechen, die scheinbar zwangsläufig zu Wut und Ärger, zu Frustration und Angst, Schuldgefühlen und Scham führen und mit denen wir nicht nur unserem Hund, sondern auch uns selbst und anderen Menschen jeden Tag in vielfacher Weise Gewalt zufügen.

Auch wenn unsere Hunde nicht mit menschlicher Stimme zu uns sprechen können, lässt sich das Prinzip der GfK sehr einfach auf die Kommunikation zwischen Mensch und Hund anwenden. Die GfK bleibt dabei stets eingebettet in eine ganzheitliche Mensch-Hund-Kommunikation, von der sie nicht abgekoppelt werden kann und darf. Sie stellt kein „Patentrezept" und auch keine neue Methode, sondern eine Ergänzung bzw. Hilfe dar und ist kompatibel mit sämtlichen Trainingsmethoden und Erziehungsansätzen, die die Bedürfnisse des Hundes, aber auch die Bedürfnisse des Menschen in sich berücksichtigen. Und das Beste: Man braucht für die GfK keinerlei Vor- oder sonst welche Kenntnisse und auch kein Diplom in Human- oder Tierpsychologie.

Gewaltfreie Kommunikation nach Marshall B. Rosenberg

Marshall B. Rosenberg wuchs in den 1940er-Jahren inmitten von Rassenkonflikten und äußerster Gewalt in Detroit, Michigan, auf. Kommunikation als friedliche Alternative zu Gewalt interessierte ihn früh; er studierte Psychologie und vergleichende Religionswissenschaft, promovierte und nutzte neben seinem Fachwissen vor allem seine Lebenserfahrung, um das Prinzip der Gewaltfreien Kommunikation zu entwickeln. 1984 gründete er das „Center for Nonviolent Communication" (CNVC), dessen Mitarbeiter in über dreißig Ländern weltweit tätig sind und Eltern und Lehrer, Schüler und Studenten, Mediatoren, Manager und Militärs, Anwälte, Polizisten und Geistliche, Politiker, Friedensaktivisten, Psychologen und andere in der GfK weiterbilden.

Nach Marshall Rosenberg versteht die GfK den Begriff Gewaltfreiheit im Sinne des Friedensnobelpreisträgers Mahatma Gandhi. Dessen Definition geht weit über das ansonsten verbreitete Verständnis von Gewaltlosigkeit hinaus, denn sie ist nicht begrenzt auf den bloßen Verzicht auf das, was man gemeinhin unter „gewalttätigen Handlungen" versteht. Gandhi folgte dem Prinzip des Satyagraha, was so viel bedeutet wie „Gütekraft". Danach solle jeder und jede unabhängig davon sein, was irgendeine andere Person tut oder sagt.

> *„Bei der Anwendung von Gewaltfreiheit entdeckte ich schon sehr früh, dass die Wahrheitssuche es nicht erlaubt, dem Gegner Gewalt anzutun. Er muss vielmehr durch Geduld und Mitgefühl von seinem Irrtum abgebracht werden."* (Gandhi)

Das wird ermöglicht durch eine Lebens- und Geisteshaltung, die nicht nur die Schädigung und Verletzung von Lebewesen aller Art grundsätzlich vermeidet, sondern auch negative Gedanken und Ungeduld außen vor lässt. Deshalb liegt der GfK auch keine Kommunikationstechnik im engeren Sinne zugrunde, sondern eine Entscheidung: **Die Entscheidung, mit seinem Gegenüber einfühlsam umzugehen.** Diese Entscheidung ist zugleich eine Lebenseinstellung. Damit untrennbar verbunden ist der einfühlsame Umgang mit sich selbst, der eine besondere Bedeutung erlangt, wenn man die GfK auf die Mensch-Hund-Beziehung anwendet. Anstelle des Attributs gewaltfrei wird die GfK oft auch als einfühlsame oder wertschätzende Kommunikation bezeichnet. Ihr Kern besteht nach Rosenberg darin, zu erkennen, dass jede Handlung eines Menschen den Versuch darstellt, sich Bedürfnisse zu erfüllen. Das trifft auch auf unsere Hunde zu: Auch jedes hundliche Verhalten dient aus Sicht des Hundes dazu, sich Bedürfnisse zu erfüllen. Vor diesem Hintergrund regt die GfK dazu an, bei der Wahl seiner Worte auf alles zu verzichten, was als wertend, urteilend oder ablehnend verstanden werden könnte. Denn das ist nicht nur unbedingte Voraussetzung dafür, dass sich uns ein (menschliches) Gegenüber in seinen Gefühlen und Bedürfnissen offenbaren kann, sondern dass auch wir in der Selbstreflexion Zugang zu unseren Gefühlen finden und uns Bedürfnisse eingestehen.

Aus diesen Gründen ist die GfK in der Mensch-Hund-Kommunikation zugleich um ein Vielfaches einfacher und schwieriger als in der Auseinandersetzung zwischen Menschen. Einfacher, weil ein Hund keine „Psychospielchen" argwöhnen wird und selbst in unmittelbarem Kontakt zu seinen Bedürfnissen steht. Er fühlt unmittelbar und bringt zumeist auch jedes Bedürfnis und jedes Gefühl unmittelbar zum Ausdruck. Allerdings kann er uns nicht helfen, mit unseren eigenen Gefühlen und Bedürfnissen in Kontakt zu treten, wie es ein menschlicher, in der GfK geschulter Kommunikationspartner könnte. Das kann die GfK in der Mensch-Hund-Beziehung erschweren. Wenn wir die GfK auf den Hund anwenden, übernehmen wir für ihn und für uns den Part dessen, der die GfK beherrscht, bzw. den Part eines Mediators, der zwischen uns und unserem Hund vermittelt.

Die Säulen des GfK-Modells

Zur GfK führen vier Wege, die nacheinander beschritten sein wollen:
1. Beobachtung
2. Gefühl
3. Bedürfnis
4. Bitte

Nach Rosenberg gilt es zunächst, aus der Situation herauszutreten und genau zu beschreiben, was wir sehen oder auch hören. Wichtig dabei: **In der Beschreibung wirklich objektiv bleiben und weder werten noch urteilen.** Das ist gar nicht so einfach, wie wir noch sehen werden. Anschließend benennen wir das Gefühl, das wir während des Beobachtens hatten. Diese Gefühle werden von Bedürfnissen verursacht, und je nachdem, ob die Bedürfnisse erfüllt werden oder nicht, empfinden wir die daraus resultierenden Gefühle als „positiv" oder „negativ". Deshalb benennen wir im dritten Schritt das oder die Bedürfnisse, die unserem Gefühl jeweils zugrunde liegen. Zuletzt formulieren wir eine Bitte, die zum Ausdruck bringt, wie unser Gegenüber dazu beitragen kann, unser(e) Bedürfnis(se) zu erfüllen, sodass wir uns besser (oder auch weiterhin gut) fühlen. Häufig werden wir jedoch auch feststellen, dass uns unsere Bedürfniserfüllung ganz unabhängig von einem anderen gelingen kann.

In der Menschenwelt funktioniert die Sache mit den Bitten überraschend gut. Der Grund dafür ist, dass der menschlichen Natur selbstloses Geben, also das Geben ohne etwas zurückzuerwarten, ebenso viel Glück beschert wie das Bekommen, betont Marshall Rosenberg. Vielleicht gibt es deshalb so viele übergewichtige Haustiere: Füttern fühlt sich so wundervoll an, weil es ein Schenken darstellt, das nichts weiter erwartet als Fressen. Aber wie dem auch sei – mögen echte Bitten in der Menschenwelt tatsächlich mit sehr großer Wahrscheinlichkeit wie von Zauberhand erfüllt werden, so bedarf es in der Hundewelt nicht selten einiger Vorbereitungen, ehe der Hund fähig und in der Lage ist, eine Bitte, einen Wunsch unsererseits, zu erfüllen. Umso mehr, je größer etwaige Probleme im Verhalten des Hundes oder in der Mensch-Hund-Beziehung sind, doch auch dazu später.

Es bedarf einiger Übung, bis die GfK Routine und selbstverständlich wird. Doch auch, wenn sie vor allem am Anfang hier und da nicht ganz gelingen mag, hilft jeder noch so kleine Erfolg, Beziehungen einfühlsamer und warmherziger zu gestalten, manches nicht mehr ganz so eng zu sehen, ruhig zu bleiben, wenn alles drunter und drüber zu gehen und nicht zu klappen scheint, ein Stück weit loslassen zu können und nachsichtiger zu sein, geduldiger, aber auch kreativer, mit dem Hund, mit sich selbst und anderen.

Kommunikation

Was versteht man unter Kommunikation?

Für den Begriff der Kommunikation gibt es eine ganze Reihe wissenschaftlicher Definitionen. Im Allgemeinen beschreibt man Kommunikation als „Austausch von Signalen". Signale werden zu einem bestimmten Zweck von einem Sender codiert und ausgeschickt; der Empfänger nimmt sie auf, decodiert sie und antwortet bzw. reagiert, verhält sich, in irgendeiner Weise. Voraussetzung für eine Kommunikation ist also immer, dass beide Seiten über die Bedeutung der ausgetauschten Signale im Bilde sind. Hinzu kommt aber auch ein entwicklungsgeschichtlicher Aspekt: Kommunikation als solche kann sich nur entwickelt haben, weil sie sich für die Kommunikationspartner als nützlich erwiesen hat. Für die Kommunikation zwischen Menschen und Hunden gilt demnach, dass sich Kommunikation als „Austausch von Signalen zum gegenseitigen Vorteil" definieren lässt. Wenn sich zwei also bloß „irgendwie" miteinander beschäftigen, muss das noch lange nicht bedeuten, dass sie auch kommunizieren. Ansonsten müsste man auch von Kommunikation sprechen, wenn ein Wolf einem anderen das Ohr abbeißt, wie etwa Feddersen-Petersen zu bedenken gibt.

Verbindende und trennende Kommunikation

Trotz dieser doch recht einfachen Definition scheinen wir in der Mensch-Hund-Kommunikation von anderen Grundlagen auszugehen. Vielleicht ist es das Bild vom Maschinenhund, das uns vielfach veranlasst, mit unserem Hund über „Befehle" und „Kommandos" zu kommunizieren und Äußerungen unseres Hundes als größtenteils

„forderndes Verhalten" zu interpretieren, das es zu „ignorieren" bzw. „abzustellen" gilt. Wenn der eine befiehlt und der andere fordert, pflege ich allerdings ein Desaster und keine Kommunikation. Und dass aus Kommando vs. Forderung eine Beziehung mit hoher Beziehungsqualität wachsen kann, bezweifle ich sehr.

Dabei glaube ich, dass viele Hundebesitzer zwar Worte wie „Befehl" oder „Kommando" benutzen, tatsächlich aber „Signal" meinen. Die Unterscheidung hat etwas mit dem zu tun, was Rosenberg trennende bzw. lebensentfremdende und verbindende Kommunikation nennt: Worte, die einen Keil zwischen uns treiben einerseits, und Worte, die für uns eine gemeinsame Basis schaffen, andererseits. Um diese Basis zu beschreiben, zieht Rosenberg ein Zitat des Sufi-Poeten Rumi heran: **„Jenseits von richtig und falsch liegt ein Ort. Dort treffen wir uns."**

Eine Aussage, die das Motto der Gewaltfreien Kommunikation nicht besser auf den Punkt bringen könnte. Das Problem mit Worten wie „Befehl", „Kommando" oder „Forderung" ist, dass sie, anders als das Signal, die vordefinierte Erfüllung alternativlos und unbedingt voraussetzen und nur die Erfüllung, im Fall des Hundes zumeist Gehorsam, als richtig gelten lassen. Nichterfüllung ist keine Option und falsch. Die Worte richtig und falsch sind dabei zugleich mit moralischen Urteilen behaftet: richtig ist gut, falsch ist schlecht. Wer Befehle missachtet, mit dem stimmt etwas nicht. In logischer Folge kommen dann weitere moralische Urteile auf: Ein solcher Hund taugt nichts, ist dumm, faul, unmöglich oder dominant, hat einen unfähigen Besitzer, der von Hunden gar keine Ahnung hat. So ein Hund braucht und verdient immer mal einen Tritt ins Kreuz. Strafe wird ihn zur Vernunft bzw. dazu bringen, richtig zu werden, indem er das Richtige tut. Gleiches gilt für seinen „Herrn", der seinerseits gar keinen anderen Hund verdient hat. Dabei dürfen Hunde durchaus

„Nein" zu uns sagen. Die Frage für uns ist nur, wie wir damit umgehen: Unter welchen Bedingungen verantworten wir, dem Hund ein „Nein" zuzugestehen? Wenn nicht: Mit welchen Mitteln versuchen wir, den Hund – vielleicht – umzustimmen? Versuchen wir, ihn für ein „Ja" zu begeistern? Und wenn er sich nicht begeistern lässt: Wann und in welcher Form üben wir dann Macht über ihn aus?

Der nicht enden wollende Strom aus Be- und Verurteilungen, Schuldzuweisungen, Beleidigungen, Kritik und Niedermachen führt zu einem Teufelskreis, der Mensch-Hund-Beziehungen von vornherein zum Scheitern verurteilen kann.

Wer statt von Befehlen und Kommandos konsequent von Signalen spricht, macht sich immer wieder bewusst, dass der Empfänger eines Signals die Wahl zwischen mehreren Antworten bzw. Reaktionsmöglichkeiten hat.

Ich veranschauliche das gern am Beispiel einer Ampel, im Fachjargon bezeichnenderweise „Lichtsignalanlage" genannt. Bei „Rot" erteilt sie uns keineswegs ein Kommando im Sinne von „Stehenbleiben". Sie gibt uns lediglich das Signal, es zu tun. Wir können Gründe haben, tatsächlich stehen zu bleiben, etwa weil uns unsere Sicherheit wichtig ist, weil auf der anderen Straßenseite ein paar kleine Kinder stehen oder weil wir, statt ein Bußgeld zu bezahlen, lieber einmal mehr ins Kino gehen. Ebenso können wir Gründe haben, trotz „Rot" die Straße zu überqueren, sei es, weil wir es besonders eilig haben oder weil weit und breit keine Autos oder Zeugen in Sicht sind. Die Antwort auf ein Signal hat Konsequenzen, und wofür wir uns entscheiden, hängt von unseren Werten und unseren Bedürfnissen in der jeweiligen Situation ab. Das eine Mal mögen wir so entscheiden, das andere Mal anders. Unsere Werte und Bedürfnisse bestimmen die Grenzen, die wir uns selbst setzen und die Freiheiten, die wir uns zugestehen.

Ich bin überzeugt, dass Hunde, ganz gleich was wir ihnen
mitteilen, unsere Worte, unsere Körpersprache, Handzeichen
und Handlungen als Signale empfangen und deuten und
nicht als Befehle. Denn in der innerartlichen Kommunika-
tion, also jener allein unter Hunden, kommen Verhaltens-
weisen, mit denen die einen den anderen etwas „befehlen"
würden, nicht vor, auch wenn viele Verhaltensweisen in der
innerartlichen Kommunikation eine sogenannte
Appellfunktion besitzen.

Damit ist gemeint, dass ein Hund durch ein Verhalten einen anderen ebenfalls zu einem ganz bestimmten Verhalten zu veranlassen
sucht. Zum Beispiel Leine zu ziehen anstatt die Nase durchs Tor zu
stecken. Doch auch das sind keine Befehle im menschlichen Sinne,
sondern ebenfalls Signale. Signale mit Appellfunktion eben, wie unsere Ampel. Ein Hund hat demnach keine Vorstellung davon, was ein
Befehl oder Kommando überhaupt ist. Er hat keine Vorstellung von
alternativlosem, vordefiniertem Gehorsam. Entsprechend sieht der
Hund grundsätzlich eine ganze Palette möglicher Antworten auf ein
Signal von uns. Auch auf unsere Signale mit Appellfunktion wie etwa
ein „komm". Wofür er sich entscheidet, hängt von seinen aktuellen
Bedürfnissen ab und auch davon, was er als Wert oder wertvoll im
weitesten Sinne betrachtet.

Weitere Fallen: Vergleiche anstellen und Verantwortung leugnen
Trennende Kommunikation hält jedoch noch weitere Fallen bereit.
Eine davon sieht Rosenberg darin, Vergleiche zwischen sich und anderen zu ziehen, Leuten, die erfolgreicher, schöner, begabter, in was
auch immer besser sind als wir selbst. Schnell vergessen ist die Tatsache, dass auch der begnadetste Hundetrainer nicht vom Himmel
gefallen ist und dass Hunde Individuen sind, ein jeder einzigartig mit

all seinen Eigenheiten. Wir kennen sie, die Benjis, Boomers, Lassies, Kommissare Rex und wie sie heißen mögen, die vierbeinigen Helden aus Film und Fernsehen. Vermutlich findet auch jeder von uns einen Hund in seinem Bekanntenkreis, der perfekt zu sein scheint oder von denen um uns herum als perfekt betrachtet wird. Einen Hund, wie man ihn sich nur wünschen kann. *Das* ist ein toller Hund. Im Glorienschein kann der eigene kleine Gefährte reichlich blass aussehen. Genau wie wir, die wir mit ihm „gesegnet" sind.

Auch das Leugnen von Verantwortung gehört nach Rosenberg in den Bereich trennender Kommunikation, indem sie davon ablenkt, dass jeder selbst für seine Handlungen, seine Gedanken und Gefühle verantwortlich ist. Das Wort der Wörter (oder besser: Unwort der Unwörter) lautet „müssen" und ist in unserem alltäglichen Sprachgebrauch geradezu inflationär vertreten. Das liegt daran, dass wir im Großen und Ganzen in einer sogenannten Dominanzkultur leben. Sie baut sich aus hierarchischen Machtverhältnissen auf, aus Rechthaben und Schuldigsein, aus dem, was andere über einen denken, wenn man dieses oder jenes tut oder sagt, oder eben auch nicht. Konflikte werden durch Kampf und Durchsetzung, Unterwerfung und Anpassung oder durch Flucht und Vermeidung gelöst – der „faule Kompromiss" lässt es durchblicken. Um uns zu behaupten, um durchzukommen, müssen wir also anscheinend eine ganze Menge, ob wir wollen oder nicht. Oder?

Wie die GfK, die sich als partnerschaftliche Kultur versteht, mit den scheinbaren Zwängen des Alltags umgeht, werden wir noch erörtern. An dieser Stelle zunächst nur so viel: **Wer etwas tun muss, hat Befehl von oben und damit nur eine einzige, vordefinierte Möglichkeit zu handeln, ohne jedoch die Verantwortung für diese Handlung zu tragen.** Mit „Das musste ich tun" haben sich entsprechend schon ganze Heerscharen von Verantwortungslosen aus der Schlinge zu ziehen versucht, wie Rosenberg zu bedenken gibt. Von Nazis über Mauerschützen, Militärs und Politiker bis hin zu Managern, Lehrern, Eltern, pubertierenden Mut-Erproblern im Gruppenzwang und – uns Hundebesitzern. Tatsächlich meinen wir nur deshalb zu müssen, weil es entweder ganz bequem sein kann, nicht anders zu können, oder weil wir vergessen haben, dass wir die Dinge auch einfach anders benennen könnten. Wer aber „will" statt „muss", lässt die Hosen runter, wenn es um die Frage der Verantwortung geht für das, was er gewollt hat.

Über die Kunst
des Beobachtens

Gewaltfreie Kommunikation beginnt mit dem Beobachten. Beobachten meint dabei schlicht und ergreifend das, was jemand tut oder sagt. Abgesehen von den vergleichsweise wenigen Geräuschen, die Hunde kommunikativerweise von sich geben können, geht es bei der Anwendung der GfK auf den Hund vorrangig um Dinge, die der Hund macht, vom Schwanzwedeln bis zur „Missetat". Das Wichtigste, doch gleichzeitig auch Schwierigste ist, die Beobachtung völlig frei von Urteilen und Bewertungen zu halten.

In der Kommunikation zwischen Menschen entscheidet oft schon diese wertfreie Beobachtung darüber, dass sich jemand uns gegenüber öffnet und nicht attackiert und in die Defensive gedrängt fühlt. Da der Hund zumeist nicht versteht, was wir sagen, fällt diese Komponente in der Kommunikation zwischen Mensch und Hund zwar weg (es sei denn, der Hund liest uns analog oder kennt die Bedeutung bestimmter Schlüsselwörter). Das Urteil aber, das wir mit unserer Wortwahl – wenn auch nur für uns selbst hörbar – über den Hund fällen, wirkt darauf zurück, wie wir den Hund wahrnehmen.

Diese Wahrnehmung wiederum beeinflusst das Bild, das wir uns von unserem Hund machen. Je nachdem, wie gut oder schlecht uns dieses Bild gefällt, beeinflusst es die jeweilige Situation, unsere Bereitschaft, auf unseren Hund einzugehen, ihm gegenüber loyal zu sein, etwaige Probleme in Angriff zu nehmen. Es beeinflusst unsere Zufriedenheit mit ihm als Lebens(abschnitts)gefährten und färbt damit auch unsere Beziehungsqualität.

Beobachtung mit und ohne Bewertung

Wertfreies Beobachten reduziert eine Situation auf das, was tatsächlich geschehen ist. Urteile und Bewertungen hingegen zeichnen Zerrbilder. Wer Probleme lösen will, wird durch sie leicht in die Irre geleitet: Er neigt dazu, Strategien zu entwickeln, die nicht zielführend sind. Rosenberg hat genau aufgeschlüsselt, unter welchen Bedingungen sich Beobachtungen getrennt von oder vermischt mit Bewertungen darstellen:

1. **Das Verb „sein" wird benutzt, ohne deutlich zu machen, dass man eine persönliche Ansicht äußert.**
Eine Beobachtung, die mit einer Bewertung vermischt wird, klingt dann so:
„Eddie ist stur."
„Toni ist lieb."
„Monty ist aggressiv."

Eine Beobachtung, die frei von Bewertung ist, würde lauten:
„Eddie schnüffelt weiter, wenn Tosca ihn ruft."
„Toni geht weg, wenn Leonie ihn am Schwanz zieht."
„Monty hat gestern geknurrt, als Nini ihn streicheln wollte."

2. **Um eine Beobachtung zu beschreiben, werden Verben benutzt, in denen eine Bewertung mitschwingt.**

Beobachtung mit Bewertung:

„Teddy kläfft."

„Henry bettelt."

„Lotta klaut."

Beobachtung ohne Bewertung:

„Teddy bellt fünf bis sechs Mal, wenn es an der Tür läutet."

„Als Sascha beim letzten Grillabend eine Bratwurst aß, saß Henry auf seinem Schoß und schaute ihm ins Gesicht."

„Als ich gestern vom Tisch aufstand und den Raum verließ, fraß Lotta die Wurst von meinem Brot."

3. **Eine Aussage erweckt den Eindruck, die einzig gültige zu sein.**

Beobachtung mit Bewertung:

„Hütehunde sind als Familienhunde völlig ungeeignet."

Beobachtung ohne Bewertung:

„Ein Hütehund kann in Bezug auf seine rassebedingte Berufung besondere Bedürfnisse in Sachen Beschäftigung haben."

4. **Eine Annahme wird mit gesichertem Wissen vermischt.**

Beobachtung mit Bewertung:

„Wasser aus Pfützen macht krank."

„Mit Schokolade bringt man Hunde um."

Beobachtung ohne Bewertung:

„Wasser aus Pfützen kann Krankheitserreger enthalten."

„Ab einer bestimmten Menge kann Schokolade für Hunde giftig sein."

5. **Innerhalb einer bestimmten Gruppe wird der Adressat einer Aussage nicht eindeutig bestimmt.**

Beobachtung mit Bewertung:

„Greyhounds gehören nicht von der Leine gelassen."

„Die Klasse 3b hat gestern Flaschen aus einem Fenster im Schulgebäude geschmissen."

Beobachtung ohne Bewertung:

„Wenn Julias Greyhound ein fahrendes Auto sieht, rennt er hinterher."

„Andreas M. und Harald L. aus der Klasse 3b haben gestern Flaschen aus einem Fenster im Schulgebäude geschmissen."

6. **Es werden Wörter benutzt, die Fähigkeiten beschreiben, ohne dass die Bewertung dahinter deutlich gemacht wird.**

Beobachtung mit Bewertung:

„Vinz etabliert sich als Suchspezialist."

„Herr Walter besitzt ausgesprochene Menschenkenntnis."

Beobachtung ohne Bewertung:

„Die letzte Fährtenprüfung hat Vinz mit 43 von 45 Punkten bestanden."

„Herr Walter hat Frau Bödecker als Hundetrainerin empfohlen. Mit ihrer Hilfe habe ich es endlich geschafft, dass Müffi keine Rehe mehr hetzt."

7. **Es werden Adjektive und Adverbien benutzt, ohne die darin liegende Bewertung deutlich zu machen.**

Beobachtung mit Bewertung:

„Der schlaue Tommy frisst sich überall durch."

„Benny spielt gern mit Bällen."

Beobachtung ohne Bewertung:

„Astor und Nelly lassen Tommy ohne Protest aus ihren Näpfen essen."
„Wenn ich für Benny einen Ball werfen will, springt er bellend an mir hoch und versucht, sich den Ball zu schnappen."

Bewertungen verbergen sich zudem in vielen Überbegriffen bzw. Bezeichnungen, die für bestimmte Hunde geschaffen wurden, wie z. B. Familienhund, Therapiehund, Blindenführhund, Assistenzhund, Behindertenbegleithund, Kampfhund, Rettungshund, Schutzhund oder Polizeihund. Mit solchen Kategorien verhält es sich wie mit Berufsbezeichnungen für Menschen, die, wie Rosenberg betont, unsere Wahrnehmung von der Gesamtheit eines anderen Menschen einschränken können. Um in der Hundewelt zu bleiben, seien hier beispielhaft genannt: Hundeexperte, Hundeflüsterer, Tierpsychologe, Hundetrainer, Therapiehundeführer, Rettungshundeausbilder, Züchter, Angehöriger der Hundestaffel.

Übertreibungen und Vergleiche

Auch Übertreibungen können dazu führen, dass eine Beobachtung von Bewertungen gefärbt wird. In Sachen Übertreibung sind nach Rosenberg vor allem die Worte: besonders, immer, nie, jemals, stets, ständig oder so, mit Vorsicht zu genießen. Wer diese Wörter im (Selbst-)Gespräch mit oder in Unterhaltungen über seinen Hund unbedacht benutzt, erzeugt leicht Ablehnung in Bezug auf das Tier. Aus Ablehnung erwächst jedoch weder Empathie noch Einfühlsamkeit, Mitgefühl oder Hilfsbereitschaft. Beispiele:

„Er ist so unkonzentriert."
„Ständig schnüffelt sie herum, nie hört sie."
„Er bellt immer nur."

Die analoge Kommunikation spielt in Mensch-Hund-Beziehungen eine weitaus größere Rolle als die digitale.

Wertfreies Beobachten: Es besteht ein Unterschied zwischen Aussagen wie „Buddy ist ein Ferkel" und „Buddy wälzt sich".

Auch die bloße Rassezugehörigkeit eines Hundes kann den Blick auf eine wertfreie Beobachtung verstellen.

Übertreibungen können auch dafür sorgen, dass wir uns ein idealisiertes Bild von einem Hund oder einem anderen Menschen machen, mit ebenfalls problematischen Folgen:

„Kaja würde nie beißen."

„Frau Müllers Hunde sind besonders gut erzogen."

Ähnliches gilt für Vergleiche, die ebenfalls den Blick auf die eigentliche, wertfreie Beobachtung verstellen können:

„Wenn Hunter seinen Ball hat, gebärdet er sich wie ein Bekloppter."

„Lucky, die alte Fressmaschine, knallt sich alles rein."

Hinzu kommen die vielen Wörter, die als Synonyme für „Hund" verwendet werden, von Köter über Töle, Kläffer und Flohtaxi bis hin zu Fiffi, Wauwau oder Fellnase. Auch diese Wörter tragen Bewertungen in sich und stellen keine objektiven Beschreibungen dar, weshalb sie auch zur Beschreibung wertfreier Beobachtungen ungeeignet sind.

Zu den „gefährlichen" Wörtern, die in Bezug auf Hunde Beobachtung und Bewertung vermischen, zählen insbesondere die folgenden: kläffen, klauen, betteln, protestpinkeln, versagen, zerstörungswütig, hässlich, böse, schlecht, falsch, stur, aufmüpfig, unerzogen, dumm, blöd, feige, tollpatschig, aggressiv, verfressen, träge, langweilig, hyperaktiv (Wörter, die negative Bewertungen tragen) sowie knabbeln/knautschen/kneifen (verharmlosend für beißen!), fürsorglich, lieb, duldsam, schön, brav, intelligent, gut, mutig, geschickt, kinderfreundlich, besitzt eine hohe Reizschwelle (Wörter, die positive Bewertungen tragen). Auch das Wort „dominant" kann es in sich haben. Tatsächlich kennzeichnet es eine Eigenschaft von Beziehungen, kann also durchaus zur Beschreibung einer Beobachtung herangezogen werden. Dennoch wird es auch eingesetzt, um zu bewerten – und das mit manchmal fatalen Folgen. Viele als „sehr dominant" abgestempelte Hunde entpuppen sich dann als etwas ganz anderes.

Fühlen und fühlen lassen

Wer eine Beobachtung mit Worten beschreibt, die zugleich Bewertungen beinhalten, verrät zwar, dass seinen Äußerungen Gefühle zugrunde liegen. Er reflektiert und offenbart deshalb aber noch lange nicht, um was für Gefühle es sich eigentlich handelt. Und: Abwertende Worte oder sogar Schimpfwörter führen zu Ablehnung, Defensive und „Dichtmachen" und nicht dazu, dass sich unser Gegenüber zu einfühlsamer und empathischer Kontaktaufnahme bzw. Kommunikation eingeladen fühlt. Wir selbst kommen ebenfalls nur schwer oder gar nicht in Kontakt zu unseren Gefühlen und Bedürfnissen, wenn wir uns selbst abwerten, etwa: *„Ich bin so blöd"*, oder Ähnliches. In Bezug auf Hunde prägen Abwertungen nicht nur das Bild, das wir uns und andere sich von dem jeweiligen Tier machen, sondern sie wirken unmittelbar auf den Besitzer zurück, der nicht nur von anderen als unfähig, ignorant, gleichgültig oder als Versager in Sachen Hundeerziehung, das Problem am anderen Ende der Leine betrachtet wird, sondern sich selbst auch mit Schuldvorwürfen oder Scham niedermacht. Wenn wir uns selbst niedermachen, blockiert das aber unsere Bereitschaft und Fähigkeit zur Veränderung.

Gefühle benennen

Gefühle beim Namen zu nennen, ist oft nicht einfach, denn viele von uns haben von Kindesbeinen an nachhaltig gelernt, sie zu unterdrücken oder zu verleugnen. Mancher wird sich hier vielleicht wiedererkennen:

„Ich habe Angst vor ..."   *„Aber du brauchst doch keine Angst zu haben."*

„Ich weine, weil ..."   *„Sei nicht traurig."*

„Ich fühle mich ausgelaugt."   *„Reiß dich zusammen, streng dich an."*

„Ich bin sauer."   *„Hör auf zu bocken."*

Hinzu kommt, dass viele von uns gelernt haben, dass Gefühle zu äußern geradezu gefährlich sein kann, wenn es um unangenehme Gefühle geht, die wir entsprechend als „negativ" empfinden. In diese Kategorie zählen z. B. Wut und Ärger, Frustration, Hass, Angst und Widerwille, Eifersucht oder Ungeduld und sogar Traurigkeit. Weil sich solche Gefühle eben nicht „schön" anfühlen und wir sie deshalb, vor allem in unserer Kindheit, durch Verhaltensweisen zum Ausdruck bringen, die für andere anstrengend sein können oder ihnen nicht gefallen (schreien, weinen, um sich schlagen), werden sie nur allzu oft als „schlecht" eingestuft. Und ganz schnell sind wir dabei, dass derjenige, der „schlechte" Gefühle hat, auch schlecht ist, bzw. schlecht sein muss:

„Der böse Junge, schreit und tobt herum, nur weil er keinen Lutscher bekommt."

„Die spinnt doch mit ihrer ewigen Trauer. Das war doch bloß ein Hund."

„Der blöde Köter knurrt mich an, dabei wollte ich ihn bloß streicheln."

„Die ist falsch: Erst haut sie ab, und dann beißt sie dir hinterrücks in die Hacken."

Hinter solchen Aussagen stecken Gefühle und Selbstoffenbarungen. Welche das jeweils sind, wird allerdings nicht klar, sie stehen gleichsam unausgesprochen „zwischen den Zeilen". Und: Die Äußerungen führen nicht dazu, dass wir uns für die Gefühle hinter den Verhaltensweisen des bösen Jungen oder des blöden Köters interessieren, also Mitgefühl statt Ablehnung entwickeln. Rosenberg weist darüber hinaus darauf hin, dass Gefühle in unserem Alltag oft nicht als wichtig erachtet und wir vielmehr darauf trainiert werden, das Richtige zu denken. Anstatt einfach zu sagen: *„Ich bin irritiert"*, sagen wir beispielsweise: *„Ich habe das Gefühl, dass das und das nicht richtig ist"*.

Als Hundebesitzer können wir in solchen Situationen ganz leicht auf Konfrontationskurs geraten:
„Der springt ja aufs Sofa!"
„Der darf das!"
„Aber Hunde gehören doch nicht aufs Sofa!"
Dass dem Sprecher der Hund auf dem Sofa vielleicht Angst macht oder er sich vor den Haaren auf den Polstern ekelt, tritt in der Unterhaltung nicht zutage. Stattdessen gerät der Hundebesitzer unter Druck, rechtfertigt sich und verteidigt seinen Hund und kommt womöglich zu der Überzeugung:
„Wem es nicht passt, wie wir leben, muss uns ja nicht besuchen!"
Mit dieser Art der Kommunikation ist es dann gelungen, zwei zu entzweien – was niemand gewollt hat.
Hätte der Besucher die Prinzipien der GfK gekannt, hätte er vielleicht gesagt:
„Wenn der Hund aufs Sofa springt, habe ich Angst."
Der Hundebesitzer hätte dann – mit den Prinzipien der GfK im Hinterkopf – etwas anderes erwidert als:
„Der darf das!", oder:
„Aber vor dem brauchst du doch keine Angst zu haben."

Mithilfe der GfK hätte sich die Unterhaltung seinerseits etwa so gestalten können:

„Der springt ja aufs Sofa!"

„Beunruhigt dich das?"

„Ja, sehr."

„Was kann ich tun, damit du dich besser fühlst?"

„Würdest du ihn raussperren?"

„Nein, aber ich könnte ihn in sein Körbchen schicken."

„Das wäre für mich auch in Ordnung."

In der zwischenmenschlichen Kommunikation können die Gesprächspartner einander helfen, mit ihren Gefühlen in Kontakt zu kommen. Deshalb gelingt die GfK auch dann, wenn nur einer der Gesprächspartner die Prinzipien der GfK kennt und anwendet und sich der andere nur darauf einlässt.

Die Gefühlswelt der Tiere

In Bezug auf Hunde fällt es manchem zuweilen schwer, einem Tier die Fähigkeit zuzugestehen, überhaupt Gefühle zu haben. Hundeszene und Wissenschaft sind hier gleichermaßen in zwei Lager gespalten: Diejenigen, die überzeugt sind, dass Hunde keine unseren Gefühlen ähnliche Emotionen haben, und die, die das als Möglichkeit zumindest nicht ausschließen, auch wenn sie es empirisch nicht beweisen können. Mit der Gefühlswelt von Tieren beschäftigt sich die kognitive Ethologie, ein Wissenschaftszweig, der gleichermaßen faszinierend wie umstritten ist. Umstritten deshalb, weil in der kognitiven Ethologie wissenschaftliches Arbeiten zu einem großen Teil auf Anekdoten, Analogien und Anthropomorphismen (Vermenschlichung) aufbaut, wie der bekannte Ethologe Marc Bekoff in seinem Buch „Das Gefühlsleben der Tiere" schreibt. Einzelfallbeobachtungen lassen sich im Nachhinein weder überprüfen noch reproduzieren. Das wird jedoch als unverzichtbare Voraussetzung für wissenschaftliches Arbeiten angesehen, was ich in keinster Weise anfechte. Leider wird aber deshalb der, der sich auf Einzelfälle beruft, „Geschichten" erzählt, selten ernst genommen, ganz gleich, worum sich eine Geschichte dreht. Vor allem solche Geschichten, die wissenschaftliche Laien, also z. B. ganz normale Hundebesitzer auf der Hundewiese, erzählen, werden zumeist nur müde belächelt, wie bemerkenswert sie im Einzelfall auch immer sein mögen. Im Gegensatz zu einer Studie mit überprüfbaren und reproduzierbaren Ergebnissen beweist eine einzelne Geschichte zugegebenermaßen überhaupt nichts. Sie wirft jedoch zumindest Fragen auf. Es sind solche Fragen, die kreative und engagierte Forscher zu interessanten Experimenten inspirieren können, um am Ende vielleicht doch dem Denken und Fühlen der Tiere auf die Spur zu kommen. Außerdem lässt eine gewisse Anzahl gleicher oder ähnlicher Geschichten unter Umständen letztlich doch den Schluss auf bestimmte Antworten zu. Deshalb halte ich persönlich es für legitim, Anekdoten, Analogien und Anthropomorphismen bei der Erforschung tierlichen Verhaltens zu berücksichtigen. Und deshalb höre ich mir jede Art von „Tiergeschichte" überaus gerne an.

Wann leidet ein Tier?

Interessanterweise macht das deutsche Tierschutzgesetz nichts anderes, als Schlüsse aus Anekdoten, Analogien und Anthropomorphismen zu ziehen, wenn es der Frage nachgeht, unter welchen Umständen davon auszugehen ist, dass Tiere leiden. Leid wird gefühlt. Vom Begriff des Leidens wird auch die Angst erfasst, obwohl Angst nicht ausdrücklich im Gesetzestext aufgeführt wird. Für Leiden gibt es zwei wichtige Definitionen:

Zum einen gelten als Leiden alle Beeinträchtigungen im
Wohlbefinden (Gefühl), die nicht vom Begriff des Schmerzes
(Gefühl) erfasst werden, über ein schlichtes Unbehagen oder
Unlustgefühle (Gefühle) hinausgehen und eine nicht ganz
unwesentliche Zeitspanne andauern.

Zum anderen werden Leiden durch der Wesensart eines Tie-
res zuwiderlaufende, instinktwidrige und vom Tier gegenüber
seinem Selbst- und Arterhaltungstrieb als lebensfeindlich
empfundene (Gefühl) Einwirkungen und durch sonstige Be-
einträchtigungen seines Wohlbefindens (Gefühle) verursacht.

Um zu leiden, bedarf es bestimmter Gefühle, die das Tierschutzgesetz Tieren zugesteht. Mit der zweiten Definition verfügt es zudem über einen eigenständigen Leidensbegriff, der nicht der Human- oder Veterinärmedizin oder der Ethologie entstammt. In allen anderen Bereichen beruft sich die Rechtsprechung allein auf Erkenntnisse aus der Naturwissenschaft. Die Konsequenz ist, dass vom Leidensbegriff im Tierschutzrecht eben nicht nur Beeinträchtigungen des körperlichen Wohlbefindens erfasst werden, sondern auch Beeinträchtigungen des seelischen Wohlbefindens. Wie intelligent ein Tier ist, spielt für das Tierschutzgesetz dabei keine Rolle. Ich denke, zum Glück! Denn die, die ihre Gefühle nicht oder kaum mit dem Verstand beurteilen und kontrollieren können, leiden oft am meisten. Und das gilt nicht nur für Tiere, sondern auch für Menschen.

Was ist „Schmerz"?

Dem Tierschutzgesetz genügt „die augenblickliche Wahrscheinlichkeit wissenschaftlicher Erkenntnisse", um davon auszugehen, dass Tiere empfindungsfähig sind, insbesondere in Bezug auf Schmerzen.

Für Schmerzen gibt es eine Definition der „International Association for the Study of Pain" (ISAP). Sie qualifiziert Schmerzen als „unangenehme, sensorische und gefühlsmäßige Erfahrung, die mit akuter oder potenzieller Gewebeschädigung einhergeht oder in Form solcher Schädigungen beschrieben wird".

Schmerz kann, muss aber nicht durch unmittelbare Einwirkung auf das Tier verursacht werden. Es ist auch nicht notwendig, dass ein Tier schreit oder andere Abwehrreaktionen zeigt, um zu beweisen, dass es Schmerzen hat. Und auch wenn im Gesetz von Schmerzen die Rede ist, genügt nach der Definition die Zufügung eines einzelnen Schmerzes, um gegen die entsprechenden Vorschriften zu verstoßen.

Um festzustellen, ob ein Tier Schmerzen empfinden kann, hat das „Committee on Pain and Distress in Laboratory Animals" bestimmte Kriterien festgelegt. Danach müssen bei einem Tier

› anatomische und physiologische Ähnlichkeiten mit dem Menschen in Bezug auf Schmerzaufnahme, Schmerzweiterleitung und Schmerzverarbeitung vorliegen,

› Meidereaktionen in Bezug auf Reize beobachtbar sein, die vermutlich Schmerz auslösen,

› schmerzhemmende Substanzen eine feststellbare Wirksamkeit zeigen.

Der daraus folgende Grundsatz lautet: Je mehr dieser Kriterien von einer Tierart erfüllt werden, desto eher ist ihr die Fähigkeit zuzugestehen, dass sie tatsächlich Schmerzen empfindet. Wegen der morphologisch und funktionell gleichen Struktur der Zentralnervensysteme von Mensch und anderen Säugetieren, auch dem Hund, steht ein Schmerzempfinden beim Hund mittlerweile rechtlich wie wissenschaftlich außer Frage. Das dargestellte Prüfungsschema lässt sich jedoch nicht nur auf die Fähigkeit eines Tieres, Schmerz zu empfinden, anwenden, sondern auch auf seine Fähigkeit, andere Emotionen zu haben.

Zentralnervensystem –
Ähnlichkeiten bei Mensch und Hund

Mit Sinn für Romantik und Poesie bemühen wir umgangssprachlich zwar das Herz oder den Bauch als die Zentren unserer Emotionen. Salopp ausgedrückt tut sich ohne Hirn aber auch nichts im Herzen. Die Gehirne von Mensch und Hund sind sich trotz aller Unterschiede ziemlich ähnlich, denn sie bestehen aus denselben Strukturen. Den ursprünglichsten Bereich bildet die Medulla, das verlängerte Rückenmark, wo beispielsweise die Atmung kontrolliert wird. Kleinhirn, Großhirn, Neocortex und Assoziationscortex finden sich im menschlichen Hirn ebenso wie im hundlichen. Die größten Unterschiede zwischen Hunde- und Menschengehirn liegen in der Großhirnrinde. Während unsere stark gefurcht ist und ausgebreitet fast einen halben Quadratmeter Fläche beansprucht, ist die des Hundes so gut wie gar nicht gefurcht. Ihre Oberfläche ähnelt der einer Zitrone und ausgebreitet beansprucht sie auch kaum mehr Fläche. Dennoch funktionieren das menschliche und das hundliche Gehirn auf die gleiche Weise.

Das limbische System

Geradezu frappierend sind die Ähnlichkeiten des limbischen Systems im menschlichen und im Hundegehirn: Isoliert und nebeneinandergelegt sehen sie nicht nur für Laien nahezu identisch aus. Das limbische System gilt als die „Kommandozentrale der Gefühle". Es setzt sich aus mehreren komplizierten Strukturen in der Mitte des Gehirns zusammen und umgibt den Hirnstamm wie ein Saum. Daher rührt auch der Name: Das lateinische *limbus* bedeutet umgeben. Wichtige Strukturen des limbischen Systems sind der Hippocampus, der eine zentrale Rolle bei der Bildung und Verarbeitung von Erinnerungen spielt, der Hypothalamus, der unter anderem die Hypophyse und damit verbunden die hormonelle Balance des Körpers kontrolliert, und die Amygdala, der Mandelkern, der für die Stabilisierung unserer Gemütslage, für Aggression und Sozialverhalten zuständig ist. Störungen des limbischen Systems führen beim Menschen zu Störungen im emotionalen, beim Tier zu Störungen im artspezifischen Verhalten (vielleicht genau das Verhalten, das von Gefühlen bestimmt wird?). Sie werden häufig auch bei Epilepsie und Psychosen nachgewiesen, verbunden mit auffallenden Verhaltensveränderungen wie Panikattacken oder Wutanfällen.

Reaktion auf Reize, die bestimmte Gefühle auslösen

Hunde meiden nicht nur Reize, die Schmerzen verursachen können. Sie meiden auch Situationen, von denen sie glauben, dass sie zu Enttäuschung, Angst- oder Hilflosigkeitserfahrungen führen könnten. Deshalb sträuben sich manche, wenn sie die Tierarztpraxis betreten sollen, oder gehen nicht auf Spielangebote bestimmter Artgenossen ein. Meine Elsa zum Beispiel. Weil sie im Objektspiel mit Bummi lange Zeit nie gewinnen durfte, spielte sie immer seltener mit ihm. Bummi konnte vor ihrer Nase schwenken, was er wollte, sie weigerte sich zunehmend, sich auf eine Verfolgungsjagd einzulassen. Ich nehme an, weil sie erwartete, Enttäuschung und Frustration zu erleben, denn Bummi behielt das Spielzeug stets für sich und lockte Elsa damit nur. Erst als Bummi anfing, ihr das Spielzeug zunächst nur hin und wieder, dann immer öfter zu überlassen, ließ sie sich wieder auf ein Spiel ein.

So wie Hunde Unannehmlichkeiten versprechende Situationen meiden, zeigen sie einen ausgeprägten Sinn für Vergnügungen und suchen gezielt Situationen auf, die beispielsweise Spaß und Freude versprechen. Wenn Bummi begeistert im Garten gräbt oder Lotti sich genüsslich wälzt, kann ich darauf warten, dass die anderen hinrennen und schauen, ob sich auch für sie Ergötzliches bietet.

Feststellbare Wirkung von Psychopharmaka

In wohl keinem anderen Bereich werden Erkenntnisse aus Tierversuchen so unmittelbar vom Tier auf den Menschen übertragen wie in Psychologie und Psychiatrie, also in der „Welt der Gefühle und des Geistes". Medikamente werden nicht nur hinsichtlich von Nebenwirkungen, sondern insbesondere auch bezüglich ihrer tatsächlichen Wirksamkeit an Tieren getestet, ehe sie menschlichen Patienten verabreicht werden. Die Wirkstoffe in Psychopharmaka für Mensch und Tier, insbesondere Hund, sind gleich, mit gleicher Wirkung. Nicht zuletzt können solche Medikamente für Menschen auch bei Hunden eingesetzt werden. Auch ein Mangel an bestimmten Nahrungsbestandteilen kann bei Mensch und Hund zu ähnlichen Symptomen in Sachen Gefühle und daraus resultierendem Verhalten führen. So ist z. B. bekannt, dass ein ausgeprägter Magnesiummangel beim Menschen zu den gleichen Problemen führen kann wie AD(H)S, das Aufmerksamkeitsdefizit-(und Hyperaktivitäts-)Syndrom. Deshalb wird vielen betroffenen Kindern zunächst Magnesium verordnet und geschaut, ob sich ihre Situation dadurch bessert. Gar nicht so selten ist das der Fall. Zwar ist nicht nachgewiesen, ob auch Hunde an AD(H)S leiden können. Ich persönlich sehe jedoch keinen Grund, weshalb das nicht so sein sollte. In einigen Fällen habe ich Hundebesitzern, die wegen Aggressivität, Unruhe, Unkonzentriertheit, „aufbrausendem" oder „launischem" Verhalten ihres Hundes zu mir in die Praxis kamen und bei denen ich die Probleme nicht auf andere Gründe wie mangelnden Auslauf oder inadäquate Haltungsbedingungen zurückführen konnte, empfohlen, dem Hund zunächst ein paar Wochen lang Magnesium zu geben. Bei einigen Hunden scheint das tatsächlich geholfen bzw. die Probleme zumindest gelindert zu haben. Magnesiummangel ist übrigens nur schwer nachzuweisen. Denn auch wenn sich ein „Blutbild" völlig unauffällig darstellt, kann ein ausgeprägter zellulärer Magnesiummangel bestehen.

Tiere sind Mitgeschöpfe

Doch zurück zu unserem Thema: Ich persönlich bin überzeugt davon, dass Tiere, also auch Hunde, die Fähigkeit besitzen, Gefühle zu empfinden. Auch in weiten Teilen der Wissenschaft hat bereits ein Umdenken stattgefunden, und vielfach wird anerkannt, dass Tiere zumindest bestimmte „Grundgefühle" haben, wozu neben Schmerz und Angst im Besonderen Freude, Wut und Trauer gezählt werden. Nach dem, was ich mit Hunden erlebt habe, und den Geschichten, die mir Hundefreunde erzählen, gehe ich jedoch noch einen Schritt weiter: Ich glaube, dass wir mit Hunden nicht nur „bestimmte Grundgefühle" teilen, sondern alle Gefühle, zu denen wir fähig sind. Ob sich dabei Liebe, Begeisterung, Traurigkeit, Wut oder Verzweiflung für einen Hund genauso anfühlen wie für einen Menschen, ist mir dabei gleichgültig. Schließlich weiß ich auch nicht, wie sich Liebe, Begeisterung, Traurigkeit, Wut oder Verzweiflung für meine Freundin, meinen Mann oder unseren Nachbarn anfühlen. Und ich würde deshalb auch nicht auf die Idee kommen, dass diese Menschen keine Gefühle haben könnten.

Ich frage mich: Ist es nicht unmenschlich, Tiere aus Mangel an Beweisen so zu behandeln, als hätten sie keine Gefühle? Und wenn wir Tieren Gefühle zugestehen: Wie menschlich ist es, diese Gefühle zu be- oder verurteilen, sie gering zu schätzen, abzutun oder in einer „Der Zweck heiligt die Mittel"-Mentalität absichtlich zu ignorieren?

Das Tierschutzgesetz jedenfalls spricht in Bezug auf Tiere ausdrücklich von Mitgeschöpflichkeit und erkennt damit die Verwandtschaft zwischen Mensch und Tier an, unsere gemeinsame Entwicklungsgeschichte. Ich denke, dass wir unseren Gefühlen in gleichem Maße wie unserem Verstand unser Leben und Überleben verdanken, dass die Gefühle aber schon da waren, ehe sich der menschliche Verstand emporgeschwungen hat. Was lässt mich bei Gefahr mein Heil in der Flucht suchen? Die Erkenntnis, dass ein Fressfeind vor mir steht? Oder ein elektrischer Schlag, ein Gefühl, das mir das Blut in den Adern gefrieren lässt, mir Beine macht, lange bevor ich den nächsten klaren Gedanken fassen kann?

Bedeutung von Gefühlen für die GfK

So wie Hunde und Menschen Gefühle teilen, so empfinden sie diese Gefühle gleichermaßen als angenehm oder unangenehm. Situationen, die angenehme Gefühle verheißen, suchen wir ebenso aktiv auf, wie wir sie möglichst lange auszudehnen versuchen. Situationen, die unangenehme Gefühle bedeuten könnten, versuchen wir zu vermeiden. Ganz genau wie unsere Hunde. Ob wir unsere Gefühle als angenehm oder unangenehm wahrnehmen, hängt davon ab, ob unsere darunterliegenden Bedürfnisse erfüllt sind oder nicht. In der GfK ist deshalb wichtig, niemanden dafür zu verurteilen, dass er ein bestimmtes Gefühl empfindet, ganz gleich, wie er es zum Ausdruck bringen mag. Denn auch das unangenehmste Gefühl macht uns nicht zu einem schlechten Menschen. Und das gilt ebenso für unsere Hunde.

Gefühle und Bedürfnisse

Gefühle aus erfüllten Bedürfnissen

Zu den Gefühlen, die wir wie auch unsere Hunde haben, wenn unsere Bedürfnisse erfüllt sind, gehören beispielsweise: aufgeregt, ausgetobt, begeistert, bewegt, behaglich, ekstatisch, entspannt, entzückt, erfreut, erfrischt, erfüllt, froh, fröhlich, glücklich, gelassen, lebendig, leicht, motiviert, neugierig, optimistisch, satt, sicher, überschwänglich, unbekümmert, vergnügt, wach, zufrieden, zuversichtlich, zärtlich.

Gefühle aus nicht erfüllten Bedürfnissen

Zu den Gefühlen, die Mensch und Hund haben, wenn Bedürfnisse nicht erfüllt sind, zählen: ängstlich, angespannt, ausgelaugt, bedrückt, besorgt, deprimiert, durcheinander, einsam, enttäuscht, erschöpft, erschrocken, ernüchtert, frustriert, gelangweilt, genervt, hungrig, hilflos, irritiert, lustlos, müde, mutlos, nervös, niedergeschlagen, panisch, perplex, ruhelos, traurig, sauer, schüchtern, streitlustig, schockiert, sorgenvoll, traurig, unglücklich, unzufrieden, verstört, verzweifelt, wütend, widerwillig, zögerlich, zornig.

♭ Pseudogefühle

Hinsichtlich der Gefühle weist Rosenberg auf eine Falle hin, die er „Nicht-" oder „Pseudogefühle" nennt. Dahinter verbergen sich Worte, die nur scheinbar Gefühle zum Ausdruck bringen, tatsächlich aber eher Vorwürfe bis hin zu Schuldzuschreibungen darstellen. Zu solchen Worten gehören z. B.: angegriffen, betrogen, eingeschüchtert, gezwungen, herabgesetzt, manipuliert, unterworfen, missverstanden, niedergemacht, provoziert, sabotiert, übergangen, übervorteilt, unzulänglich, unwichtig, ungewollt, verlassen, vernachlässigt. In solchen Worten verstecken sich Verweise darauf, dass ein anderer uns etwas „angetan" hat. Deshalb rufen sie auch so selbstverständlich Widerspruch hervor, wenn wir sie verwenden. Sagen wir etwa: *„Ich fühle mich missverstanden von dir"*, hören wir oft: *„Aber das stimmt doch gar nicht"*. Rosenberg betont, dass wir mit solchen Wörtern nicht äußern, wie wir uns fühlen, sondern wie wir glauben, dass wir sind, oder wie wir glauben, dass andere sind. Ein paar Beispiele:

„In Sachen Hundeerziehung fühle ich mich total unzulänglich."

„Ich fühle mich ausgenutzt, weil mein Mann den Hund haben wollte und ich mich nun um alles kümmern muss."

„Ich fühle mich ignoriert, wenn er weiterschnüffelt, obwohl ich ihn gerufen habe."

Nach Rosenberg gibt es Formulierungen, bei denen die Gefahr, Pseudogefühle zu äußern, größer ist als bei anderen Formulierungen. Ich halte es deshalb für empfehlenswert, einen Satz, in dem man ein Gefühl äußern möchte, nicht mit *„Ich fühle mich"* oder *„Ich habe das Gefühl"* zu beginnen. Für den, der in der GfK geübt ist, machen diese Formulierungen zwar keinen Unterschied. Wenn die GfK aber noch wenig vertraut ist, äußert man leicht Pseudogefühle. Hier einige Beispiele:

„Ich habe das Gefühl, er macht das nur, um mich zu ärgern."

„Ich habe das Gefühl, dass ich seinen Bedürfnissen nicht gerecht werde."

„Ich fühle mich unter Druck gesetzt."

„Ich fühle mich gezwungen, dabei mitzumachen."

Wenn wir eigentlich zum Ausdruck bringen wollen, wie wir glauben, dass wir oder andere sind, ist es unverfänglicher, tatsächlich von glauben, meinen oder denken zu sprechen:

„Ich glaube, er macht das nur, um mich zu ärgern."

„Ich denke, dass ich seinen Bedürfnissen nicht gerecht werde."

Um anstelle von Pseudogefühlen echte Gefühle auszudrücken, erscheint mir der einfachste Weg zu sagen „Ich bin":

„Ich bin unter Druck wegen dieser Sache."

„Ich ärgere mich darüber, dass ich da mitmache."

„Ich bin besorgt, seinen Bedürfnissen nicht gerecht zu werden."

„Ich habe Angst, er könnte das nur machen, um mich zu ärgern."

„Ich bin enttäuscht darüber, dass es mir bislang nicht gelungen ist, Maxi Bei-Fuß-Gehen beizubringen."

Wer behauptet, dass Tiere keine Gefühle haben können, geht dabei möglicherweise den Pseudogefühlen auf den Leim. Ein Hund kann sich beispielsweise tatsächlich nicht betrogen, herabgesetzt oder vernachlässigt fühlen. Dergleichen kann jedoch niemand fühlen, auch kein Mensch. Weil das eben keine Gefühle sind, bzw. diese Worte keine Gefühle zum Ausdruck bringen.

Zeig mir, was du fühlst

Wenn wir die GfK auf den Hund anwenden, versuchen wir neben unseren eigenen auch die Gefühle des Hundes zu benennen. Mancher, der sich ohnehin schwer damit tut, Tieren Gefühle zuzugestehen, stört sich auch daran, dass wir für die Gefühle des Tieres dieselben Worte verwenden wie für die Gefühle der Menschen. Der Verdacht, das Tier zu vermenschlichen, kommt auf. Für Tierfreunde gibt es kaum einen schlimmeren Vorwurf.

Meine persönliche Einstellung ist, dass vermenschlichen und vermenschlichen zwei verschiedene Dinge sind, denn einige Tierarten haben wir schon allein dadurch vermenschlicht, dass wir sie domestiziert, also zu Haustieren gemacht haben. Bei Hunden oder auch Katzen geht das so weit, dass sie den Menschen als Sozialpartner

Tieren Gefühle zuzugestehen, fällt manchem schwer.

Hund auf dem Schoß: „Verwöhnen" führt nicht zwangsläufig zu problematischem Verhalten.

Der Verdacht, dass ein Hund vermenschlicht wird, ist zuweilen schnell bei der Hand. Für eine glückliche Mensch-Hund-Beziehung müssen wir uns jedoch nicht „verhundlichen".

bevorzugen und die meisten innigere Beziehungen zu ihren menschlichen Bezugspersonen unterhalten als zu Artgenossen oder anderen Tieren, mit denen sie im gleichen Haushalt zusammenleben oder mit denen sie außerhalb befreundet sind. Zwei Hunde oder Katzen, die sich selbst genügen und mehr aneinander als an ihrem Menschen hängen, sind nach meiner Erfahrung außerordentlich selten. Wer einen Zweithund anschafft, damit der erste bei Abwesenheit des Besitzers nicht mehr so allein zu Hause ist, wird bald feststellen, dass mit dem Zweithund nun zwei zu Hause allein sind.

Aus meiner Sicht wird ein Hund nicht dadurch vermenschlicht, dass er etwa mit im Bett schläft, auf dem Sofa lümmelt oder gar auf einem Stühlchen mit am Tisch sitzt und von einem eigenen Tellerchen isst. Ich sehe es auch nicht als Vermenschlichung an, zu sagen: *„Der ist fröhlich, neugierig, eifersüchtig oder sauer."* Denn all das führt in der Regel nicht dazu, dass das Wohlbefinden des Hundes beeinträchtigt wird, im Gegenteil. Was man landläufig als „übermäßiges Verwöhnen" des Hundes bezeichnet, führt zudem nicht zwangsläufig zu problematischem Verhalten, wie bereits zahlreiche Wissenschaftler in Untersuchungen nachgewiesen haben. Nach meiner Ansicht geht eine Vermenschlichung des Hundes nur dann zu weit, wenn sie dazu führt, dass die individuellen Bedürfnisse des einzelnen Hundes auf der Strecke bleiben, das hundliche Wohlbefinden also beeinträchtigt wird:

› ein Hund an und mit menschlichen Maßstäben gemessen wird und

› menschliche Bedürfnisse ungeachtet der individuellen hundlichen Natur auf den Hund übertragen werden.

Solange wir mangels empirischer Beweise für die Gefühle von Tieren keine eigenen Worte schöpfen, bin ich bereit, mir mit denen zu helfen, die ich für menschliche Gefühle kenne. Zu entschlüsseln, welche Gefühle hinter einem Verhalten eines Hundes stecken, braucht

Fachwissen und Übung beim Beobachten von Hunden. Viele Hunde-besitzer haben jedoch auch ohne dieses Fachwissen und ohne Übung in Sachen Hundebeobachtung ein ganz gutes Gespür, einen guten Instinkt für die Befindlichkeiten ihres Hundes. Das mag daran lie-gen, dass Hund und Mensch trotz der vielen Unterschiede im Verhal-ten manches doch ähnlich zum Ausdruck bringen: Auch wir zucken zusammen, wenn wir erschrecken; auch wir laufen weg und machen uns klein, wenn wir Angst haben; auch wir werden unter Umstän-den laut, wenn wir wütend sind. Und auch, wenn die meisten von uns nicht zubeißen, hat mancher in Rage schon Teller an die Wand gefeuert, Türen eingetreten oder irgendwas zerhackt. Dennoch ist es einfacher und sicherer, die Signale zu kennen und zu erkennen, mit denen ein Hund bestimmte Gefühle zum Ausdruck bringen kann. Die nachfolgende Übersicht erhebt dabei jedoch keinen Anspruch auf Vollständigkeit. Wichtig ist außerdem, bei allem, was der Hund tut, die jeweilige Gesamtsituation im Auge zu behalten. Nichts führt bei der Beobachtung so leicht in die Irre wie die Konzentration auf Einzelheiten, die isoliert betrachtet werden.

Unsicherheit, Furchtsamkeit oder Angst

Alle diese Gefühle sind beim Hund vor allem daran zu erkennen, dass er
› sich klein macht, ausweicht, sich „duckt" und den Blick abwendet,
› die Ohren anlegt, Stirn und Mundwinkel nach hinten zieht (er sieht dann ein bisschen aus, als würde sein Gesicht an Gummi-bändern Richtung Hinterkopf gezogen),
› große Pupillen zeigt,
› das Weiße in seinen Augen sehen lässt,
› „Einfrieren", Erstarren oder auch gesteigerte Aktivität zeigt (oft rassespezifisch – zum Beispiel zeigen Beagle häufig das klassische

Erstarren, kleine Terrier hingegen neigen zu massiv gesteigerter Aktivität),

> aktive Unterwerfung signalisiert (z. B. Hochspringen, Schwanzwedeln, dem anderen die Schnauze in die Mundwinkel drücken),
> passive Unterwerfung signalisiert (Sich-auf-den-Rücken-Legen),
> den Schwanz einzieht,
> in der Bewegung nach rückwärts strebt,
> weggeht oder wegläuft,
> bei sehr großer Angst unter Umständen auch schreit.

Umgangssprachlich unterscheiden wir Furcht und Angst zwar nicht, in der Ethologie und auch in der (Human-)Psychologie werden beide Begriffe jedoch verschieden definiert. Als Furcht wird danach ein unangenehmer emotionaler Zustand bezeichnet, der sich auf ein konkretes Zielobjekt bezieht, beim Hund etwa Furcht vor Knallgeräuschen oder Furcht vor dem Nachbarn mit Hut. Unter Angst versteht man demgegenüber einen weniger spezifischen Zustand, einen, der chronische Züge hat und nicht an bestimmte Objekte gebunden ist. Furcht vergeht, wenn das auslösende Objekt verschwunden ist. Angst ist das, was bleibt, wenn der Hund mit dem Wiedererscheinen rechnet oder wenn das Auftauchen dessen, was er fürchtet, in der Luft liegt. Einer Angst vor Gewitter beispielsweise mag ursprünglich Furcht vor Donner zugrunde liegen. Die Vielzahl von Signalen, die Gewitter bzw. Donner ankündigen, versetzen den betroffenen Hund in Angst. Das kann so weit gehen, dass bereits einsetzender Nieselregen oder ferne Flugzeuggeräusche bei einem Hund Angst auslösen.

Beschwichtigungssignale

Auch hinter den viel beschworenen Beschwichtigungssignalen kann Unsicherheit oder Furcht stecken. Durch Beschwichtigungssignale kann ein rangniedriges Tier aber auch einfach nur Höflichkeit,

Freundlichkeit, Respekt, Anerkennung und Achtung gegenüber einem ranghöheren Tier zum Ausdruck bringen. Insbesondere die Kanidenforscher Udo Gansloßer und Günther Bloch weisen darauf hin, dass Beschwichtigungssignale nur in dieser Richtung, also von rangtief zu ranghoch gezeigt werden, ranghohe Hunde oder auch Wölfe gegenüber rangniedrigen also keine Beschwichtigungssignale, sondern Beruhigungssignale anwenden. Im Gegensatz zu Beschwichtigungssignalen bedeuten Beruhigungssignale so etwas wie: *„Mach dir keine Sorgen, es ist alles in Ordnung".* Über die Beschwichtigungssignale gibt es immer wieder Streit in der Hundeszene. Einige Signale wurden jedoch von mehreren Wissenschaftlern unabhängig voneinander als Beschwichtigungssignale identifiziert. Diese Signale werden Referenzsignale genannt. Dazu zählen:

> pföteln,
> sich klein machen,
> den Blick abwenden,
> sich wegdrehen,
> die Mundwinkel des Gegenübers lecken bzw. mit der Schnauze die Mundwinkel anstoßen,
> Zunge zeigen bzw. über die Nase lecken (im Fachjargon „licking intention"),
> urinieren (nicht markieren!).

Übersprungshandlungen

Viele Signale, die über die Referenzsignale hinaus als Beschwichtigungssignale angesehen werden, stellen in Wirklichkeit sogenannte Übersprungshandlungen dar. Auch durch sie kann ein Hund Unsicherheit ausdrücken, muss aber nicht. Übersprungshandlungen sind „Ersatzhandlungen" oder „Verlegenheitsgesten" für widerstreitende Bedürfnisse (im Fachjargon wird statt „Bedürfnisse" oft das Wort „Antriebe" verwendet). Der Hund ist dann zwischen zwei gleich starken, aber entgegengesetzten Wünschen bzw. Strategien, die zur Erfüllung unterschiedlicher Bedürfnisse führen können, hin- und hergerissen und kann sich nicht entscheiden: sitzen bleiben oder weggehen, auf Herrchens „hiiier" hören oder weiter mit den Hundekumpeln spielen, den Kuchen nehmen oder doch nicht. Zu Übersprungshandlungen lassen auch wir uns hinreißen: sich bei schwierigen Denkaufgaben am Kopf kratzen, beim Rendezvous mit der Hand durch die Haare fahren, vor einem Vortrag die Ärmel hochstreifen, an der Unterlippe nagen etc. Übersprungshandlungen lassen immer darauf schließen, dass sich jemand in einem inneren Konflikt befindet, ganz gleich, ob Hund oder Mensch.

Eine vollumfängliche Liste möglicher Übersprungshandlungen lässt sich nicht erstellen, erkennbar sind sie aber immer daran, dass sie in der jeweiligen Situation absolut unpassend erscheinen. Einige Beispiele:

> krampfartiges Gähnen, zum Teil gepaart mit einem Schütteln des Kopfes,
> Sich-Kratzen,
> reines Sich-Schütteln oder „Kopfschütteln",
> „Zwei-Schluck-Trinken" (der Hund schöpft einige Male Wasser, erscheint dabei aber abgelenkt und gar nicht durstig),
> Am-Boden-Schnüffeln.

Stress bei Hunden

Stress ist in Bezug auf die Gefühlswelt unserer Hunde ebenfalls von Bedeutung. Stress bedeutet dabei nicht, dass ein Hund irgendwie viel zu tun hat. Stress stellt vielmehr eine Alarmreaktion des Körpers auf einen äußeren, belastenden Umstand dar. Diese Alarmreaktion führt zu der berühmten „Fight or Flight" – der „Kampf-oder-Flucht"-Reaktion. Unter Stress kommt es im Körper von Hund und Mensch zur Ausschüttung bestimmter Stresshormone wie Adrenalin, Noradrenalin und Cortisol. Unter Stress sind wir fähig, auch solche Dinge zu tun, die uns niemand zugetraut hätte, oder solche, die wir später bereuen. Auch Hunde können unter Stress unberechenbar sein. Die Ethologie unterscheidet vier Möglichkeiten, auf Stress zu reagieren.

Diese werden als die „4 F" bezeichnet:

> Fight (Kampf),
> Flight (Flucht),
> Freeze (einfrieren, erstarren),
> Flirt (Übersprungshandlung).

Wenn ein Hund mal unter Stress gerät, ist das beileibe kein Beinbruch, im Gegenteil. *„Nichts wirkt sich so förderlich aus wie eine gesunde Portion Stress"*, besagt ein durchaus wahres Sprichwort. Man gerät in Stress, und dann erholt man sich wieder, das gilt für Hunde wie auch für Menschen. Stress kann „positive" wie auch „negative" Gefühle wecken, wobei auf beiden Seiten nicht das „Ob", sondern das „Zuviel" problematisch werden kann. Stress darf kein Dauerzustand werden, denn der kann für Seele und Gesundheit tatsächlich fatale Folgen haben, von Übergewicht über Burn-out bis hin zu Nervenschädigungen, Herzinfarkt und Krebs. Da hilft es auch nichts, wenn der Stress ursprünglich einmal „positiv" war – Stichwort „Beschäftigungswahn". Negativer Stress wird auch „Distress" genannt. Stress lässt ein Hund insbesondere erkennen durch:

> Drohverhalten und Aggression (knurren, schnappen, beißen),
> Aufgeregtheit,
> Konzentration,
> „Aufgedrehtheit",
> Sich-Entziehen-Wollen, Weglaufen,
> Angst,
> Übersprungshandlungen.

Dauern Stressfaktoren an, können Anzeichen u.a. sein:

> Beschwichtigungssignale,
> aktive oder passive Unterwerfung,
> starkes Hecheln mit weit nach hinten gezogenen Mundwinkeln und eingezogener Zunge,
> „Luft-Anhalten" (der Hund hechelt, schließt dann plötzlich den Fang und verharrt – einige Hunde halten an dieser Stelle tatsächlich kurz die Luft an, andere atmen hochfrequent durch die Nase, bis sie den Fang wieder öffnen und weiterhecheln),
> geschlossener Fang mit angespannten, weit nach hinten gezogenen Lefzen,
> Schmatzen,
> Speicheln,
> Backen-Aufblasen,
> geweitete Pupillen,
> Ruhelosigkeit,
> Erschöpfung.

Ärger, Wut und Hass

Ärger, Wut und Hass können sich insbesondere durch aggressive Verhaltensweisen oder auch Drohverhalten äußern. Dazu gehören:

> direkter Augenkontakt mit hartem, versteinertem Blick,
> Anstarren,
> Knurren,
> gesträubtes Fell (insbesondere über der Schwanzwurzel oder/und den Schulterblättern),
> angespannte, steife Körperhaltung,
> angespannter, geschlossener Fang oder hochgezogene Lefzen mit mehr oder weniger sichtbaren Zähnen,
> Bodychecks (Rempeln),

- › hartes Anspringen (wie heftiges „Schubsen" unter Menschen),
- › Bellen (vor allem bei Frustration),
- › Beißen (dazu zählen nicht nur blutende Wunden, sondern alles, was auch nur im Entferntesten wehtut oder Kleidung in Mitleidenschaft zieht. Das ist kein „Schnabbeln" oder „Knabbeln" oder sonst was, sondern einzig und allein Beißen!).

Selbstsicheres und angstmotiviertes Drohen

In Bezug auf Wut und Ärger ist die Abgrenzung zu Furcht und Angst von Bedeutung. Denn aggressives bzw. Drohverhalten kann auch angstmotiviert sein. Die Differenzierung ist gar nicht schwierig, die Abstufungsgrade der gezeigten Signale können allerdings fließend sein. Hinzu kommt, dass ein Hund zwischen Selbstsicherheit und Furcht hin- und hergerissen sein kann (im Fachjargon „Mischmotivationen") und widersprüchliche Signale sendet.

▷ Angstmotiviertes Drohen ist erkennbar an:

- › zurückgelegten, an den Kopf gepresste Ohren,
- › glatter, nach hinten gezogener Stirn,
- › entblößten Backenzähnen durch weit nach hinten gezogene Mundwinkel,
- › unruhigem Blick mit wechselndem Anstarren und Wegsehen, das Weiße kann in den Augen sichtbar sein,
- › Schmatzen,
- › geduckter, rückwärtsgerichteter Körperhaltung,
- › geweiteten Pupillen,
- › eingezogenem Schwanz.

▷ Selbstsicheres Drohen ist erkennbar an:

- › aufgestellten, nach vorn gerichteten Ohren,
- › direktem Augenkontakt mit hartem, versteinertem Blick,

> Anstarren,
> gerundeten, vorgezogenen Mundwinkeln oder geschlossenem, angespanntem Fang,
> entblößten Zähnen, dann sind häufig nur die Schneidezähne sichtbar (wie viel „Backenzahn" sichtbar ist, kann ein Gradmesser dafür sein, inwieweit trotz allem doch Angst im Spiel ist),
> vorwärtsgerichteter, steifer Körperhaltung.

Enttäuschung und Frustration

Diese Gefühle können Hunde sehr unterschiedlich äußern. Zum einen liegt das an unterschiedlichen Charakteren. Jeder Hund ist anders. Zum anderen können auch Hunde lernen, Gefühle zu unterdrücken, worauf wir später noch eingehen werden. Enttäuschung und Frustration können Vorläufer von Wut sein, wenn sich diese Gefühle steigern. Die Palette möglicher Verhaltensweisen reicht von Anzeichen für Unsicherheit über Stresssignale, Winseln und Bellen bis hin zu Anspringen und Drohgebärden. Vielfach verweigern die Vierbeiner die Kooperation oder ignorieren den Auslöser ihrer Gefühle. Auch Beißen ist möglich oder, wie dieses schöne Sprichwort sagt: *„Ein Hund beißt zwar nicht die Hand, die ihn füttert, aber die Hand, die ihm das Futter vorenthält."*

Dass sich Enttäuschung auch für einen Hund unangenehm anfühlen muss, wird z. B. deutlich, wenn wir einem Hund diverse Kunststückchen beibringen, wie „sitz", „platz" oder Ähnliches, und dem Hund, wenn er das gewünschte Verhalten ausführt, ein Leckerchen geben. Das bedeutet im Umkehrschluss, dass der Hund nichts bekommt, wenn er nichts oder das Falsche tut. Viele Hundetrainer nutzen Markerworte wie „fein" oder „prima" oder auch einen Clicker, um dem Hund zu signalisieren: *„Das war richtig, jetzt gibt's die Belohnung."* Zugleich begleiten sie falsche Reaktionen ebenfalls mit einem Markerwort; beliebt sind zum Beispiel „falsch", „fehler" oder „schade" und zeigen damit an, dass nun auch kein Leckerli folgt. Wieder andere setzen Strafreize ein, um dem Hund zu vermitteln, dass etwas so nicht gewünscht war: Leinenruck, Erschrecken, Anschreien, vielleicht auch Ohrfeigen. Forscher haben dann einmal unter die Lupe genommen, welche Botenstoffe, insbesondere das Stresshormon Cortisol, dabei vom Hundeorganismus ausgeschüttet werden, und waren überrascht festzustellen, dass Strafreize dieselben Reaktionen hervorriefen wie die Gewissheit, keinen „Lohn" zu bekommen. Fazit: Strafreize sind verzichtbar; die Enttäuschung, Verzweiflung, Traurigkeit, Frustration über eine vergeigte Belohnung ist groß (und Strafe) genug.

Enttäuschung und Frustration können uns auch begegnen, wenn wir Hunde nach ihren Maßstäben ungerecht behandeln. Hunde besitzen einen sehr ausgeprägten Sinn für Gerechtigkeit, worauf wir später noch detaillierter eingehen. Die Kanidenforscherin Friederike Range von der Universität Wien hat diesbezüglich im Fachblatt „Proceedings of the National Academy of Sciences" ein interessantes Experiment veröffentlicht. Zunächst stellten die Forscher um Range Zweierteams einander vertrauter Hunde zusammen. Diese Hunde wurden dann sowohl als Team als auch einzeln diversen „Trainingssettings" unterzogen. Das heißt, ein Experimentator, der ansonsten keinerlei Kontakt zu den Hunden hatte, forderte die Vierbeiner mit monotoner Stimme zu diversen Kunststückchen auf, z. B. Pfötchengeben. Für korrekte Reaktionen erhielten die Hunde Leckerchen. Taten die Hunde im Team beide das Gewünschte, erhielt aber nur einer ein Leckerchen, zeigten die Benachteiligten deutliche Signale für Enttäuschung und Frustration: Die Hunde stellten häufig die Mitarbeit ein, verweigerten den „Gehorsam" oder ignorierten den Experimentator. Viele zeigten auch Stresssymptome wie die *licking intention* oder Ähnliches.

Wurden die Hunde einzeln trainiert, machte es ihnen weniger aus, nicht jedes Mal ein Leckerchen zu bekommen. Sie blieben weitaus länger kooperationsbereit. Gleiches war zu beobachten, wenn beide Hunde im Team trotz richtiger Reaktion leer ausgingen.

Hilflosigkeit

Auch Hilflosigkeit ist ein Gefühl. Hilflos ist, wer durch eigenes Handeln eine Situation nicht ändern bzw. verbessern, sich nicht retten kann. Hilflosigkeitserfahrungen und ihren Folgen für die Mensch-Hund-Beziehung werden wir uns noch in einem eigenen Kapitel sehr ausführlich zuwenden. An dieser Stelle zunächst nur eine beispielhafte Aufzählung jener Anzeichen, an denen zu erkennen ist, dass sich ein Hund hilflos fühlt:

› Passivität,
› Aufgeben bei Widerstand,
› keine Selbstverteidigung,
› keine Kommunikationsversuche,
› Willfährigkeit.

Ehe sich ein gesunder Hund in Hilflosigkeit ergibt, wehrt er sich dagegen, zum Teil sehr massiv. Nach meiner Erfahrung stellt aggressives Verhalten in erstaunlich vielen Fällen den Versuch dar, Hilflosigkeit zu vermeiden, vor allem dann, wenn aufseiten des Hundes auch Angst im Spiel ist.

Sympathie, Zuneigung, Freundschaft und Liebe

Diese Gefühle werden von Hundebesitzern in der Regel sehr sicher erkannt. Hunde bringen solche Gefühle beispielsweise zum Ausdruck durch:

> Zärtlichkeit,
> Kontaktliegen (Ruhen mit Körperkontakt oder Blickkontakt bei nicht mehr als einem halben Meter Distanz),
> aktive und passive Unterwerfung,
> direkter Augenkontakt mit offenem, entspanntem, interessiertem Blick (nur gegenüber Menschen und nur, wenn der Augenkontakt als positiv gelernt wurde).

Empathie

Die Fähigkeit, sich in andere hineinzuversetzen, war lange Zeit einzig anerkanntes Privileg des Menschen. Bis die berühmten Spiegelexperimente aufkamen und man feststellte, dass eine ganze Reihe von Tierarten fähig ist, sich selbst im Spiegel zu erkennen. Darunter etwa die sogenannten Menschenaffen, Wale und Delfine. Schimpansen z. B. malte man unbemerkt einen Farbklecks auf die Stirn und beobachtete sie dann, während sie in den Spiegel schauten. Die Tiere wischten den Fleck auf der eigenen Stirn weg. Viele fuhren anschließend fort, ihre Zähne zu betrachten, ebenso ihren Rücken etc. Tiere, die sich selbst im Spiegel nicht erkannten, ignorierten den Farbklecks, attackierten ihr Spiegelbild oder suchten hinter dem Spiegel nach dem vermeintlichen Artgenossen. Zu den Tieren, die sich selbst im Spiegel nicht erkennen, gehören auch Menschenkinder, die jünger sind als im Durchschnitt anderthalb Jahre. Bemerken sie den Farbklecks auf der Stirn ihres Spiegelbilds, zeigen sie am Spiegel darauf oder versuchen, ihn vom Spiegel abzuwischen.

Die Fähigkeit, das eigene Spiegelbild zu erkennen, gilt als Beweis für Ichbewusstsein, Ichbewusstsein wiederum als Voraussetzung für Empathiefähigkeit. Denn nur mit dem Wissen, wer man selbst ist, sei man auch fähig, die Perspektive zu wechseln und gleichsam mit den Augen eines anderen zu sehen. Ich persönlich glaube aber, dass ein Ichbewusstsein schon weitaus früher beginnt. Meine Tochter beispielsweise fand „Spiegelspiele" im Alter von etwa einem Jahr hochinteressant: Auf allen vieren hockte sie da und wedelte abwechselnd mit dem linken und dem rechten Arm, während sie fasziniert zusah, wie ihr Spiegelbild das Gleiche tat. Als ich daraufhin das Experiment mit dem Farbklecks versuchte, griff sie sich nicht an die Stirn. Ein Ichbewusstsein war also eigentlich ausgeschlossen. Dennoch wusste sie schon, wer sie ist, denn wenn ich oder jemand anders ihren Namen sagte, schaute sie uns an, andere Namen ignorierte sie oder hielt Ausschau nach demjenigen. Ebenso wusste sie genau, dass ihr Bauch wehtat, sie Hunger oder Durst hatte, sie ein Buch anschauen, mit dem Traktor spielen etc. wollte. Ihre Bedürfnisse machte sie mit sogenannten Babyzeichen deutlich, einfachen Gesten, die der Deutschen Gebärdensprache entstammen, Babys das Sprechenlernen erleichtern und eine sehr detaillierte, vorsprachliche Kommunikation ermöglichen können. Doch zurück zum Hund: Auch Hunde mögen kein Farbklecksexperiment bestehen, die meisten an ihrem Spiegelbild nicht das geringste Interesse zeigen. Doch sie kennen ihren Namen, spielen echte Rollenspiele, wissen, wenn ihnen etwas wehtut, dass sie essen, trinken oder spielen wollen und auch womit. Sie wissen, dass sie zu Hause aufs Sofa gehören und nicht jeder Hund, der mal kurz zu Besuch kommt. Ich bin überzeugt, dass Hunde sehr wohl in der Lage sind, zwischen der eigenen Person und anderen zu unterscheiden. Und es gibt zahllose Beispiele, die darauf hindeuten, dass sie sich auch in andere hineinversetzen können.

Überaus lesenswert ist in diesem Zusammenhang das Buch „Vom Mitgefühl der Tiere" von Marc Bekoff und Jessica Pierce, die darin u. a. der Frage nach den neuronalen Grundlagen für Empathiefähigkeit bei Tieren nachgehen. Pierce und Bekoff betonen, dass Empathie nicht nur bedeutet, die Perspektive eines anderen einnehmen zu können. Vielmehr sei Empathie die Fähigkeit, Gefühle anderer zu erfahren und nachzuempfinden, eben Mitgefühl zu haben. Besondere Bedeutung könne dabei der Mimik einer Spezies zukommen. So seien Gesichtsausdrücke, wie man sie nicht nur beim Menschen, sondern z. B. auch bei sozialen Fleischfressern wie Wölfen, Kojoten oder Füchsen findet, ein guter Indikator für soziale Komplexität. Hunde zeigen zwar keine so differenzierte und nuancierte Mimik mehr wie ihre wölfischen Ahnen. Dennoch kommunizieren sie mimisch weitaus ausgeprägter als Kojoten oder Füchse. Über ihr Gesicht kommunizieren sie sehr deutlich und differenziert Stimmungen und Gefühle. Mit welchem Ziel wohl? Ich kann mir nicht vorstellen, dass es dem Selbstzweck dient, andere erfahren zu lassen, was bzw. wie man fühlt (oder die Hunde sich fühlen). Interessant ist dabei auch, dass nicht nur die Gefühle die Mimik beeinflussen, was vor allem Schauspieler bei ihrer Arbeit nutzen. Sollen sie ihr Gesicht sprechen lassen, beschwören viele Darsteller Erinnerungen an Situationen herauf, in denen sie traurig oder fröhlich, wutentbrannt oder verzweifelt waren. Es geht aber auch anders herum: Wer zum Beispiel einmal versucht, ein trauriges, verzweifeltes Gesicht zu machen, wird feststellen, dass er plötzlich auch Spuren des entsprechenden Gefühls empfindet. Und das umso mehr, je intensiver und ausgeprägter er seine Mimik „verzieht".

In Sachen Erfahren und Nachempfinden scheinen die erst vor wenigen Jahren entdeckten Spiegelneurone eine zentrale Rolle zu spielen. Spiegelneurone wurden bislang bei Menschen und einigen anderen Primaten nachgewiesen. Einige Wissenschaftler vermuten, dass es nur eine Frage der Zeit ist, bis Spiegelneurone oder funktionale Äquivalente auch bei Hunden und weiteren Säugetieren nachgewiesen werden. Spiegelneurone sind verantwortlich dafür, dass wir

Handlungen imitieren und Intentionen und Emotionen anderer lesen können. Sie sind besonders aktiv, wenn Emotionen durch mimische Signale gezeigt werden. So bewirken Spiegelneurone beispielsweise, dass wir gähnen, wenn wir jemand anders gähnen sehen, dass wir zusammenzucken, wenn wir beobachten, wie jemand geschlagen wird, oder dass wir lächeln, wenn wir sehen, wie sich jemand freut. In psychologischen Tests zeigte sich, dass Menschen, die sich von den beobachteten Emotionen anderer kaum oder gar nicht „anstecken" ließen, sich auch in anderen Situationen schlechter in andere Personen hineinversetzen konnten.

Hinweis auf Empathie

Auch Hunde lassen sich durch „Vorgähnen" zum Gähnen verleiten, wie britische Forscher festgestellt und in der Zeitschrift „Biology Letters" publiziert haben. In ihrem Experiment beobachteten sie, dass sich 72 Prozent der getesteten Vierbeiner vom Gähnen der Forscher anstecken ließen, genauer gesagt 21 von 29 getesteten Hunden. Die Hunde reagierten dabei nur auf „echtes" Gähnen, nicht etwa auf „gähn-ähnliche" Mundbewegungen. Die Wissenschaftler sehen das als Hinweis auf Empathiefähigkeit.

Neben den Spiegelneuronen könnten auch Spindelzellen eine Rolle in Sachen hundliches Einfühlungsvermögen spielen. Beim Menschen sollen Spindelzellen soziale Emotionen auslösen und für soziale Bindungen bedeutsam sein. Pierce und Bekoff weisen darauf hin, dass Spindelzellen kürzlich auch bei einigen Walen nachgewiesen wurden, wobei diese Tiere entwicklungsgeschichtlich gesehen schon mindestens doppelt solange über Spindelzellen verfügen wie Menschen. Wale besitzen zudem mehr Spindelzellen als wir. Walarten wie Orcas oder Pottwale, bei denen man unter anderem Spindelzellen nachgewiesen hat, könnte man als Äquivalente zu landlebenden sozialen

Fleischfressern sehen, Wölfen und Hunden etwa. Wenn Wale Spindelzellen besitzen, finden sich solche oder funktional ähnliche Zellen vielleicht auch beim Hund?

Gefühlen erkennen

Die Menge an sozialer Information, die Hunde insbesondere über ihre Mimik mitteilen bzw. übertragen können, ist immens. Pierce und Bekoff regen vor diesem Hintergrund dazu an, auch menschliches Verhalten zu betrachten und zu berücksichtigen, wie wir den emotionalen Zustand anderer Menschen wahrnehmen. Nicht indem wir irgendwelche kognitiven oder bewussten mentalen Prozesse bemühen oder „intelligente", logisch-mathematische Schlüsse ziehen. Das erklärt nach meiner Ansicht auch, warum die Bemühungen, CIA-Agenten nach der „Gesichtslesetechnik" des bekannten US-Psychologen Paul Ekmann zu schulen, nur mäßigen Erfolg haben. Paul Ekmanns Fähigkeit, Gefühle zu erkennen und auf diese Weise Lügner zu entlarven, hat die Macher der erfolgreichen US-Fernsehserie „Lie to me" übrigens zur Figur des hinreißend uncharmanten Helden Cal Lightman inspiriert. Das Erkennen von Gesichtsausdrücken kann man nicht lernen, indem man sich auf einzelne „zuckende Muskeln" konzentriert. Wer es versucht, braucht wahrscheinlich Jahre, um es wenigstens ansatzweise hinzukriegen. Nicht zuletzt, weil „verräterische" Gesichtsausdrücke nur Sekundenbruchteile andauern und oft nur der Hauch einer Bewegung nötig ist, um einen Ausdruck hervorzurufen oder zu verändern. Wie viel Aktion kostet es, einen Blick von „neutral" auf „durchdringend" zu schalten? Wie minimal man den Aufwand tatsächlich halten kann, kann jeder leicht vorm Spiegel ausprobieren. Das Erkennen von Gesichtsausdrücken basiert also in erster Linie auf Intuition. Die ist denn auch bei den Naturtalenten unter den Gesichtslesern besonders ausgeprägt. Intuition lässt sich jedoch allein durch Interaktion schulen.

„Jetzt hab ich aber Angst!": Wer sich zurücknehmen kann und als „Großer" gar in der Lage ist, in die (Spiel-)Rolle eines „Unterlegenen" zu schlüpfen, muss über ein Selbst- und auch ein Ich-Bewusstsein verfügen. Auch, wenn er sich nicht im Spiegel erkennt.

Spielen heißt einfühlsam sein Sonst spielt man irgendwann allein.

Emily fürchtet sich vor Fremden. Ihre Gefühle zu respektieren und ihr einfühlsam zu begegnen, ist Voraussetzung dafür, dass sie ihre Furcht überwinden kann.

Wichtig beim Beobachten von Hunden ist, Verhaltensweisen immer im Kontext der Gesamtsituation zu betrachten. Ansonsten wird man leicht in die Irre geleitet. Bummi zeigt hier keine „licking intention". Er zieht nur „Geschmacksfäden".

Ohne Interaktion keine Intuition. Hier scheint wieder den Spiegelneuronen eine Schlüsselrolle zuzukommen. Denn Spiegelneurone gehören zwar zur Grundausstattung des Gehirns, weshalb Babys schon wenige Tage nach der Geburt Gesichter ihrer Bezugspersonen imitieren können. Einen offenen Mund etwa oder eine herausgestreckte Zungenspitze. Die Spiegelneurone müssen jedoch (heraus-)gefordert werden, um sich weiterentwickeln zu können. Deshalb ist lebendige Interaktion mit den Bezugspersonen auch von so großer Bedeutung für Babys und Kleinkinder. Forscher nehmen an, dass die Spiegelneuronen beim Menschen erst im Alter von drei bis vier Jahren voll entwickelt sind. Auch Empathie basiere letztlich auf Interaktion, argumentieren Pierce und Bekoff: Nur wenn wir den Gesichtsausdruck eines anderen lesen, seine Mimik intuitiv nachempfinden können, gewinnen wir ein echtes Verständnis von dessen emotionalem Zustand. Das wiederum ist Voraussetzung dafür, dass wir das Bedürfnis bekommen können, uns selbst in einer Entsprechung zu verhalten, z. B. einen Traurigen zu trösten. Mir fällt kein Grund ein, warum das bei Hunden anders sein sollte. Aber genau das ist eben Empathie.

Eine beeindruckende Empathiegeschichte, die ich selbst erlebt habe, lieferten zwei Hunde, die auf dem Ziegenhof in unserem Nachbarort leben. Auf diesem Ziegenhof wird in seltener Handarbeit höchst delikater Käse hergestellt und in einem kleinen Hofladen verkauft. An diesem Tag hatte ich meine Hunde Henry und Lotti mitgenommen, was den Chef der Käserei etwas besorgt bemerken ließ, dass seine Hunde fremde Artgenossen nicht sonderlich mögen. Kaum hatte er den Satz beendet, kamen die beiden angeschossen, eine Mutterhündin und ihr sechs Monate alter Sohn, sie eine Mischung aus Border Collie und irgendwas, er das Ganze gepaart mit bäriger Struppigkeit. Während Mama meiner Lotti gegenüber den Platzhirsch raushängen ließ und an Henry wie gewöhnlich jegliche Aufregung abprallte, schaute Sohnemann dem Treiben zu und harrte der Dinge, die da kamen. Lotti nahm den Lärm um was auch immer mit höflicher Demut und durfte sich wenige Augenblicke später wie Henry nach Herzenslust überall umschauen. Die Hunde der Käserei kümmerten sich nicht weiter um uns und trabten davon. Wir gingen die freundlichen Ziegen besuchen. Dumm war nur, dass etwas abseits ein Stromzaun auf der Lauer lag und Lotti prompt Bekanntschaft mit ihm machte. Aus dem Nichts sprang sie plötzlich geschätzte zwei Meter in die Luft und rannte laut heulend und schreiend den Weg zurück, den wir gekommen waren. Henry und ich liefen ebenfalls zurück, brauchten aber einige Minuten, bis wir eine erbärmlich schlotternde Lotti neben unserem Auto wiederfanden – eingerahmt von den beiden Hunden vom Ziegenhof. Einer saß links von ihr, einer rechts, und beide hielten engen Körperkontakt zu Lotti, bis wir das Auto erreicht hatten. Ich weiß noch, wie ich ausrief: *„Oh, ist das süß!"* Lotti löste sich aus der Gruppe und lief zu uns. Für das Verhalten der beiden Hunde fällt mir keine andere Erklärung ein als die, dass sie Lottis Not nachvollzogen und ihr deshalb Schutz und Beistand gewährten. Und das, obwohl sie Lotti vor diesem Tag noch nie begegnet waren.

Ich glaube, dass es auch ihre Fähigkeit zu Empathie ist, die Hunde über die klassischen Hundeberufe hinaus zu überaus hilfsbereiten Gefährten macht. Ich denke dabei nicht an Blindenführhunde, Rettungshunde oder andere, die bestimmte Signale zu identifizieren lernen, auf die sie dann bestimmte Dinge tun. Ich denke dabei an Hunde, die ihre Besitzer aus lebensgefährlichen Situationen retten, ohne je zu dergleichen ausgebildet worden zu sein. Es gibt Hunde, die anzeigen, dass ihren Besitzern ein epileptischer Anfall, ein Zuckerschock oder Ähnliches bevorsteht. Manche Hunde nötigen ihre Besitzer dann regelrecht dazu, sich hinzusetzen oder hinzulegen, manche holen Hilfe oder bitten andere darum, ihnen zu helfen, dem Besitzer zu helfen.

Eine eindrucksvolle Geschichte erzählt der Biologe Immanuel Birmelin in seinem Buch „Schlauer Hund". Sie dreht sich um den Deutschen Schäferhund Philipp, der als Behindertenbegleithund in Ungarn lebt. Wie viele seiner Kollegen beherrscht Philipp zahlreiche Signale, über die sein Herrchen den Hund zu bestimmten Verhaltensweisen veranlassen kann, etwa einem Besucher den Haustürschlüssel bringen, diverse Gegenstände apportieren, Türen öffnen etc. Über einige Signale, sogenannte Bringsel, kann auch Philipp seine Bedürfnisse äußern. Möchte Philipp spazieren gehen, holt er das Bringsel mit der Plastikwurst; ist er müde, holt er das mit der Kordel; möchte er spielen, eine Kette mit Dreieck. Sein Besitzer nennt das niemals „fordern", sondern weiß um das Geschenk der Kommunikation und Kooperation. Kunststücke wie diese bewältigen jedoch die meisten Hunde, so wie „sitz" und „platz".

Seine Filmdose allerdings, hat sich Philipp selbst ausgedacht: Ein Besucher hatte das Handy von Philipps Besitzer oben in ein Regal gelegt und als es klingelte, konnte der Hund es nicht holen. Also schnappte er sich kurzerhand eine kleine Filmdose, die herumlag und brachte sie dem Besucher. Der verstand sofort, nahm das Handy aus dem Regal und gab es Philipp, der es nun seinem Besitzer brachte. Seither ist die Filmdose Philipps Signal für „Hilf mir, Herrchen zu helfen". Das Ganze ist nicht nur eine enorme Intelligenzleistung, sondern spricht auch für Philipps Empathiefähigkeit: Philipp nutzt es nicht aus, aber ich bin mir sicher, dass er weiß, dass sein Herrchen viele Dinge nicht tut, weil er nicht kann. Das mag mit ein Grund sein, warum Behindertenbegleit- oder auch Blindenführhunde im Dienst einen so unbedingten „Gehorsam" zeigen. Im Gegensatz zu vielen anderen Hunden, die zwar gut trainiert sind, aber eben nicht immer gleich gut „hören", weil sie situativ keinen Sinn im Gehorsam sehen. Meiner Ansicht nach hat das nicht immer etwas mit mangelnder Führung durch den Menschen zu tun.

Als ich Kind war, besaßen meine Großeltern einen Riesenschnauzer, der sich über vermeintlichen „Gehorsam" mir gegenüber als sehr hilfsbereit erwies. Ich war damals neun oder zehn und die einzige Person, der dieser Hund beim Spazierengehen ohne Leine nicht weglief. Er ließ sich von mir sogar vom Jagen abrufen: Einmal preschte keine drei Meter vor uns ein Rehbock aus dem Wald und raste über den Weg hinweg ins Maisfeld hinein, Nero, so hieß der Schnauzer, hinterher. Von Panik erfüllt kreischte ich „NERO!", woraufhin dieser herrliche Hund nur Augenblicke später wieder an meiner Seite stand. Ich fühlte mich stets unglaublich gebauchpinselt und in höchstem Grade fähig, Hunde „auszubilden" – heute mache ich mir aber nicht mehr vor, dass Nero mir „gehorchte". Ich glaube, er hatte sich einfach nur zur Aufgabe gemacht, mich zu beschützen, und dazu gehörte, dass er mich auch für ein flüchtendes Reh nicht allein in der Botanik stehen ließ. Dieser Hund war toll (zugegebenermaßen allein in meinen Augen), und ich teilte alles mit ihm, Himbeeren, Maiskolben und sogar seine Hundehütte.

Auch mein Henry war ein ausgesprochen hilfsbereiter Hund, wenn er – empathiefähig – wirkliche Hilfsbedürftigkeit wahrnahm. Als meine Tochter noch ganz klein war, hat er z. B. erkannt, dass ich mich mit Baby auf dem Arm nur schwer nach seinem Bällchen bücken kann. Also hielt er es mir entgegen, und das, obwohl ich mit keinem meiner Hunde je geübt habe, in die Hand zu apportieren. Meiner Lotti ist dergleichen nie im Traum eingefallen. Während ich diese Zeilen schreibe, fällt mir eine noch gar nicht so lange zurückliegende Begebenheit ein: Auf unserem Spaziergang rennt Lotti plötzlich einem Duft hinterher und in den Wald hinein. Weil es kalt und stürmisch ist, laufe ich mit Henry weiter. Nach ungefähr 200 Metern schaue ich zurück und sehe Lotti aus dem Wald herausrasen, dorthin, wo wir liefen, als sie im Wald verschwand. Auf mein Pfeifen hin hält sie an, schaut nach allen Seiten und rennt in den Wald zurück, um gleich wieder aufzutauchen und weiter nach mir zu suchen. Ich pfeife wieder, doch der Wind zerreißt mein Pfeifen und trägt es fort. Wieder schaut sich Lotti um, rennt in diese Richtung, rennt in die andere und verschwindet schließlich hinter einer Wegbiegung. Henry hat die ganze Zeit genau beobachtet und sprintet auf einmal los, hin zu Lotti. Auch er verschwindet hinter der Wegbiegung. Dann dauert es ein paar Sekunden und er kommt zurück, mit Lotti im Schlepptau. Als sie mich sieht, hat sie Erleichterung im Blick, gibt Gas und überholt Henry, um als Erstes bei mir zu sein.

Solche und ähnliche Geschichten kann vermutlich jeder Hundebesitzer erzählen. Und wer seinem Hund schon einmal, warum auch immer, ins Fell geheult hat, wird sich in diesem Augenblick kaum an ein vor Freude und Temperament überschäumendes Tier erinnern, sondern an eines, das die Traurigkeit zu spüren schien. Das vielleicht zu trösten versuchte, indem es Gesicht oder Hände leckte oder nahen Körperkontakt suchte. Selbst wenn wir es unverfänglich „Stimmungsübertragung" nennen, die nach dem Motto funktioniert: „Ich bin traurig, weil du traurig bist": Die Stimmung, das Gefühl, muss zuvor erkannt, erfahren und nachempfunden werden. Wie könnte sich eine Stimmung übertragen, wenn mein Gegenüber nicht empathisch wäre? Der Frage nach der Fähigkeit von Hunden, sich speziell in Menschen empathisch einzufühlen, gehen übrigens auch Karine Silva und Liliana de Sousa in ihrem überaus lesenswerten Beitrag „Canis empathicus? A proposal on dogs capacity to empathize with humans" nach, ebenfalls im britischen Fachmagazin „Biological Letters" veröffentlicht. Die Autorinnen sehen es beispielsweise als Indiz für Empathiefähigkeit an, dass Hunde verbotenes Futter eher stibitzen, wenn der Mensch gerade nicht hinschaut oder die Augen geschlossen hat. Wenn sie wissen, dass jemand mit geschlossenen Augen nichts sehen kann, müssen sie fähig sein, dessen Perspektive einzunehmen. Auch die Tatsache, dass Hunde verstecktes Futter dort suchen, wo der Mensch mit einem ausgestreckten Finger oder einem Blick hinzeigt, deutet auf ihre Empathiefähigkeit hin, so Silva und de Sousa.

Freude und Glück

Freude und Glück sind im Allgemeinen leicht zu erkennen, auch von Hundelaien. Ein freudiger, fröhlicher, glücklicher und wohlbefindlicher Hund ist insbesondere daran zu erkennen, dass

> alle seine Bewegungen locker und entspannt sind,
> er Verhaltensweisen zeigt, die in dieser Situation „sinnlos" erscheinen (herumrasen, hopsen, bellen etc.),
> er Verhaltensweisen übertreibt, also Energie verschwendet, um z. B. höher zu hopsen als notwendig,
> er spielt (mit wem oder womit auch immer),
> er genießt (was auch immer),
> er mit dem Schwanz wedelt,
> er lächelt.

Ein lächelnder Hund ist etwas Besonderes. Nicht jeder Hund lächelt, aber wer schon einmal unvorbereitet einen lächelnden Hund gesehen hat, kann in etwa nachvollziehen, wie Hunde sich fühlen, wenn wir juchzend auf sie zulaufen, nach ihnen greifen und sie an unser Herz drücken – wie wir noch sehen werden, können solche Zuneigungsbekundungen für Hunde sehr problematisch sein. Als ich Kind war, ist uns ein lächelnder Hund zugelaufen, ein Dobermann- oder Schäferhundmischling, was genau in ihm steckte, ist schwer zu sagen. Des Nachts bezog Jimmy Quartier in unserem Flur. Damit er nichts anstellte, legte ihn meine Mutter an die Leine. Wer morgens als Erster aufstand, machte ihn los, woraufhin der freundliche Kerl sämtliche Zimmer aufsuchte, um den Rest seiner Bagage zu wecken. Eines Tages rannte er mit hochgezogenen Lefzen und entblößten Zahnreihen in mein stilles Kämmerlein. Ich bin vorher und nachher nie wieder so schnell aus einem Bett gekommen. Als ich mit rasendem Herzen, eiskaltem Kopf und erbärmlich schlingernden Eingeweiden fluchtunfähig auf beiden Füßen stand, drängte sich der übrige Jimmy, den ich nun nicht mehr auf hochgezogene Lefzen und entblößte Zähne reduziert sah, in mein Bewusstsein – und passte irgendwie nicht: Sein Schwanz wedelte, sein Hintern wackelte, seine langen dünnen Beine und Pfoten tänzelten über den Boden wie seine angeklatschten Ohren über seinen Kopf. Er gab sogar Geräusche von sich, eine Art Schnarcheln und Schnorcheln, dessen Beschreibung als „Keuchen" ich erst Jahrzehnte später in dem Buch „Ausdrucksverhalten beim Hund" (Feddersen-Petersen) wiederfand. Es dauerte bei mir jedenfalls eine ganze Weile, bis mir klar wurde, dass Jimmy lächelte. Bei allen Verhaltensweisen, die Stammvater Wolf auf seiner Reise zum Hund über Bord warf, ist Lächeln die einzige Fähigkeit, die der Hund im Laufe der Domestikation hinzugewonnen hat. Ich bin bis heute unendlich traurig darüber, dass wir damals nicht riskiert haben, Jimmy zu behalten. Es hätte sich schon irgendwie alles gefügt und gefunden.

Vielleicht können weitaus mehr Hunde lachen, als wir gemeinhin glauben, weil das Lächeln der Hunde (noch) nicht bei allen Hunden bzw. Hunderassen nachgewiesen bzw. beobachtet wurde. Wissenschaftler vermuten, dass sich das Lächeln der Hunde aus ihrem Spielgesicht entwickelt hat, mit dem sie, wie mit der sogenannten Vorderkörpertiefstellung, signalisieren können: *„Alles, was ich jetzt gleich mit dir mache, ist nur Spiel und kein Ernst."* Vermutlich brauchen Hunde und auch Wölfe solche Spiel-Signale, weil sie beim Spielen auch Verhaltensweisen u.a. aus Beutefang oder Kampf einbringen

(*„Komm, lass uns spielen, dass wir uns fressen!"*). Entsprechend wird im Spiel geknurrt, (um-)gerannt, gerangelt und (leer-)geschnappt, möglichst wild und leidenschaftlich. Gleiches beobachte(te) ich auch bei meinen Cockerspaniels, Lotti, Bummi und Elsa und dem verstorbenen Henry. Ich habe keinen von ihnen je wie Jimmy lächeln sehen, doch wenn ich mit ihnen spiele, zeigen sie deutlich Spielgesichter, und sie geben diese seltsamen „Schnarchel-und-Schnorchel-Geräusche" von sich wie einst Jimmy, als er lachte, nur sehr viel leiser. Es hört sich an wie ein gedämpftes, beim Einatmen durch die Nase gesprochenes „Ghraf" oder „Ghnguf". Es lässt sich gut nachahmen. Lotti reagiert sogar auf ein eingedeutschtes „Muffmuffmuff". Ich habe einmal meinen Bummi testweise beim Schlafen auf diese Weise „angesprochen". Daraufhin kippte er förmlich aus dem Tiefschlaf ins Spielverhalten, schmiss sich mir an den Hals und ließ sich in meine Arme auf den Rücken fallen, um dann mit meiner Hand „Maulringen" zu spielen, mit Spielgesicht und eigenen „Ghraf-und-Ghnguf-Geräuschen". Wenn ich beim Spielen mit nur einem meiner Hunde diese Geräusche nachahme, werfen sich unvermittelt auch die beiden anderen ins Getümmel. Ich frage mich, ob diese Geräusche nur Spiellaute sind oder ob sie Hundelachen bzw. Vorstufen des Lächelns sein könnten. Im Kontext aggressiver Kommunikation sind sie mir noch nie begegnet.

Und ja, Hunde freuen sich, wenn sie mit dem Schwanz wedeln. Es ist aber nicht immer Freude, die sie zum Wedeln bringt. Hunde wedeln auch, wenn sie nur in irgendeiner Weise aufgeregt sind, ob diese Aufregung mit Freude zu tun hat oder mit etwas weniger Erfreulichem, ergibt sich aus der Situation. Freude ist im Spiel, wenn die Körpersprache des Hundes insgesamt locker ist, wenn das Wedeln locker ist und wenn vor allem der Schwanz den ganzen Hund mitwedeln lässt. Beim Cockerspaniel wird sogar ein ganzer Wesenszug am Wedeln gemessen, weshalb Cocker auch als überschwänglich gelten. Fehlt die

Lockerheit, imponiert der Hund oder wirkt er zusammengekrümmt mit Anzeichen von Furcht; erscheint das Wedeln steif und reglementiert, liegt ihm tatsächlich keine Freude zugrunde.

Humor

Humor ist, wenn man trotzdem lacht, heißt es so schön, und ich glaube, dass viele Tiere einen ausgeprägten Sinn für Humor haben, Hunde eingeschlossen. Man muss keine Witze erzählen, wenn man sich amüsieren will oder es genießt, wenn andere lachen. Wer über diverse Possen seines Hundes lacht, kann diesen nachhaltig dazu anspornen, weiterzumachen, was leicht nach hinten losgeht, wenn die Possen Dinge betreffen, die der Hund eigentlich nicht machen soll. Lotti, die grundsätzlich ernsthafter zu sein scheint, als Henry es war, wurde manchmal zum Ziel solcher Possen: Dann raste Henry, von offensichtlich guter Laune erfüllt, wie ein Berserker mit fliegenden Ohren, gekrümmtem Rücken und eingezogenem Schwanz in weiten Schleifen und Kreisen um sie herum, und im Vorbeihasten rempelte er sie, kniff sie hinterrücks oder bellte ihr mit überschlagender Stimme ins Genick. Lotti fand das nicht immer lustig – aber ich! Henry schien sich gleichermaßen köstlich zu amüsieren, ganz gleich, ob sich Lotti nun ärgerte und ihn anschnauzte, ob sie ihn ignorierte oder ob sie sich dazu hinreißen ließ, in die wilde Raserei einzusteigen. Nach meiner Erfahrung können Hunde zudem sehr gut einordnen, ob man im Sinne von Mit-ihnen-Lachen über sie lacht oder ob man sie auslacht. Letzteres überträgt keinerlei Fröhlichkeit, viele Hunde ziehen sich dabei sogar demonstrativ zurück, oder zeigen Beschwichtigungsgesten. Für mich wiederum ein Hinweis darauf, wie gut sie unsere (wahren) Gefühle zu lesen vermögen und wie empathiefähig sie tatsächlich sind. Wie könnten sie sonst in der Lage sein, den Unterschied in unserem Lachen auszumachen?

Es gab übrigens auch schon Tiere, die sich auf meine Kosten amüsiert haben, wie die Eselin Donna Joana. Sie lebt auf dem Hof einer Klientin, deren Riesenschnauzer Trotzki durch ein ausgeklügeltes Freizeitgestaltungsprogramm davon abgebracht werden sollte, aus Langeweile das Hausschwein Julchen zu piesacken. Während meiner Bemühungen, Trotzki fürs Apportieren zu begeistern, schlenderte Donna Joana unauffällig hinter mich, und als ich mich bückte, biss sie mich glatt in den Allerwertesten. Ich quiekte und machte einen Satz nach vorn, und ich bin sicher: Wäre Donna Joana ein Mensch gewesen, hätte sie sich ausgeschüttet vor Lachen und sich auf die Schenkel geklopft. Ich war hin- und hergerissen zwischen Schreck und Begeisterung, zumal die Eselin so wohldosiert gekniffen hatte, dass ich zwar schockiert war, mir aber nichts wehtat und ich auch nicht den kleinsten blauen Flecken davontrug.

Trauer

Trauer können Hunde derart eindrücklich signalisieren, dass sie schon ganze Heerscharen von Literaten und Filmemachern zu herzzerreißenden Geschichten inspiriert haben. Die Anzeichen für Trauer können jenen für Hilflosigkeit ähnlich sein, möglicherweise, weil sich ein trauernder Hund auch hilflos fühlt. Er reagiert mit:

› Teilnahmslosigkeit,
› Passivität,
› Ausfall von Spielverhalten,
› Ausfall von Komfortverhalten (z. B. Sich-Putzen, Wälzen etc.),
› Futterverweigerung,
› Aufgeben bei Widerstand,
› keine Kommunikationsversuche,
› Ablehnung von Kommunikationsangeboten.

Selbstsicherheit

Auch Selbstsicherheit ist für Hundelaien wiederum recht leicht zu erkennen. Selbstsichere Hunde zeigen sich daran, dass sie:
> äußerst abgeklärt erscheinen,
> Beruhigungssignale senden (keine Beschwichtigung!),
> imponieren, „herumstolzieren", Dominanz anzeigendes Verhalten präsentieren.

Zu Letzteren zählen insbesondere:
> sich „groß" machen (z. B. durch Aufstellen des Rückenfells und Durchdrücken der Gelenke; der Hund sieht aus, als würde er plötzlich zwei, drei Zentimeter wachsen),
> steife Bewegungen,
> Kehle präsentieren (wurde früher als Unterlegenheitsgeste interpretiert, bedeutet tatsächlich aber so etwas wie: *„Du willst dich schlagen? Hier hab ich's gern!"*, Männer deuten in solchen Momenten gern herausfordernd auf ihr Kinn),
> Imponierschreiten, *„Schaut mich an, ich bin der Beste"*,
> Imponierscharren (häufig nach dem Markieren zu beobachten),
> Imponiertragen (Hund kommt z. B. aus dem Wald und präsentiert allen den halben Baum, den er im Fang hat),
> Aufreiten,
> eines anderen Hundes Bewegungsfreiheit einschränken („T-Stellung": Einer steht vor dem anderen wie der Querbalken über dem T),
> Pfote auflegen, Kopf auflegen (beides auf ganz bestimmte Weise; das Verhalten erscheint so, als würde der Hund versuchen, den anderen mit Pfote oder Kopf unter sich zu ziehen; eine „Bettelpfote" oder das Schnäuzchen auf dem Oberschenkel des Besitzers hat nichts mit Dominanz anzeigendem Verhalten zu tun!),
> Markieren.

Das „Markieren zum Imponieren" kann bei Hunden Züge von Größenwahn annehmen, insbesondere dann, wenn es sich um Hunde kleiner Rassen handelt. Ich kannte einmal einen West-Highland-White-Terrierer-Rüden, der, wenn er an Bäumen markierte, regelmäßig Handstand machte, um seine Marke nur ja so hoch oben wie möglich anzubringen. Solches Verhalten ist keineswegs auf Rüden beschränkt: Die Besitzerin einer Bolonka-Zwetna-Hündin aus meiner Hundeschule wunderte sich immer, warum ihre Luna häufig mit hocherhobenem Bein in die größten Pfützen pinkelte. Meine Vermutung ist, dass sie die Pfütze nutzte, um zu imponieren. Die Nachricht an alle Vorbeikommenden: *„Wer solche Pfützen pinkeln kann, muss ja ganz gewaltig sein!"*

Verlegenheit, Peinlichkeit

Ich bin überzeugt, dass Hunden bestimmte Dinge auch peinlich sein können, denn manchmal scheinen sie Dinge nur zu tun, um zu überspielen, dass davor irgendetwas nicht so abgelaufen ist, wie sie es ursprünglich beabsichtigt hatten. Ich denke, dass Hunde Verlegenheit oder Peinlichkeit beispielsweise auch dann empfinden, wenn wir sie auslachen. Die Emotionen sind erkennbar an:

› Übersprungshandlungen und
› „gesichtswahrenden Handlungen".

Ähnlich wie Übersprungshandlungen passen „gesichtswahrende Handlungen" nicht so richtig in die jeweilige Situation, z. B.:

› sich kratzen,
› sich schütteln,
› am Boden schnüffeln
und vor allem:
› „so tun als ob" (man z. B. gerade eine Maus entdeckt hat).

Die beeindruckendste gesichtswahrende Handlung eines Tieres, die ich selbst je beobachtet habe, vollbrachte ein Seeadler am See nahe unserem Nachbardorf. Ein Graureiher war über den Baumkronen am See eingeschwebt und schickte sich in engen Spiralen fliegend zur Landung am Ufer an, als in seinem „Windschatten" über dem Wald der Adler auftauchte und ihn als Beute ausersah. Der Reiher schrie und bot allem Anschein nach sämtliche Flug- und Fluchtmanöver auf, zu denen er fähig war. Dennoch glaubte ich ein paar Sekunden lang, sein letztes Stündlein habe geschlagen. Schade, dass Fotoapparate in solchen Momenten immer durch Abwesenheit glänzen. Unglaublicherweise gelang es dem Reiher zu entkommen, und in genau dem Augenblick, als der Adler erkannt haben muss, dass der Reiher entkommen würde, ließ er sich aus der Verfolgung heraus Richtung Wasseroberfläche fallen, tauchte just die Füße ins Nass und schwebte – natürlich ohne Fisch – davon. An wen sich die Show wandte, ob an mich, meine Hunde oder die ungefähr 128 anwesenden Stockenten, weiß ich nicht. Applaudiert habe ich trotzdem.

Eifersucht

Eifersucht ist eines jener Gefühle, die ich zu Beginn meiner Arbeit als Hundetrainerin konsequent allen Hunden abgesprochen habe. Ich habe mich damals wirklich außerordentlich bemüht, herauszustellen, dass Hunde, so wie ich es gelernt hatte, zwar zu gewissen Grundgefühlen fähig seien, darüber hinaus aber nicht so empfinden könnten wie wir. Das Schöne am Fachjargon ist, dass er völlig frei ist von Bewertungen. Das Tragische: Wer nicht ebenfalls Ethologie studiert hat, versteht ihn kaum. Es hat eine Weile gedauert, aber mittlerweile kann ich den Fachjargon weglassen und mit meinen Klienten in ihrer Sprache sprechen, der Sprache der Gefühle, und das nicht zuletzt dank der GfK.

Was die Eifersucht betrifft, so ist auch sie beim Hund leicht zu identifizieren, insbesondere durch:

> Wegdrängeln des Konkurrenten,
> Drohgebärden,
> Schnappen, Beißen,
> Sich-Zurückziehen, wenn der Konkurrent die Bühne betritt,
⇒ > Bewachen und Verteidigen des Eifersuchtsobjekts, (*Körchen*)
> Versuche, das Eifersuchtsobjekt unter Anwendung von Gewalt
oder List an sich zu bringen.

Eifersucht ist übrigens oft das Gefühl, das Neid primär zugrunde
liegt.

Ekel

Ekel bringt ein Hund ähnlich wie wir zum Ausdruck. Er:

> kräuselt den Nasenrücken,
> zieht mehr oder weniger die vorderen Lefzen hoch,
> wendet das Gesicht ab.

Hunden kann sowohl bei bestimmten Gerüchen schlecht werden
als auch bei Berührungen oder Geschmäcker. Meine Lotti z. B. fand
lange Zeit rohes Rindergulasch äußerst widerlich. Sie wäre damals
nicht einmal bereit gewesen, daran zu riechen, hätte sie ihn einmal
in ihrem Napf gefunden. Da Rindergulasch für mich gekauft und
zubereitet wird, ist die Wahrscheinlichkeit, dass er roh in Lottis Napf
landet, gering. In der Hoffnung, diverse Schmackhaftigkeiten ver-
kosten zu dürfen, schauen meine Hunde aber gern beim Kochen zu,
und ihnen wird dabei auch durchaus mal ein Stück rohes Rindergulasch zuteil. Mein Henry liebte rohes Fleisch und schlürfte es ein,
so schnell konnte man nicht gucken. Und vermutlich nur, weil es
Henry so schmeckte, war Lotti immer wieder bereit, doch auch ein

Stück anzunehmen. Aber sobald sie es auf der Zunge hatte, streckte sie die Zunge weit heraus, senkte den Kopf und ließ das Fleisch auf den Boden fallen, und dabei sah sie original so aus, wie mein Kind aussieht, wenn sich etwas Gekostetes als nicht schluckbar erweist. „Ekligkeitsgesichter" sind bei vielen Hunden auch dann sehr schön zu beobachten, wenn sie beispielsweise auf dem Kopf getätschelt oder „lobend" entlang der Rippen abgeklopft werden.

Wenn Gefühle verborgen bleiben

Für unsere eigenen Gefühle finden wir nach ausreichender „Selbsterforschung" immer eindeutige Worte. Sosehr wir uns aber bemühen herauszufinden, welche Gefühle unsere Hunde im wahrsten Sinne des Wortes bewegen, so sehr werden unsere Bemühungen hier und da enttäuscht werden. Das ist beim Hund nicht anders als bei unseren Mitmenschen: Wie durchschaubar sind sie? Gerade wenn ein Hund in einer Situation von einem regelrechten Gefühlswirrwarr beherrscht ist, zwischen Gefühlen hin und her pendelt und gar widersprüchliche Signale sendet (Mischmotivationen), kann es vorkommen, dass wir zu keiner eindeutigen Schlussfolgerung über seinen Gemütszustand fähig sind. Gleiches gilt für die Fälle, in denen Hunde schwindeln oder Gefühle unterdrücken. Ja, Hunde können schwindeln, es gibt sogar schon Forschungen dazu. Mein erster Cocker war ein Meister darin: Mein kindliches Mitgefühl brachte mich immer dazu, ihn von der Leine zu lassen, wenn ich mit ihm spazieren ging, und dann trollerte er schnüffelnd und schnuffelnd hinter mir und vor mir, mal weiter weg und mal ganz nah. Auf diese Weise arbeitete er sich kontinuierlich an die Entfernung heran, bei der ich ihn nicht mehr einholen konnte, auch wenn ich rannte. Dann warf er einen ganz bestimmten Blick zu mir zurück, nahm die Füße in die Pfoten und flitzte davon. Ich wusste jedes Mal, wenn ich ihn von der Leine losmachte, dass er wahrscheinlich versuchen würde wegzulaufen, und ich gab mir jedes Mal echt Mühe, das zu verhindern. Manchmal gelang es mir. Meistens schaffte es der Hund aber, mich zu überlisten. Die Erfolgsquote meiner Eltern sah ähnlich mies aus. Oft brachten ihn wildfremde Menschen zurück, die ihn eingefangen hatten und die er an geliehenen und provisorischen Leinen hinter sich her zu uns nach Hause zog. Er wurde eines Tages von einem Zug überrollt.

Auch meine Lotti ist ein äußerst talentierter „Schwindelhund": Manchmal nennen wir sie „Lotti-Ballon", weil sie nur an Futter denken muss, um sich Speck auf die Rippen zu packen. Lotti bekommt deshalb von allem weniger. Und damit immer auch nur das kleinste Schweineohr, den dürrsten Ochsenziemer, die magerste Pferdesehne. Dergleichen ist natürlich im Nu vertilgt, doch Lotti weiß, wie sie sich mehr verschaffen kann: Sie macht Alarm. Sie schleicht sich unauffällig auf die Terrasse oder zur Terrassentür und verfällt unvermittelt ins wütendste Gebell. Bummi ist mittlerweile meist so schlau, seinen Knabberkram mitzunehmen, wenn er in die Verteidigungsorgie einsteigt. Elsa jedoch lässt für den Spektakel auf der Stelle alles stehen und liegen. Während Bummi und Elsa nun blinden Krawall veranstalten, trippelt Lotti von Schlemmerplatz zu Schlemmerplatz und sammelt ein, was zuvor noch den anderen schmeckte. Bemerkenswert finde ich, dass Lotti noch nie jemandem etwas unter Einsatz von Gewalt oder Drohgebärden weggenommen hat. Sich anzueignen, was andere überlistet aufgegeben haben, findet sie aber in Ordnung.

Gefühle beherrschen

Wie gekonnt Hunde ihre Gefühle verbergen können, haben Wissenschaftler in einer Studie über Blindenführhunde herausgefunden: Sie trennten die Hundeprobanden von ihren Besitzern und brachten sie

Lächelnde Alinghi: Wer es nicht besser weiß, reagiert auf die hochgezogenen Lefzen zuweilen erschrocken.

Mit hochgezogenen Mundwinkeln lächeln Menschen. Hunde nicht.

Furcht und Angst beherrschen zu lernen und sie letztlich auch zu überwinden, ist besonders schwer. Angst lässt sich nicht einfach „abstellen".

in eine unbekannte Umgebung, wo sie mit einem Fremden konfrontiert wurden. Das Verhalten der Hunde wurde auf Video aufgezeichnet, die Forscher maßen zudem mit einem telemetrischen Brustband die Herzaktivität als Gradmesser für Aufregung. Während die meisten Familienhunde deutlich ängstliches Verhalten an den Tag legten und die Nähe des Menschen suchten, obwohl sie den gar nicht kannten, blieben die Blindenführhunde weitaus gelassener. Sie fühlten sich aber gar nicht so, wie der Vergleich der Herzaktivitäten zeigte: Auch die Blindenführhunde wiesen deutlich erhöhte Herzaktivitäten auf, sie beherrschten aber ihre Gefühle.

Das Ergebnis überrascht nur auf den ersten Blick. Denn Gefühle beherrschen zu lernen, ist für soziale Lebewesen, zu denen der Mensch ebenso zählt wie der Hund, von großer Bedeutung. Ohne die Fähigkeit, Gefühle zu beherrschen bzw. sie auszuhalten, wäre ein Zusammenleben undenkbar. **Zu fühlen ist nur eine Seite einer Medaille, mit den Gefühlen umzugehen, die andere.** Niemand, kein Mensch und kein Hund, würde mit uns zusammenleben wollen, wenn wir jedes Mal, wenn wir beispielsweise wütend sind, unsere Wut nach Strich und Faden ausleben, womöglich noch an anderen auslassen würden. Gefühle wie Furcht und Angst unter Kontrolle zu halten, ist dabei besonders schwer. Wo es anderen nicht gelingt, sich in die Betroffenen (ob Menschen oder Hunde) einzufühlen, finden die, die eigentlich Hilfe brauchen, tatsächlich wenig Freunde. Betroffenen Hunden wird häufig eine „niedrige Reizschwelle" nachgesagt. Verurteilungen sind dann schnell bei der Hand – erinnern wir uns nur an das eingangs erwähnte: *„Wer (sich) schlecht fühlt, muss auch schlecht (dumm, gestört, überflüssig) sein."*

Die Fähigkeit, Gefühle zu beherrschen, wird weder uns noch unseren Hunden in die Wiege gelegt. Wir müssen sie uns erarbeiten, was anstrengend sein kann, für alle Beteiligten. Am schwierigsten ist es jedoch für den, der Frustrations- und Impulskontrolle lernt: Mag ich mir manches auch noch so sehr wünschen, mag ich um manches noch so sehr bitten und mag ich um manches noch so sehr kämpfen – ich bekomme es nicht. Vom Grad meiner Fähigkeit, meine Emotionen zu kontrollieren bzw. Empfindungen zuzulassen und auszuhalten, ist abhängig, wie gut oder schlecht ich mit Regeln, Reglementierungen und Niederlagen leben kann. Wir Menschen machen eine „Trotzphase" durch, wenn wir uns Frustrations- und Impulskontrolle erarbeiten. Wir lernen zu warten, aber auch zu verlieren. Bei Hunden ist es ähnlich. Auch Hunde lernen das Beherrschen von Gefühlen vorzugsweise im Welpenalter, in erster Linie von Mama und Papa und den Geschwistern, vom Züchter und dessen Familie und vielleicht sogar auch noch von Onkeln, Tanten und Hundekumpeln. Sind solche Gesellschaften intakt und bei einem Züchter vorhanden und wächst ein Welpe integriert in eine solche Gesellschaft hinein, kann man als Welpenkäufer auf „fruchtbarem Boden" aufbauen. Denn der Welpe wird relativ sicher wenigstens im Ansatz die Basics in Sachen Frustrations- und Impulskontrolle mit acht Wochen draufhaben, ebenso wie ein dreijähriges Menschenkind (was jedoch nicht bedeuten soll, dass es keines weiteren Trainings bedürfte!). Auch dieser Hund wird sich ärgern, wütend sein, frustriert oder verzweifelt, wenn etwas nicht klappt oder er etwas nicht bekommt, was er haben will. Auch diesem Hund wird es schwerfallen, sitzen zu bleiben und nicht herumzuhopsen, wenn er sich freut, still zu sein und nicht zu bellen oder nicht sofort jedem Hasen hinterherzurennen, dessen er sichtig wird. Er wird mit seinen jeweiligen Gefühlen aber anders umgehen, sich in vielem anders verhalten, sich anders erziehen und trainieren lassen als ein Hund, der keine oder kaum je Möglichkeiten hatte, das Beherrschen seiner Gefühle zu lernen. Wieder ein Grund mehr, bei der Anschaffung eines Hundes auf die Qualitäten seiner Welpenstube zu achten.

Wenn es uns nicht in jedem Fall gelingt, die Gefühle unseres Hundes zu entschlüsseln, ist deshalb die GfK in Bezug auf den Vierbeiner zum Scheitern verurteilt? Sollen wir also gleich aufhören, den Gefühlen unserer Hunde nachzuspüren? Selbstverständlich nicht. Ich denke, es macht nichts, wenn wir es hier und da nicht schaffen, die Hundegefühle eindeutig zu identifizieren. Wenn wir uns nur vor Augen halten, dass es Gefühle sind, die einen Hund zu einem bestimmten Verhalten veranlassen. Und dass für uns anstrengendes, vielleicht auch unerwünschtes Verhalten unseren Hund nicht automatisch „schlecht", „hinterhältig" oder „missraten" macht.

Das Hundetagebuch

Wem es, aus welchen Gründen auch immer, nicht so leichtfällt, die Gefühle seines Hundes nachzuvollziehen bzw. sich empathisch in ihn einzufühlen, kann es mit einem Trick versuchen und ein „Hundetagebuch" führen. Tägliche Eintragungen müssen gar nicht sein, wichtig ist nur, die Eintragungen immer aus der Sicht des Hundes vorzunehmen. Frei nach dem Motto: „Wie wäre es, mein Hund zu sein?", bzw. der Frage folgend: „Was würde mein Hund beim ‚Bierabend der Hunde' über seinen heutigen Tag erzählen?" Solch ein Tagebuch kann außerordentlich aufschlussreich sein. Ein Hundetagebuch zu führen, empfehle ich manchmal übrigens auch im Rahmen von Verhaltenstherapien.

An dieser Stelle sei noch betont, dass es in der „GfK mit Hund" nicht darum geht, den Hund mit permanenten Glücksgefühlen zu beseelen. Das wäre so wenig sinnvoll wie realisierbar. Es geht vielmehr um das Verstehen, das Erfahren und Nachempfinden, um Empathie und Mitgefühl und darum, sich immer wieder daran zu erinnern, dass jedes fühlende Wesen nun einmal Gefühle hat und sich die nicht unbedingt aussuchen kann.

Nicht zuletzt ist es das Mitgefühl, das uns in die Lage versetzt, im Bedarfsfall zu helfen oder Hilfe zu suchen und anzunehmen. Ganz gleich, um welches Gefühl es sich handelt: Es ist in Ordnung, dieses Gefühl zu haben, sei man nun ein Mensch oder ein Hund. Ein Hund mag wütend sein, aber er ist deshalb nicht böse. Ein Hund mag frustriert sein, aber er ist deshalb nicht ungezogen. Und er mag zu uns sagen: *„Ich möchte ein Stück rohes Rindergulasch."* Wir können es „betteln" nennen und den Hund oder uns dafür verurteilen. Wir können es aber auch erst mal einfach so im Raum stehen lassen.

Bedürfnisse erkennen und eingestehen

Nachdem wir auf der Basis einer objektiven, wertfreien Beobachtung unsere darauf bezogenen Gefühle sowie die vorherrschenden Gefühle unseres Hundes (oder auch die eines anderen Menschen) identifiziert haben, machen wir uns in der GfK auf die Suche nach den jeweiligen Bedürfnissen, die unseren Gefühlen und denen unseres Gegenübers zugrunde liegen. Marshall Rosenberg betont, dass das, was andere tun oder sagen, nur ein Auslöser für unsere Gefühle, nicht aber deren Ursache ist. Das gilt auch in der Mensch-Hund-Beziehung: Was der Hund tut oder mitteilt, löst in uns lediglich Gefühle aus. Ärger z. B., wenn unser Hund auf dem Spaziergang Menschen anbellt. Die Ursache dieses Ärgers liegt jedoch woanders. In meinem Fall beispielsweise darin, dass ich möchte, dass sich andere Menschen in Gegenwart meiner Hunde sicher fühlen. Wenn mein Hund wild herumbellt, bleibt dieses Bedürfnis unerfüllt. Und nur deshalb ärgere ich mich. Nicht, weil der Hund bellt.

Auch das, was wir bzw. andere Menschen und Hunde tun oder unserem Hund mitteilen, ist einzig und allein Auslöser für seine Gefühle. Die Ursache unserer und auch der Gefühle unseres Hundes resultiert aus unseren jeweiligen Bedürfnissen und (oft sozialen) Erwartungen in der betreffenden Situation. Unsere unerfüllten Bedürfnisse sind auch der Grund dafür, wenn wir z. B. einen ängstlichen Hund als Schisser bezeichnen, beleidigt reagieren, wenn sich ein Hund nicht streicheln lässt oder Ähnliches. Indem wir uns diesen Bedürfnissen und Erwartungen zuwenden, übernehmen wir die Verantwortung für unsere Gefühle, und damit verabschieden wir uns davon, uns selbst, anderen oder unserem Hund die Schuld dafür zu geben.

Auf Negatives reagieren

Nach Rosenberg stehen uns vier Möglichkeiten zur Verfügung, auf Dinge zu reagieren, die wir als negativ wahrnehmen.

1. Wir geben uns selbst die Schuld
Damit nehmen wir die Dinge, die gesagt oder getan werden, persönlich. Ärgert sich zum Beispiel jemand über unseren Hund, könnte er sagen:

„Dein Hund ist die totale Katastrophe."
„Du hast deinen Köter überhaupt nicht im Griff."
„Bei dir dreht sich alles nur um den Hund."

Nehmen wir solche Äußerungen persönlich, reagieren wir vielleicht in dieser Weise:
„Ja, ich bin zu weichherzig, ich hätte konsequenter sein sollen."
„Ich hätte ihn nicht so verwöhnen dürfen."
„Ich hätte mehr Rücksicht auf dich nehmen müssen."

Wir stimmen dem Urteil zu und geben uns selbst die Schuld. Ist unser
Gegenüber ein Hund, könnte das Ganze so aussehen:

Odin kaut auf meinem BH. *Ich hätte besser aufräumen sollen.*
Lotti hat meine Wurst gefressen. *Ich habe sie nicht genug gefüttert.*
Gary knurrt mich an. *Ich hätte ihm zeigen sollen, wer der*
Boss ist.

Wenn wir unserer Verurteilung zustimmen, betont Rosenberg, so
wirkt sich das nicht sehr förderlich auf unser Selbstvertrauen und
unser Selbstwertgefühl aus: Geben wir uns selbst die Schuld, rutschen
wir ab in Schuldgefühle, Scham und Depression.

2. Wir geben anderen bzw. unserem Hund die Schuld

Geben wir unserem Gegenüber die Schuld, könnten sich unsere Antworten auf die obigen Grundaussagen gegenüber einem menschlichen Kommunikationspartner so anhören:

„Dein Hund ist die totale Katastrophe."
„Du kannst das überhaupt nicht beurteilen. Bei dir müsste er froh sein,
wenn er überhaupt was zu fressen kriegte. Du bist ein Tierschinder!"
„Du hast deinen Köter überhaupt nicht im Griff."
„Du willst immer alles besser wissen, dabei hast du erst recht keine
Ahnung!"
„Bei dir dreht sich alles nur um den Hund."
„Du machst mich krank – wie kannst du auf den armen Hund nur so
eifersüchtig sein!"

Und in Bezug auf unseren Hund:

Odin kaut auf meinem BH. *Blödes Vieh, er kapiert nicht, dass*
er nicht an die Wäsche darf.
Lotti hat meine Wurst gefressen. *Die ist so verfressen, die würde sich*
totfressen.
Gary knurrt mich an. *Dieser Hund ist einfach bösartig.*

Rosenberg vermutet, dass wir sehr wahrscheinlich wütend, ärgerlich oder frustriert sind, wenn wir anderen Schuld zuweisen.

3. Wir konzentrieren uns auf unsere Gefühle und Bedürfnisse

Wenn wir uns bewusst machen, welche Gefühle und Bedürfnisse von dem beeinflusst werden, was wir als negativ wahrnehmen, lassen wir Schuld und Scham außen vor. Unsere Antworten könnten dann vielleicht folgende sein:

„Dein Hund ist die totale Katastrophe."

„Wenn du sagst, dass mein Hund die totale Katastrophe ist, ärgere ich mich, weil ich möchte, dass meine Bemühungen respektiert werden, hier im Auslaufgebiet sein Bedürfnis nach Rennen und Toben ohne Leine zu erfüllen."

„Du hast deinen Köter überhaupt nicht im Griff."

„Wenn du sagst, dass ich meinen Köter überhaupt nicht im Griff habe, bin ich irritiert, weil ich gern Anerkennung dafür hätte, dass der Hund jetzt immer kommt, wenn ich ihn rufe."

„Bei dir dreht sich alles nur um den Hund."

„Wenn du sagst, dass sich bei mir alles nur um den Hund dreht, bin ich verzweifelt, weil ich mehr Unterstützung bei der Pflege des Hundes brauche."

Und mit einem Hund:

Odin kaut auf meinem BH.	*„Wenn du auf meinem BH kaust, bin ich sauer, weil ich ihn gern heute abend getragen hätte."*
Lotti hat meine Wurst gefressen.	*„Wenn du die Wurst von meinem Brot frisst, ekle ich mich, weil ich Hundesabber auf dem Teller unhygienisch finde und von einem sauberen Teller essen möchte."*

| Gary knurrt mich an. | *„Wenn du knurrst, habe ich Angst, dass du mich beißen könntest. Ich brauche in deiner Gegenwart mehr Sicherheit."* |

4. Wir konzentrieren uns auf die Gefühle und Bedürfnisse unseres Gegenübers

Hierbei spüren wir dem nach, was in unserem Gegenüber vor sich geht, und formulieren hinsichtlich unserer Vermutung eine Frage. In der Kommunikation mit Menschen können die anderen unsere Frage bejahen oder verneinen und sich und uns dabei helfen, ihren Gefühlen und Bedürfnissen auf den Grund zu gehen. Ein Hund kann das nicht. Wenn wir jedoch seine Signale entschlüsseln, seine „Sprache" beherrschen bzw. sein Ausdrucksverhalten richtig interpretieren, ist weitere Mithilfe des Hundes nicht erforderlich, denn er fühlt immer ganz unmittelbar und sehr klar bezogen auf seine Bedürfnisse. Wir sind deshalb ganz allein in der Lage, ihm und uns dadurch zu helfen, dass wir ihn nur verstehen. Auf unsere Beispiele angewandt, könnte sich im Gespräch mit einem menschlichen Kommunikationspartner Folgendes ergeben:

„Dein Hund ist die totale Katastrophe."

„Bist du genervt, weil dich das Bellen stört und du mehr Ruhe brauchst?"

„Du hast deinen Köter überhaupt nicht im Griff."

„Bist du enttäuscht, weil du dir noch mehr Struktur und Klarheit im Zusammenleben mit dem Hund wünschst?"

„Bei dir dreht sich alles nur um den Hund."

„Bist du deprimiert, weil du an den Wochenenden gern mehr Zeit mit mir verbringen möchtest?"

Und mit einem Hund:

| Odin kaut auf meinem BH. | *„Bist du ganz entzückt, weil du spielen möchtest?"* |

Lotti hat meine Wurst gefressen.	*„Hast du die Wurst genommen, weil du hungrig warst und dachtest, ich mag nichts mehr essen, als ich aus dem Zimmer ging, ohne ‚NEIN' zu sagen?"*
Gary knurrt mich an.	*„Bist du sauer, weil du schlafen möchtest und gerade nicht gestreichelt werden willst?"*

Ganz gleich, ob wir uns auf unsere eigenen Gefühle und Bedürfnisse oder die unseres Hundes konzentrieren: Unser Hund wird zugegebenermaßen kein Wort von dem verstehen, was wir sagen. Das ist aber auch weder notwendig noch das Ziel, ist die Formulierung doch vorrangig für uns selbst bestimmt, damit wir in Kontakt zu unseren Gefühlen und Bedürfnissen treten bzw. verständnisvoll und einfühlsam auf unseren Hund eingehen können. Gegenüber einem Hund genügt es deshalb auch vollkommen, wortlos und in Gedanken Beobachtung, Gefühl und Bedürfnis nachzuvollziehen. Allein dieses Sich-Bewusstmachen führt häufig schon dazu, dass wir innerlich ruhiger werden und unsere Gefühle uns weniger stark beherrschen. Mit der Verwendung des Wortes „du" betonen wir unsere und des Hundes Mitgeschöpflichkeit. All das wirkt sich unmittelbar auf unsere Sichtweise in Bezug auf den Hund und unser Verhalten ihm, uns selbst und anderen Menschen gegenüber aus. Die detaillierte Formulierung mag umständlich erscheinen, sie stellt jedoch sicher, dass wir kein Detail vergessen und sich auch keine Urteile oder Schuldzuweisungen einschleichen können. Zudem ist das Schema lediglich als eine Art Gehhilfe zu verstehen, die man später auch wieder beiseitelassen kann. Ist die GfK vertraut geworden, stellt sich insoweit ein Automatismus ein. Viele neigen außerdem dazu, vor allem am Anfang die differenzierte und genaue Wortwahl als „komisch" oder „unnatürlich"

wahrzunehmen. Oft ist dann zu hören: „*Aber so redet doch keiner.*"
Die Frage ist, wieso eigentlich nicht? Wenn sich unsere gewohnte
Sprechweise und Wortwahl als nicht zielführend erweist, weil uns
Verurteilungen und Beschuldigungen auf unserem Weg zueinander
keinen Schritt weiterbringen, kann es sich dabei meiner Ansicht nach
nicht um unsere „natürliche Art zu reden" handeln. „Unnatürlich"
kann die Ausdrucksweise der GfK also nur erscheinen, solange sie
schlicht noch ungewohnt ist.

Ein Bedürfnis ist was es ist

Auch hinsichtlich der Bedürfnisse bleiben in der GfK sämtliche Bewertungen außen vor: Es gibt kein: Ich habe nicht das Recht, mir das
oder das zu wünschen, dieses mehr oder jenes weniger zu brauchen,
oder Ähnliches. Wir wägen auch nicht das eine gegen das andere
Bedürfnis ab, um uns zugunsten anderer aufzuopfern. Je nachdem,
welche Gefühle wir jeweils wahrnehmen, bestimmen wir ganz genau:

› welche unserer Bedürfnisse,
› welche Wünsche,
› welche Erwartungen,
› welche Hoffnungen,
› welche Werte

sich in einer Situation nicht (oder eben doch) erfüllt haben.

Gleichermaßen genau widmen wir uns den Bedürfnissen, Wünschen,
Erwartungen, Hoffnungen und Werten unseres Hundes (bzw. denen
eines anderen Menschen), ohne diese zu verurteilen oder zu bewerten. Das gilt insbesondere auch für „Verbrechen" oder „Missetaten":
Sich einfühlsam mit den Motiven eines Hundes auseinanderzusetzen, der beispielsweise gebissen hat, bedeutet nicht, die Beißattacke

zu legitimieren oder gutzuheißen. Rosenberg betont vor diesem Hintergrund immer wieder, dass es uns, je direkter wir Gefühl und Bedürfnis miteinander in Verbindung bringen können, umso leichter gelingt, einfühlsam zu reagieren. Es ist ein bisschen so, als würden wir mit dem Gefühl Flagge zeigen, uns aber erst durch das Bedürfnis offenbaren. Vergessen wir das Bedürfnis, kann die GfK nicht gelingen, weil die Ursache unserer Gefühle verborgen bleibt bzw. auf den Hund (oder einen anderen Menschen) abgeschoben wird.

Unerfülltes Bedürfnis

„Es macht mich traurig, wenn du wegläufst, wenn ich dich streicheln möchte."

„Wenn du wegläufst, wenn ich dich streicheln möchte, bin ich traurig, weil ich mehr Nähe und Zuneigung brauche."

Unerfüllter Wunsch

„Wenn du andere Hunde provozierst, werde ich echt sauer."

„Wenn du andere Hunde provozierst, werde ich echt sauer, weil ich mich auf dem Hundespaziergang unterhalten und auch entspannen möchte."

Unerfüllte Erwartung

„Dass du nicht kommst, wenn ich rufe, nervt mich total."

„Als du auf mein Rufen hin nicht gekommen bist, war ich genervt, weil ich erwartet hatte, dass unser Training bereits Wirkung zeigt."

Unerfüllte Hoffnung

„Ich bin enttäuscht, weil du Richard angeknurrt hast."

„Als du Richard angeknurrt hast, war ich enttäuscht, weil ich gehofft hatte, dass du dich über seinen Besuch freust."

Unerfüllter Wert

„Dass du das Training abgebrochen hast, hat mich wirklich irritiert."

„*Als du das Training abgebrochen hast, war ich sehr irritiert, da ich das wegen der Probleme deines Hundes unverantwortlich fand.*"

Menschliche Bedürfnisse

Bleiben wir zunächst noch einen Augenblick bei unseren menschlichen Bedürfnissen, ehe wir uns denen des Hundes zuwenden. Denn mögen unsere menschlichen Bedürfnisse auch individuell verschieden sein, so prägen sie doch entscheidend unsere Beziehungen zu anderen Menschen und auch die zu unseren Hunden. Rosenberg hat einige grundlegende menschliche Bedürfnisse, die wir alle haben, in einer Liste zusammengefasst:

1. Autonomie
> Träume, Ziele und Werte wählen
> Pläne für deren Erfüllung entwickeln

2. Feiern
> die Entstehung des Lebens
> die Erfüllung von Träumen
> Verluste feierlich begehen („Trauer-Feier")
> besondere Ereignisse feierlich begehen (z. B. Abitur, Hochzeit)

3. Integrität
> Authentizität
> Kreativität
> Sinn
> Selbstwert

4. Interdependenz
> Akzeptanz
> Wertschätzung
> Nähe
> Gemeinschaft
> Rücksichtnahme
> zur Bereicherung des Lebens beitragen
> emotionale Sicherheit
> Empathie
> Liebe
> Geborgenheit
> Respekt
> Unterstützung
> Vertrauen
> Verständnis
> Zugehörigkeit

5. Nähren der physischen Existenz
> Luft
> Nahrung
> Wasser
> Bewegung, Körpertraining
> Schutz vor lebensbedrohenden Lebensformen: Viren, Bakterien, Insekten, Raubtiere
> Ruhe
> Sexualität
> Unterkunft
> Körperkontakt

6. Spiel
> Freude und Lachen

7. Spirituelle Verbundenheit

> Schönheit
> Harmonie
> Inspiration
> Ordnung (im Sinne von Struktur und Klarheit), Frieden

Jeder von uns wird weitere Bedürfnisse für sich persönlich definieren können. Für mich wären beispielsweise noch Selbstwirksamkeit, Naturerleben und Kontrolle über meine unmittelbaren Lebensumstände wichtig.

Die Bedürfnisse des Hundes

Sehen wir uns nun beispielhaft die Bedürfnisse an, die allen Hunden mehr oder weniger eigen sind. Dabei fällt auf, dass es neben einigen Unterschieden zwischen Mensch und Hund ziemlich viele gemeinsame Bedürfnisse gibt:

Autonomie

Auch Hunde haben das Bedürfnis nach Autonomie. Sie wählen eigene Ziele, treffen Entscheidungen, wägen ab, ob ihnen dies oder jenes wichtiger ist, entwickeln Pläne bzw. „Problemlösungsstrategien", um ihre Ziele zu erreichen. Gleiches gilt für die Werte des Hundes, die jeder für sich wählt – Leben, Gesundheit und Wohlbefinden, aber auch Gruppenzusammenhalt, Fairness und Gerechtigkeit. Auch Eigentum, Ressourcen im weitesten Sinne, betrachten Hunde als Werte, wie beispielsweise Futter, Spielzeug, Territorium, bevorzugte Ruheplätze und individuelle Privilegien. Sich mit dem Autonomiebedürfnis eines Hundes zu arrangieren, kann schwierig sein, denn

Hunde unterscheiden sich insoweit sehr stark voneinander, je nach Rassezugehörigkeit und individueller Persönlichkeit. Vielfach steht dem Autonomiebedürfnis des Hundes unsere Angst im Wege bzw. unser Bedürfnis nach Sicherheit. Das ist in vielen Fällen durchaus gerechtfertigt, wenn wir beispielsweise an die Gefahren des Straßenverkehrs denken, an wildernde Hunde oder solche, die im Umgang mit Menschen oder kleinen Kindern einfach nicht zuverlässig sind. Gar nicht so selten führt die Angst um unseren Hund aber auch dazu, dass wir ihn überbehüten und ihm auch dann keine oder wenig Autonomie zugestehen, wenn das tatsächlich unproblematisch möglich wäre. Zahllose Hunde werden niemals von der Leine gelassen, weil die Besitzer befürchten, dass der Hund weglaufen oder „nicht hören" könnte, und das, ohne je ausprobiert zu haben, ob er tatsächlich wegläuft. Aus ähnlichen Gründen werden viele Hunde von Artgenossen ferngehalten, nicht in den Urlaub mitgenommen, nicht ins Haus gelassen oder alle paar Meter vom Schnüffeln abgerufen. Das Problematische dabei: Ein Hund, dem das, was er gerade nach eigenem Gusto tut oder tun will, wirklich wichtig ist, wird mit den entsprechenden „negativen" Gefühlen reagieren, wenn er sein jeweiliges Bedürfnis nicht erfüllen kann. Hinzu kommt, dass Verbote auch beim Hund dazu führen, dass das Verbotene nur noch attraktiver und begehrenswerter erscheint. Ständiges Zurückrufen „schmeckt" dann auch mit dem tollsten Belohnungshappen nicht mehr. Der gute Rat: *„Lass ihn doch einfach mal"*, ist allerdings leicht dahingesagt, wenn der Hund in hundert Meter Entfernung froh und genüsslich vor sich hin schnüffelt, sein Besitzer aber schon Herzklopfen und Visionen von diversen Auto-, Jagd- und sonstigen Unfällen bekommt, wenn der Hund sich bloß zwanzig Meter entfernt. Insbesondere das rassebedingte Autonomiebedürfnis des Hundes halte ich persönlich für einen der wichtigsten zu berücksichtigenden Punkte bei der Anschaffung eines Hundes. Ist zwischen dem hundlichen Autonomiebedürfnis

Sich einfühlsam mit den Motiven eines Hundes auseinanderzusetzen bedeutet nicht,
„Missetaten", unerwünschtes oder gefährliches Verhalten gutzuheißen oder zu legitimieren.

Ein „unterwürfiger" Hund ist oft einfach nur höflich und an sozialem Miteinander interessiert. Wer einen solchen Hund etwa als „Schisser" bezeichnet, tut das aus einem eigenen, unerfüllten Bedürfnis heraus.

Rassen, die auf Selbstständigkeit selektiert wurden, haben oft ein größeres Autonomiebedürfnis als Hunde, bei denen Kooperation wichtiges Zuchtziel ist oder war. Sein Autonomiebedürfnis macht einen Hund aber nicht „unerziehbar".

und dem menschlichen Bedürfnis nach Sicherheit kein Konsens zu finden, werden die Betroffen nicht glücklich miteinander, sie werden keine hohe Qualität in ihrer Beziehung erreichen. Denn ist der Mensch zufrieden, fehlt dem Hund etwas; ist der Hund zufrieden, fehlt dem Menschen etwas.

Vielleicht ist es aber gerade sein Autonomiebedürfnis, das den Hund für uns so lebendig macht und ihn so weit entfernt vom Maschinenhund oder „Robot-Dog". Sein Lebendigsein erscheint mir oft zugleich als das, was wir am leichtesten vergessen oder verdrängen, eben weil wir den Maschinenhund so schwer aus unserem Kopf bekommen. Frage ich beispielsweise Leute, die sich gerade einen Welpen angeschafft haben, was sie sich am meisten von ihrem Hund wünschen, höre ich oft so etwas wie: *„Na, hören muss er"*, oder auch: *„Ich möchte, dass er macht, was ich sage."* Daran ist nichts auszusetzen, und zumeist steckt eben auch nur das Bedürfnis der Hundebesitzer nach Sicherheit dahinter.

Erwarten wir aber, dass der Hund alles macht, was wir sagen, und auch immer, wenn wir es sagen (ganz gleich, ob es situativ Sinn macht oder nicht), können wir mit unserem Hund in Konflikt kommen, wenn wir nicht dafür sorgen, dass im geeigneten Rahmen sein mehr oder weniger großes Autonomiebedürfnis erfüllt wird. Einen Hund ohne jedes Autonomiebedürfnis gibt es so wenig wie den perfekten Superhund.

Führung

Es sei an dieser Stelle betont, dass mit dem Bedürfnis des Hundes nach Führung nicht gemeint ist, dass Hunde das Bedürfnis haben, selbst zu führen. Kein Hund, der innerhalb einer Mensch-Hund-Beziehung in eine unklare oder gar eine Führungsposition genötigt wird, ist glücklich. Wir leben nicht in einer von Hunden gestalteten Welt, sondern in einer von Menschen gestalteten, weshalb der Hund auf unsere Hilfe, unsere Führung, angewiesen ist, um sich in dieser Welt zurechtzufinden. Wir kommen noch detaillierter darauf zurück, wenn wir uns mit Machtausübung innerhalb der GfK beschäftigen. Hunde haben das Bedürfnis geführt zu werden. Einen Hund zu führen hat jedoch nichts damit zu tun, ihm „sitz", „platz", „fuß" und wer weiß was für Kunststücke beizubringen bzw. abzuverlangen. Nicht wenige Hunde, die dergleichen auf dem Hundeplatz perfekt beherrschen, machen außerhalb, was ihnen gerade einfällt, und erkennen ihre Besitzer nicht als Führungspersönlichkeiten an. Mangelhafte Führung ist nach meiner Erfahrung einer der schwerwiegendsten Gründe für problematisches Verhalten. Wirkliche Führung basiert allerdings nicht auf „Herrschaft", sondern auf Freiwilligkeit, gegenseitiger Zuneigung und einem innigen, sehr komplexen Vertrauensverhältnis. Führung wird nicht von oben aufgezwungen, sondern von unten nach oben sprichwörtlich (an)erkannt. Führung bedeutet damit freiwillige Folgschaft, wie insbesondere Wolfsforscher Günther Bloch immer wieder betont. In Bezug auf den Hund können wir Menschen in Sachen Führung viel vom Hunde-Urahn Wolf lernen, so Bloch. In freier Wildbahn sind Wolfsrudel in den allermeisten Fällen Familienverbände. Mama und Papa sind dabei nur deshalb die Chefs, weil sie auf der Basis eines Wissens- und Erfahrungsvorsprungs handeln, den ihre Kinder nicht besitzen. Die Bezeichnung „Alpha-Tiere" für die ranghöchsten Individuen in einer Wolfs- oder Hundegemeinschaft ist deshalb enorm problematisch. Denn sie beschreibt eigentlich eine echte Hackordnung, in der nach oben gebuckelt und nach unten getreten wird, wie man so schön sagt. Ein Alpha-Tier ist also eines, das sich ausschließlich durch die Anwendung von Gewalt an die Spitze einer Gruppe gesetzt hat. Die

Oberhäupter einer Familie haben das nicht und nicht einmal nötig, weder bei Menschen noch bei Wölfen oder Hunden. Dennoch hält sich die Mähr vom „Alpha-Tier" hartnäckig. Vermutlich, weil die Bezeichnung umgangssprachlich geworden ist und in sehr harmloser Weise verstanden wird. Ihre Verwendung bei der Beschreibung von Rangverhältnissen unter frei lebenden Wölfen oder Hunden ist tatsächlich jedoch irreführend und nicht korrekt.

Wer frei lebende Wölfe beobachtet oder Videoaufnahmen anschaut, wird bemerken, dass Wolfseltern in geradezu beängstigendem Maße in sich ruhen, „bis auf die Knochen" abgeklärt erscheinen und anscheinend durch nichts aus der Fassung zu bringen sind. Wolfseltern wissen immer, was in einer Situation selbstverständlich zu tun ist, und sorgen darüber hinaus nicht nur fürs Essen, sondern auch für Obdach und Personenschutz, für Kooperation und sozialen Zusammenhalt. Das bedeutet nicht, dass sie im Einzelfall nicht auch mal überfordert sein können und ihr Heil beispielsweise in der Flucht suchen. Das lässt sie im Ansehen der Familie nicht sinken, auch Ausnahmesituationen gehören zum Leben dazu. Im Großen und Ganzen agieren Wolfseltern aber wie nach dem Motto: *„So machen wir das jetzt."* Und weil den Jungen nichts Besseres einfällt, sie keinen Plan haben, wie Bloch so schön sagt, machen sie eben entweder mit, oder sie machen Mist. Bloch nennt sie deshalb liebevoll „Schnösel". Mögen die Halbwüchsigen rein äußerlich bald nicht mehr von ihren Eltern zu unterscheiden sein, ihr „schnöseliges" Verhalten verrät sie in jeder Lebenslage. Gleiches gilt für Hunde, insbesondere während ihrer ersten drei Lebensjahre, also solange sie noch nicht erwachsen sind. Hundebesitzer, so Bloch, tun daher gut daran, in der Mensch-Hund-Beziehung die Rolle von (Wolfs-)Eltern einzunehmen, was einleuchtet und nach meiner Erfahrung hervorragend funktioniert. Bloch selbst bezeichnet sich übrigens als „bekennenden Schnösel-Fan". Dazu zähle ich mich auch – wir waren alle mal „Schnösel".

Wirkliche Führung bildet vor diesem Hintergrund nicht zu-
letzt den Rahmen, innerhalb dessen ein Hund sein Bedürfnis
nach Autonomie ausleben kann. Gewisse Parallelen können
wir zuweilen durchaus in unserem Berufsalltag finden: Stellen
wir uns den „Vorgesetzten unserer Träume" vor, kommt dabei
keineswegs einer heraus, „der einem sagt, was man zu tun
hat". Wenn wir freier und genauer darüber nachdenken, ma-
len wir vielmehr exakt das Bild einer Führungspersönlichkeit,
wie sie auch unser Hund anerkennen, respektieren und in
höchstem Grad schätzen würde.

Feiern

Ich persönlich bin überzeugt, dass Hunde auch das Bedürfnis haben
zu feiern. Meine eigenen Hunde z. B. feiern es, wenn sie den Waschbär
aus unserem Garten vertrieben haben oder wenn der Nachbarshund
endlich wieder in seinem Zwinger sitzt. Dann stehen sie gern auf
dem höchsten Punkt auf unserem Grundstück, der Terrasse oder am
Zaun, und bellen im Chor. Sie bellen auch in anderen Situationen im
Chor, dann aber ohne diesen, wie es mir scheint, triumphierenden
Unterton. Fachlich korrekter als feiern wäre wahrscheinlich die Bezeichnung Chorbellen oder auch Chorheulen. Chorheulen können
dabei nicht nur Wölfe, sondern auch Hunde, wie die Collies unseres
Ortsvorstehers jeden Tag eindrucksvoll beweisen oder auch meine
Elsa, die gern begeistert in alle möglichen Sirenen-, Triola- oder
Mundharmonikaklänge einstimmt. In Sachen Feiern habe ich zudem
oft den Eindruck, dass Hunde angenehme Gefühle feiern. Darauf
kommen wir noch einmal am Ende dieses Buches zurück, wenn wir
uns mit Wertschätzung in der GfK beschäftigen.

Integrität

Wie bei uns Menschen lassen sich hier eine ganze Reihe von Bedürfnissen unter dem Dach der Integrität zusammenfassen. Das Bedürfnis des Hundes nach Authentizität etwa, das ich vor allem dann relativ häufig in der Hundeschule beobachte, wenn Menschen erst versuchen, in der Beziehung zu ihrem Hund die Führungsrolle einzunehmen oder sich als verlässliche Vertrauensperson zu etablieren. Manchen Menschen scheint die Fähigkeit zu führen angeboren zu sein, anderen hingegen fällt Führung unheimlich schwer. Möglicherweise, weil wir eine Art innere Entschlossenheit benötigen, um zu führen, Vertrauen in unsere Führungsrolle brauchen und wissen müssen, wie wir Führung in die Praxis umsetzen können. Insoweit spielen auch innere Bilder eine Rolle, auf die wir noch zu sprechen kommen.

Der Tipp, sich wie Wolfseltern zu verhalten, gelingt nur dann leicht, wenn Hundebesitzern ihr Wissens- und Erfahrungsvorsprung bewusst ist, sie tatsächlich abgeklärt sind und Situationen ruhig und souverän meistern, nicht nur für Nahrung und Unterkunft sorgen, sondern ihren Hund auch beschützen und Kooperation und sozialen Zusammenhalt managen. „Ausrutscher" schaden uns dabei so wenig, wie sie Wolfseltern schaden, vorausgesetzt, sie werden nicht zur Regel. Es nützt mir allerdings überhaupt nichts, in einer Situation nur so zu tun, als wäre ich selbstsicher, wenn ich mich im Innersten gar nicht so fühle. Mein empathiefähiger Hund wird meine Unsicherheit entlarven, nachfühlen, was ich fühle, und mir aufgrund meiner Unsicherheit nicht vertrauen können – nur allzu oft mit den entsprechenden Konsequenzen für seine Gefühle und sein Verhalten.

Bedürfnis nach Sinn

Das Bedürfnis nach „Sinn" haben Hunde meiner Ansicht nach ebenfalls. Nicht im Sinne einer Suche nach dem Sinn des Lebens oder Ähnliches, sondern im Sinne dessen, ob etwas sinnvoll ist oder nicht bzw. als Gegenstück zu Willkür. Hunde wägen z. B. ab, ob es sinnvoll ist, sich mit dem Kumpel von nebenan auf Leben und Tod um die Braut vom Ende der Straße zu prügeln, ob es Sinn macht, im Winter ins Eiswasser zu springen oder es z. B. sinnvoll ist, genau jetzt das zu machen, was Herrchen sagt bzw. signalisiert. Was aus der Sicht eines Hundes keinen Sinn macht, ist oft biologisch nicht sinnvoll, weil es Werte wie Leben, Gesundheit, Wohlbefinden oder auch den Zugang zu Ressourcen beeinträchtigt oder beeinträchtigen könnte. Bestimmte Dinge können auch deshalb als nicht sinnvoll betrachtet werden, weil sie der Erfüllung persönlicher Ziele im Weg stehen, bei Mensch wie Hund gleichermaßen (Autonomiebedürfnis). Ich glaube sogar, dass einige Hunde es als nicht sinnvoll betrachten, zu „hören", wenn ihr Besitzer sie aus Plänkeleien mit Artgenossen abruft. Ich halte es für denkbar, dass manche Hunde dann nur deshalb nicht „hören", weil sie vor dem anderen Hund ihr Gesicht nicht verlieren wollen. Reine Willkür kommt unter Tieren meines Wissens gar nicht vor. Keines würde, so glaube ich, je auf den Gedanken kommen, ein anderes aus reiner Willkür zu töten.

Auch der sogenannte intelligente Ungehorsam hat mit der Unterscheidung von sinnvoll und nicht sinnvoll zu tun. Intelligenter Ungehorsam bedeutet, dass ein Hund ein Signal missachtet und nicht tut, was von ihm verlangt wird, um eine Gefahr abzuwenden. In vollendeter Form lässt er sich bei Blindenführhunden beobachten. Blindenführhunde wären ohne den intelligenten Ungehorsam arbeitsunfähig. Um ein guter Führhund zu sein, muss der Hund permanent prüfen, ob das, was sein blinder Mensch signalisiert, Sinn macht oder gegebenenfalls lebensgefährlich ist.

Ein Beispiel: Auch ein Blindenführhund bleibt nicht an der roten Ampel stehen und wartet auf Grün. Vermutlich wird kein Hund je den Sinn einer Ampel begreifen, Rot und Grün können Hunde nicht unterscheiden, und ob es „oben oder unten brennt", erkennen sie wahrscheinlich auch nicht. Das ist aber auch gar nicht nötig. Denn ein Blindenführhund läuft auch bei Rot über die Kreuzung – vorausgesetzt, es nähert sich gerade kein Auto. Allein darauf achtet er, wenn vonseiten seines Besitzers das Signal „voran" gegeben wird. Wenn sich ein Auto nähert, verweigert er den „Gehorsam" und wartet, bis es vorbeigefahren ist oder angehalten hat. Erst dann stiefelt er auf ein neuerliches „voran" los. An der Fähigkeit zum intelligenten Ungehorsam scheitern die meisten Anwärter für den Dienst als Blindenführhund. Der Spagat zwischen grundsätzlich bedingungsloser „Folgsamkeit" und regelmäßigem Nichthören ist für viele nicht zu schaffen. Vielleicht, weil die Beziehung zwischen Mensch und Hund eine so große Rolle spielt und ein Hund über bloßen Gehorsam hinaus nur dann hilfsbereit und zu intelligentem Ungehorsam fähig und bereit ist, wenn aus seiner Sicht wirklich Not am Mann ist. Ich denke allerdings, dass wir hier den Bereich des „Gehorsams" längst verlassen haben und in echte Partnerschaft, echte Kommunikation (Austausch von Signalen zum gegenseitigen Vorteil) und Kooperation eingetreten sind. Wir kommen darauf noch einmal im Kapitel über Moral bei Hunden zu sprechen.

Ein weiteres Bedürfnis unserer Hunde, das mit Integrität zu tun hat und zugleich nach meiner Ansicht auch beim Hund einen Wert darstellt, ist Gerechtigkeit, die wir bereits angesprochen haben. Hunde besitzen einen ausgeprägten Sinn für Gerechtigkeit und Fairness und legen großen Wert auf entsprechende Behandlung. Hundliche Gerechtigkeit unterscheidet sich zum Teil jedoch grundlegend vom menschlichen Verständnis dessen, was gerecht ist. Und selbst wir können uns darüber streiten: Ist es gerecht, wenn alle das Gleiche haben? Oder von allem gleich viel? Oder ist es gerecht, wenn jeder lediglich das bekommt, was er braucht? Und was oder wie viel ist das eigentlich? Fragen über Fragen.

Fairness und Gerechtigkeit

Auch der Frage nach Fairness und Gerechtigkeit in Tiergesellschaften gehen Marc Bekoff und Jessica Pierce in ihrem Buch „Vom Mitgefühl der Tiere" auf den Grund. Sie argumentieren, dass Gerechtigkeit bedeutet, zu wissen, was sein sollte, also eine bestimmte soziale Erwartung in Bezug auf etwas zu hegen. Wie ihr Stammvater Wolf leben Hunde nach bestimmten Gesellschaftsregeln, die die Mitglieder der Gruppe für sich aufstellen und respektieren, frei nach dem Motto: *„Unter diesen Umständen gebührt dir das, und mir gebührt das."* Oder auch: *„Unter diesen Umständen gehört sich das jetzt so und nicht etwa so."* Das bezieht sich nicht nur auf das Durchsetzen von Ansprüchen, sondern insbesondere auch auf Respekt und Rücksichtnahme in Bezug auf die Bedürfnisse und Ressourcen anderer und der Gruppe als Ganzes, seien es Hunde oder Menschen oder beide. In ihren Prinzipien unterscheiden sich Hunde insoweit nicht von ihren wölfischen Ahnen. Pierce und Bekoff zitieren dazu den Philosophen Robert Solomon:

„Wölfe haben eine klare Vorstellung davon, wie die Dinge zwischen ihnen ablaufen sollten. Wölfe beachten die Bedürfnisse der Gruppenmitglieder, und sie achten auch auf die Bedürfnisse der Gruppe im Ganzen. Sie folgen relativ strikten Gesellschaftsnormen, die durch die Bedürfnisse des Einzelnen und Respekt für die Besitztümer eines anderen (...) bestimmt werden."

Ein Sinn für Gerechtigkeit und Fairness wird Hunden wie auch anderen Tieren vielfach aus unserer Definition von Gerechtigkeit heraus abgesprochen. Dabei kommt es auf soziale Erwartungen oder das Wissen, was sein sollte, nicht an. Vielmehr sei Gerechtigkeit ein „idealer Zustand des sozialen Miteinanders, in dem es einen angemessenen, unparteilichen und einforderbaren Ausgleich der Interessen und der Verteilung von Gütern und Chancen zwischen den beteiligten Personen oder Gruppen gibt", wie man in der Internet-Enzyklopädie „Wikipedia" nachlesen kann. Die Definition kommt dem „Wissen, was sein sollte" recht nahe und würde auf Tiergesellschaften passen, wenn das Wörtchen „unparteilich" nicht wäre. Mit der Begründung, dass Tiere eben nicht unparteilich sein könnten, wird ihnen ein Sinn für Gerechtigkeit und Fairness aberkannt – zu Unrecht, so Bekoff und Pierce. Und das leuchtet ein. Denn Unparteilichkeit ist keine zwingende Voraussetzung für ein Gerechtigkeitsempfinden. Gebraucht wird sie im Prinzip nur, wenn übergeordnete Instanzen „Recht sprechen" sollen. Aus Rechtsprechung resultiert Gerechtigkeit aber nicht zwangsläufig. Recht haben und Recht kriegen können zwei verschiedene Paar Schuhe sein, wie tagtäglich zahllose Menschen vor deutschen Gerichten erfahren. Woran liegt das? An ungerechten Gesetzen? Manchmal. Die Richter in Deutschland sind jedoch nicht verpflichtet, sich bei ihren Urteilen strikt an die Gesetze zu halten. Tatsächlich sind sie frei in ihren Entscheidungen. Entsprechende Urteile werden als „Richterrecht" bezeichnet. Das führt zuweilen durchaus zu richterlicher Willkür, der beispielsweise der Jurist und Universitätsprofessor Martin Schwab auf seiner Homepage www. watchthecourt.org nachgeht. Richterrecht kann aber auch der Gerechtigkeit dienen, weshalb richterliche Freiheit und Unabhängigkeit meines Erachtens nicht per se verteufelt werden darf, vor allem nicht in einer Dominanzkultur wie der unsrigen. Der deutsche Rechtsphilosoph Gustav Radbruch hat 1946 mit seiner „Radbruchschen

Formel" die Umstände beschrieben, unter denen sich Richter gar über Gesetze hinwegsetzen müssten: wenn sich diese im Einzelfall als wirklich unerträglich ungerecht erweisen oder wenn Gerechtigkeit mit ihnen von vornherein gar nicht beabsichtigt wird. Die Radbruchsche Formel wird in der Rechtsprechung bis heute angewendet. Ab welchem Punkt aber der Grad von Ungerechtigkeit „unerträglich" ist, kann ein Richter mit Unparteilichkeit allein nicht ermessen, denke ich. Er kann es nur mit einem Gerechtigkeitsempfinden, einer sozialen Erwartung, einem Sinn eben dafür, was sein sollte. Hinzu kommt, dass Gerechtigkeit nicht ausschließlich durch übergeordnete Instanzen herzustellen ist. Im Gegenteil. Gerechtigkeit ergibt sich von ganz allein, wenn ein Wertesystem besteht, das auf dem Respekt aller vor den Werten, Bedürfnissen und Ressourcen des Einzelnen und der Gruppe bzw. der Gesellschaft als Ganzes beruht. Womit wir wieder bei Wölfen und Hunden angekommen wären.

Menschliche Gesellschaften mögen komplizierter sein. Doch auch für uns gilt ganz grundsätzlich: Korrespondieren die Werte aller Gruppenmitglieder bzw. die Werte der Mitglieder einer Gesellschaft, bedarf es innerhalb derselben keiner „Richter", wenn jeder im Vertrauen und mit Rücksichtnahme seinen Werten entsprechend lebt. Auf Unparteilichkeit kann man dann direkt verzichten, denke ich. Weil sich Gerechtigkeit auch unabhängig von Unparteilichkeit einstellen kann und Tiere vielleicht nur deshalb nicht in unsere Definition von Gerechtigkeit passen, weil sie Unparteilichkeit gar nicht brauchen, kann man ihnen einen Sinn für Gerechtigkeit und Fairness meiner Meinung nach nicht absprechen. Und nicht zuletzt: Was, wenn sich eines Tages herausstellt, dass Tiere eben doch unparteilich sein können? Dass manche Hunde es z. B. sind, wenn sie streitende Artgenossen trennen und Eskalation oder auch Mobbing verhindern? Ein Mangel an Beweisen ist noch lange kein Beweis fürs Gegenteil.

Mit hundlichem Gerechtigkeitsinn ist das Bedürfnis des Hundes nach statusgemäßer Behandlung verknüpft. Bei Statusdiskussionen muss jedoch immer berücksichtigt werden, dass sich Freundschaften zwischen Hundeindividuen über Rang- und Statusverhältnisse hinwegsetzen können. Je enger Hunde miteinander befreundet sind, desto weniger wichtig ist ihnen oft die statusgemäße Behandlung. Häufig können die Hundebesitzer in solchen Fällen nicht mit völliger Sicherheit sagen, welcher Hund denn nun das ranghöhere Individuum ist. Wenn sich der Große vom Kleinen das Futter wegfressen lässt, bedeutet das nicht zwangsläufig, dass der Kleine der Boss ist. Es heißt zumeist nur, dass man teilt und es wichtig findet, dass jeder das bekommt, was er braucht. Eben den besagten Respekt zeigt gegenüber den Bedürfnissen und Ressourcen eines oder der anderen. Wer den größten Hunger signalisiert, kriegt das meiste Fressen. Wer am dringendsten mit dem Schleuderding spielen will, darf es haben. Wer sich das tolle grüne Kissen als Ruheplatz auserkoren hat, darf darauf liegen bleiben. Wenn geteilt wird, verschwimmen Grenzen und Unterschiede. Gleiches gilt oft im Spiel: Der Stärkere schöpft sein Potenzial nicht aus, damit der Schwächere „Chancen" und seinen Spaß hat. Das ist echte Fairness und verwandt mit unserem Gerechtigkeitsverständnis, das in vielerlei Hinsicht auf Gleichbehandlung abzielt. Es kann jedoch auch für den einzelnen Hund Dinge geben, bei denen für ihn ganz individuell die Freundschaft aufhört. Oder die er, zumindest hin und wieder, einsetzt, um hinsichtlich seines Status bei aller Liebe und „Gleichberechtigung" keine Zweifel an seinem Rang und damit verbundenen Rechten aufkommen zu lassen. Dann sind Ausnahmen in der „Gleichheitsgerechtigkeit" notwendig. Wir Menschen kennen und respektieren solche auch. Gerade auch dann, wenn uns bewusst ist, dass der höhere Rang mit größerer Verantwortung und anspruchsvolleren Aufgaben verbunden ist. Dann finden wir es z. B. durchaus gerecht, dass unser Chef mehr Gehalt bekommt oder etwa mit einer Mercedes -S-Klasse auf Dienstreise fährt, während uns nur eine A-Klasse zur Verfügung steht. Entsprechende Unterschiede unter Hunden hinsichtlich statusgemäßer Behandlung können vielen Konflikten vor allem bei Mehrhundehaltung vorbeugen. Es ist dabei nicht immer leicht, ein ranghohes Tier beim Zugang zu Ressourcen und Privilegien zu bevorzugen. Zumal, wenn einem das andere insgeheim nähersteht, weil man es z. B. schon viel länger hat. Schwierigkeiten sind daher oft vorprogrammiert, wenn sich zwischen zwei Hunden die gewohnte Rangordnung ändert, die Besitzer die neuen Statusverhältnisse aber nicht anerkennen und dem ursprünglich ranghohen, jetzt aber rangniedrigeren Tier zu vermitteln suchen: *„Du bleibst trotz allem immer unsere Nummer eins."*

Hunde und Kinder

Besonderes Augenmerk ist vor diesem Hintergrund auch hinsichtlich des Zusammenlebens von Hunden und Kindern angebracht. Niemand, außer dem Kind selbst, hat Einfluss auf den Rang, den es gegenüber einem Hund einnimmt. Mit wenigen Ausnahmen, die im Einzelfall im jeweiligen Kind, im jeweiligen Hund und in der jeweiligen Beziehung individuell begründet sind, ist ein Kind unter 12 bis 14, manchmal auch 16 Jahren außerstande, sich einen dem Hund übergeordneten Status zu erarbeiten. Insbesondere, weil ein Kind eben ein Kind ist und ihm der Wissens- und Erfahrungsvorsprung, die Abgeklärtheit und Souveränität eines Erwachsenen fehlen. Außerdem erlebt der Hund jeden Tag, wie sich das Kind beispielsweise den Anweisungen der Eltern fügt, im Streit unterliegt, beschützt, umsorgt, beschenkt, bevorzugt und reglementiert wird. Er erkennt, dass es kleiner und zarter ist als seine Eltern und dass es in Auseinandersetzungen unterliegen muss. Vielleicht erkennt er es als Kind sogar am Kindchenschema, das sich erst in der Pubertät ausschleicht und auf das wir noch einmal zu sprechen kommen. Als sozial hoch entwickeltes Lebewesen fügt der Hund das entsprechende Patchwork zusammen und setzt sich, das Kind und die anderen Familienmitglieder zueinander ins Verhältnis. Er selbst verhält sich entsprechend. Das bedeutet nicht, dass Kinder Hunde nicht trainieren könnten. Training ist jedoch nicht das Leben. Das wissen Hunde zumeist sehr genau und unterscheiden. Alles, was Hundebesitzer deshalb tun können, ist, dafür zu sorgen, dass der Hund Kinder im Allgemeinen und „seines" im Besonderen mag, damit er umsichtig und vielleicht auch großzügig ihm bzw. ihnen gegenüber sein kann, sie vielleicht sogar außerhalb jeden Status und jeder Rangordnung als „unter allen Umständen unantastbar" einordnet. Damit er einen Grund hat, nachzugeben, zu teilen und die Bedürfnisse und Ressourcen des Kindes zu respektieren. Gelingt dies nicht oder nur unzureichend, können Hundebesitzer nur noch mit Autorität, Kontrolle, Management- und Vorsichtsmaßnahmen dafür sorgen, dass das Kind in Sicherheit lebt. Gleiches gilt übrigens auch für das Zusammenleben mehrerer Hunde, die einander nicht ausstehen können. Daraus ergibt sich aber eine völlig andere Qualität des Zusammenlebens, wenn man sich nicht voneinander trennen will. Manchmal liegt es am Hund, dass alle Bemühungen, ihn fürs Kind zu begeistern, scheitern. Einige wenige Hunde sind sich einfach selbst am nächsten und aus sich heraus nicht bereit, „eine Pfote zu reichen", unter keinen oder welchen Umständen auch immer. Solche Hunde sind zum Glück äußerst selten und zumeist auch noch das Ergebnis hundefeindlicher Lebensumstände. Andere Hunde hingegen lieben das „eigene" Kind so sehr, dass sie es gegenüber fremden Kindern beschützen und diese attackieren. Eindringlich gewarnt sei an dieser Stelle aber nicht nur vor daraus resultierenden möglichen Übergriffen eines Hundes auf ein Kind und vor dem berühmten *„Du musst dich durchsetzen!"*, sondern vor allem auch vor den „sozialen Verpflichtungen", die vielen Hunden gegenüber Kindern auferlegt werden. Vielfach lassen sich solche sozialen Verpflichtungen in der Lebensgeschichte eines Hundes finden, nachdem er durch einen Beißvorfall auffällig geworden ist: sich an Fell, Schwanz und Ohren ziehen lassen, Übergriffe auf Futternapf, Spielsachen und Ruheplätze, Zerren an der Leine, Strafen und Ohrfeigen hinzunehmen und Ähnliches. „Mucken" diese Hunde auf, setzt es was. Es gibt Hunde, die festgehalten werden, damit sie sich von Kindern streicheln, umarmen und drücken lassen, die ertragen müssen, dass Kinder auf ihnen sitzen und „reiten" oder sich sogar „im Spiel" auf sie werfen. Es kommt vor, dass Ähnliches auch schon Welpen in der Wurfkiste abverlangt, die Wurfkiste sprichwörtlich zur „Hüpfburg" für die Kinder wird. Verkaufsanzeigen, die Welpen mit „kennen Kinder" oder „sind aufgrund des Aufwachsens mit Kindern besonders gut auf diese sozialisiert" anpreisen, sollten vor Ort kritisch hinterfragt werden, ehe Interessenten einen Hund von dort mit nach Hause nehmen. Hinter solchen „Qualitätsmerkmalen" kann tatsächlich ein sensibilisierter, vielleicht gar traumatisierter Welpe stecken, der nachhaltig geschädigt ist. Eine Familie kann in diesem Fall sogar mit einem Welpen, der noch gar keine Kinder kennt, besser beraten sein. Dabei können Kinder selbst schon sehr früh Rücksicht gegenüber einem Hund lernen und üben: *„Das machen wir nicht, da weint der Hund"*, motiviert nach meiner Erfahrung auch schon Kinder, die kaum ein Jahr alt sind, sich vorsichtig zurückzuhalten und die Werte und das Wohlbefinden eines Hundes zu respektieren. Nicht nur das Kind braucht Schutz vor dem Hund, auch der Hund braucht Schutz vor dem Kind. Wie es in den Wald hineinschallt, so schallt es heraus. Echter Respekt beruht aufseiten des Hundes wie auch aufseiten des Kindes auf Vertrauen, Zuneigung und Fürsorge. Man kann ihn nicht erzwingen und einem Hund schon gar nicht mit Gewalt einbläuen. Einem erwachsenen, gefestigten Hund, der wirklich gut sozialisiert ist und Kinder als etwas ebenso Empfindliches wie Nettes kennengelernt hat, wird im Allgemeinen nicht im Traum einfallen, sich auf eines Kindes Kosten zu profilieren. So wie das den meisten Hunden auch nicht gegenüber Welpen einfällt, auch wenn das Märchen vom „Welpenschutz" tatsächlich ein Ammenmärchen ist. Derartige Großzügigkeit und der freiwillige Verzicht auf das Durchsetzen von Ansprüchen oder Privilegien zugunsten Schwächerer sind meiner Auffassung nach aber ebenfalls dem hundlichen Gerechtigkeitssinn zu verdanken. Wir kommen darauf noch einmal im Kapitel über die Moral zu sprechen.

Interdependenz (wechselseitige Abhängigkeit)

Gehen wir hier noch einmal einen Schritt zurück und vergleichen die hundlichen mit den menschlichen Bedürfnissen, finden wir erstaunlich viele Bedürfnisse, die uns artübergreifend gemeinsam sind. Auch Hunde haben das Bedürfnis, akzeptiert zu werden. Sie brauchen Wertschätzung, insbesondere vor dem Hintergrund der Anerkennung von Status. Als Gruppentiere mit hoch entwickeltem Sozialverhalten haben sie ebenso das Bedürfnis nach Nähe, Gemeinschaft, Zugehörigkeit, emotionaler Sicherheit, Geborgenheit, Zuverlässigkeit, Ehrlichkeit, Vertrauen, Respekt und Unterstützung, nach Trost, Zuneigung und Liebe. Sie haben das Bedürfnis zu verstehen und verstanden zu werden. Die unzähligen Situationen, in denen Hunde Rücksicht nehmen, stehen für mich zugleich dafür, dass Rücksichtnahme ebenso wie Gerechtigkeit auch für Hunde einen Wert darstellen kann. Rücksichtnahme ist nicht zwangsläufig abhängig vom Zugrundeliegen einer Freundschaft, von Familienbanden oder dem Bedürfnis, Verletzungen der eigenen Person zu vermeiden, bei uns Menschen nicht und auch nicht bei unseren Hunden. Eine schöne kleine Episode konnte ich in meiner Hundeschule beobachten: Eine ältere Dame war mit ihrem sechs Monate alten Kaninchendackel namens Matthes gekommen. Der kleine Kerl war noch nie ohne Leine gegangen und kannte auch kein freies Spielen mit anderen Hunden. Dennoch zeigte er keine Furcht, und sie wagte es, ihn von der Leine los zu machen. Matthes rannte mit den anderen Hunden, auch den größeren, als hätte er sein Leben lang auf diesen Augenblick gewartet. Er achtete nicht darauf, ob er anderen vor die Füße lief. Aber die anderen achteten auf ihn, obwohl er absolut fremd in der Gruppe war. Keiner trat ihn, keiner rannte ihn über den Haufen. Wenn er im Weg war, sprangen sie einfach über ihn hinweg. In Sachen Rücksichtnahme fällt mir auch immer wieder auf, wie umsichtig die meisten erwachsenen Hunde wie bereits erwähnt mit Welpen umgehen, trotz fehlendem „Welpenschutz". Auch wir Menschen mögen Kinder nicht alle gleich gern um uns haben, dennoch nehmen wir Rücksicht. Und so wie einige von uns Kindern gar Gewalt antun, gibt es solche und solche auch unter Hunden.

Zuneigung und Liebe
Ich gehe davon aus, dass Hunde auch ein Bedürfnis nach Zuneigung und Liebe haben. Ohne das vegetieren sie vor sich hin, werden oft verhaltensauffällig oder entwickeln gar Verhaltensstörungen. Und auch bei Tieren können Liebe und Zuneigung die Partnerwahl beeinflussen, wie der Wolfsforscher Erik Zimen bei seinen Gehegewölfen beobachtete. So gelang es beispielsweise einem rangniedrigen Rüden nur aufgrund der Tatsache, dass das ranghöchste Weibchen offenbar in ihn verknallt war, zur Fortpflanzung zu kommen. Die Wölfin ignorierte sämtliche Avancen des ranghöchsten Rüden und erlaubte einzig und allein ihrem „Liebsten aus Kindertagen", ihr nahe zu sein. Mit der Folge, dass er später auch ganz allein Vater ihrer Kinder wurde. Es bedurfte keines Kampfes noch sonst einer Auseinandersetzung zwischen den Rüden. Erstaunlich, wie leicht das vermeintliche „Alpha" flöten gehen kann.

Dass Welpen engen Kontakt zu Kindern haben, kann ein Merkmal für qualitätsbewusste Hundezucht sein, muss aber nicht. Ausschlaggebend ist, dass die Welpen ausschließlich positive Erfahrungen mit den Kindern machen.

Die Qualität von Beziehungen zwischen Kindern und Tieren kann für alle Beteiligten prägend sein – im positiven wie im negativen Sinne.

Kinder brauchen Unterstützung, um einen angemessenen Umgang mit Hunden und gerade auch Welpen, zu lernen.

Nähren der physischen Existenz

Auch unsere darunterfallenden Bedürfnisse teilen wir mit unseren Hunden. Wir brauchen Luft, Nahrung und Wasser, Bewegung, Schutz vor lebensbedrohenden Lebensformen wie Viren, Bakterien, Insekten und Raubtieren, Ruhe und Schlaf, Unterkunft und Körperkontakt, Letzteres in Bezug auf Hunde auch „Kontaktliegen" genannt. Viele Hunde haben diesbezüglich sogar ein ausgeprägtes Bedürfnis nach Zärtlichkeit, obwohl sie einander nicht „streicheln". Wenn ich jedoch meine Hunde beobachte, wie sie einander die Schnauzen, die Augen und Ohren lecken, einander gar mit Hingabe auf den Lefzen herumkauen und sich große Mühe geben, beim Bürsten oder beim Kuscheln auf dem Sofa mir Gleiches zuteil werden zu lassen, fällt mir kein anderes Wort als „knutschen" dafür ein. Unter dem Punkt Kooperation kommen wir noch einmal darauf zurück.

Und wie dringend das Bedürfnis, sich fortzupflanzen, sein kann, beweisen Hündinnen, die während der Läufigkeit ständig ausbüxen, ebenso wie Rüden, die dann nächtelang „den Mond" anheulen. Die Hündin eines meiner Klienten verweigert ab dem ersten Läufigkeitstag jegliche Nahrungsaufnahme, so lange, bis sie durch den Zaun passt. Spätestens dann hat sie etwa drei Wochen lang Stubenarrest und Leinenpflicht.

Kontrolle

Hunde sind keineswegs „Kontrollfreaks". Dennoch gibt es durchaus Hunde, die alles mögliche be- und überwachen, „kontrollieren" wollen. Bei vielen dieser Hunde resultiert das aus ihrem Sicherheitsbedürfnis. Den meisten Hunden genügt es, Kontrolle über ihre unmittelbaren Lebensumstände auszuüben, sofern diese entscheidenden Einfluss auf das Wohlbefinden des Hundes haben können. Ich gehe noch detailliert im Kapitel über die Hilflosigkeit darauf ein.

Verbundenheit

Manchmal frage ich mich durchaus, ob Hunde so etwas empfinden könnten, was wir „spirituelle Erfahrung" nennen. In jedem Fall bin ich jedoch überzeugt, dass Hunde das Bedürfnis nach Harmonie haben, danach, mit ihrem Besitzer oder ihrer Menschenfamilie im Einklang zu sein und nicht etwa im Streit zu leben. Gleiches gilt für Frieden oder friedliche Koexistenz und Ordnung im Sinne von Struktur und Eindeutigkeit in Lebensumständen, Tagesabläufen, der Kommunikation. Harmonie, Ordnung und Frieden sorgen für innere Sicherheit und sind Voraussetzung für Loyalität.

Bedürfnis oder Strategie?

Spielen, Jagen, Arbeiten, Lernen

Spielen, Jagen, Arbeiten und Lernen müssten eigentlich strikt voneinander getrennt betrachtet werden. Denn anders als das Spielen sind Jagen, Arbeiten und Lernen keine Bedürfnisse, sondern vielmehr Strategien, worauf wir gleich noch zu sprechen kommen. Ich habe Spielen, Jagen, Arbeiten und Lernen dennoch in einem gemeinsamen Unterpunkt zusammengefasst, weil in der Praxis diesbezüglich sehr oft Bedürfnis und Strategie miteinander vermischt oder gar verwechselt werden. Häufig zum Leidwesen unserer Hunde, wie ich finde. Denn vor allem, wenn wir Jagen als Bedürfnis sehen und Lernen, insbesondere „spielerisches Lernen", mit Spielen gleichsetzen, kommt das echte Spielen bei vielen Hunden viel zu kurz.

Spielen ist für Hunde so existenziell, dass fehlendes Spielverhalten sehr oft Hinweis auf eine Beeinträchtigung des Wohlbefindens gibt, beispielsweise durch Krankheit oder nicht artgerechte Haltungsbedingungen. Unterschieden wird zwischen Sozialspiel (Spielen mit Artgenossen oder anderen Lebewesen) und Objektspiel (Spielen mit „Spielsachen", allein [Solitärspiel] oder mit anderen). Als Spiel selbst werden Verhaltensweisen bezeichnet, die wahllos und durcheinander aus anderen Lebensbereichen (sogenannte Funktionskreise) herausgelöst und, scheinbar „sinnlos" aneinandergereiht, aus reinem Spaß an der Freude ausgekostet werden. Endhandlung und Ernstbezug fehlen bei der ganzen Sache, ein „Gefangener" wird also weder fest gebissen noch getötet oder gar aufgefressen, „Kämpfe" und „Jagden" sind nicht „echt". Ein weiteres sicheres Indiz für echtes Spiel ist die sogenannte Spielgestik: Bewegungen werden übersteigert gezeigt, die Tiere machen Spielgesichter oder zeigen immer wieder die berühmte Vorderkörpertiefstellung, auch Spielbogen genannt: Die ausgestreckten Vorderbeine und der Brustkorb werden platt auf den Boden gedrückt, das Hinterteil in die Höhe gereckt. Zugegebenermaßen kann Spiel in Ernst „umkippen". Vor allem Hunde, die einander nicht sehr vertraut sind, sollten beim Spielen deshalb beaufsichtigt werden, damit man im Fall der Fälle einschreiten kann. Solange aber alle Beteiligten mitmachen und ein scheinbares „Opfer" immer wieder zu den Spielpartnern zurückrennt und sich ins Geschehen einbringt, ist man zumeist auf der sicheren Seite und kann die Hunde machen lassen.

Der Ernst des Lebens

Im Gegensatz zum echten Spielen handelt es sich beim Jagen, Arbeiten und Lernen um den „Ernst des Lebens", auch wenn wir das nicht so wahrnehmen, weil uns wie auch unserem Hund die entsprechenden Aktivitäten Spaß machen. Wo aber fehlt bei noch so spielerischen Lektionen im Grundgehorsam, bei Obedience, Agility, Dogdancing und Trick-Dogging, bei „Schnüffelspielen", Dummytraining oder Bällchenwerfen schon mal der Ernstbezug, wo die Endhandlung? Wo wechseln die Rollen der Spielpartner? Bei welcher der genannten

Aktivitäten wird tatsächlich nichts (ab)gefordert, geübt oder gelernt, wo ist keine Aufgabe zu bewältigen, wo keine bestimmte Leistung zu erbringen? Nicht mal beim Bällchenwerfen ist das der Fall. Denn wenn Bello den Ball nicht zurückbringt und Herrchen suchen muss, ist das „Spiel" zumeist vorbei.

Ich habe bereits angesprochen, dass Jagen, Arbeiten und Lernen keine Bedürfnisse darstellen, sondern als Strategien zu betrachten sind. Bedürfnisse und Strategien werden sehr häufig miteinander verwechselt. Der Unterschied ist jedoch sehr bedeutsam. **Die GfK betrachtet Bedürfnisse als Offenbarungen des Lebens, die dem Erhalt und der Bereicherung des Lebens dienen. Bedürfnisse sind universell.** Das bedeutet, dass alle Lebewesen einer Art – manchmal auch artübergreifend, wie Mensch und Hund – die gleichen Bedürfnisse haben. Nur eben nicht überall und zur selben Zeit. Bedürfnisse sind also unabhängig von Zeit, Ort und Person. Da wir gerade dabei sind: **Werte stellen in der GfK Überzeugungen dar, wie das Leben zu seiner schönsten Entfaltung kommen kann.** Strategien stellen demgegenüber die verschiedenen Wege dar, mit denen ein Lebewesen die Erfüllung seiner Bedürfnisse (und Werte) erreichen kann. Zu jedem Bedürfnis (und jedem Wert) gibt es eine ganze Reihe von Strategien. Je mehr Strategien wir entwickeln, desto größer ist unsere Chance auf Bedürfnisbefriedigung.

Jagdverhalten

Wenden wir uns vor diesem Hintergrund zunächst dem Jagen zu. Jagen erscheint vordergründig als Bedürfnis, weil viele Hunde dieses Verhalten sehr ausgeprägt zeigen. So sprechen viele auch heute noch vom „Jagdtrieb". Neben dem „Jagdtrieb" werden Hunden noch eine ganze Reihe weiterer „Triebe" nachgesagt, etwa der „Futtertrieb", der „Schutztrieb" oder der „Geschlechtstrieb". Zeigen Hunde bestimmte

Verhaltensweisen scheinbar geradezu zwanghaft, werden sie vielfach als „triebig" bezeichnet. Die Idee vom „Trieb" basiert ursprünglich auf einem Denkmodell des Verhaltensforschers Konrad Lorenz, um die Gründe für tierliches Verhalten zu erklären. Einfach ausgedrückt stellte sich Lorenz vor, dass ein Tier durch seinen „Instinkt" innerlich permanent erregt werde und eine Art Gefäß sei, in dem sich diese Erregung staue. Treffe das Tier dann auf einen entsprechenden Auslöser, einen sogenannten „Schlüsselreiz", entleere sich die Erregung, sodass das Verhalten ausgeführt werde. Am Beispiel des Jagdverhaltens bedeutete das: Ein Hund wird durch seinen „Jagdinstinkt", seinen „Jagdtrieb", innerlich „gespeist". Wenn er dann auf einen hoppelnden Hasen als Auslöser trifft, entlädt sich der angestaute Jagdtrieb, er „läuft aus", und der Hund jagt den Hasen. Entsprechend folgerte Lorenz, dass es zu Verhaltensstörungen kommen kann, wenn es zu einem „Triebstau" kommt und das Tier seine „Triebe" nicht ausleben kann. (Erinnert Sie das an unseren Maschinenhund?)

Noch heute kann man sich mit Leuten, die von Lorenz' Triebmodell begeistert sind, stundenlang darüber streiten, ob Hunde nun von Trieben beseelt sind oder nicht. In der modernen Ethologie hat Lorenz' Triebmodell tatsächlich nur noch historische Bedeutung. Zuweilen scheint es zwar, als könne ein Hund gar nicht anders, als sich in bestimmter Weise zu verhalten (z. B. eben einem Hasen hinterherjagen).

Bei genauerer Betrachtung fällt allerdings auf, dass er sich in identischen Situationen durchaus unterschiedlich verhalten kann. Diesem Umstand trägt das Konzept der Handlungsbereitschaft Rechnung, welches heute zur Erklärung tierlichen Verhaltens herangezogen wird. Es stellt darauf ab, dass das Verhalten eines Tieres niemals allein von der Stärke eines äußeren Reizes bestimmt wird, sondern dass es vielmehr auch von inneren Faktoren abhängt. Das Verhalten eines

Hundes wird also sowohl von exogenen (äußeren) als auch endogenen (inneren) Faktoren beeinflusst, insbesondere von:

› Motivationen,
› Gefühlen,
› Erfahrungen,
› dem Erregungszustand,
› den Genen,
› dem Verhalten von anwesenden Artgenossen oder Menschen,
› Hormonen
› etc.

Deshalb kann Jagdverhalten auch durch Training beeinflusst werden. Und genau da liegt der Hase im Pfeffer, wie man so schön sagt. Bedürfnisse können durch Training nicht verändert werden. Sie sind einfach da, und zwar so, wie sie sind. Jagen ist jedoch eine Strategie, mit der sich ein Hund eine ganze Reihe von Bedürfnissen erfüllen kann. Spiel ist eines davon, und das trifft sogar auf die allermeisten Hunde zu. Deshalb sagen manche Forscher auch: *„Hunde jagen, Wölfe gehen auf die Jagd."* Wölfe gehen zur Jagd, wenn sie Nahrung brauchen („Nähren der physischen Existenz"), ansonsten machen sie sich einen „Bunten". Bei Hunden ist das zumeist ganz anders. Viele gehen ohne Sinn und Verstand an die Sache heran; ob sie Beute machen oder nicht, ist ihnen oft genauso egal wie die Frage, ob am Ende der Fährte, der sie gerade folgen, überhaupt Wild zu finden sein wird. Es gibt keinen Plan, nur sinnloses Gerenne, aus bloßem Spaß an der Freude. Erwischen solche Hunde tatsächlich Wild (was bei den meisten sehr unwahrscheinlich ist), neige ich persönlich dazu, das als echten „Wildunfall" zu qualifizieren, so wie Wild im Straßenverkehr ums Leben kommt. Tragisch ist insoweit allerdings, dass viele Hunde dann auf den Geschmack kommen und vom Spiel zu echter Jagd übergehen. Verantwortlich dafür ist das Wolfserbe unserer Hunde. Für den Beutegreifer und Fleischfresser Wolf ist die Jagd eine Überlebensstrategie. Die entsprechenden Gene sind mehr oder weniger in jedem Hund verankert, auch in den vermeintlich nicht jagenden Schoß- und Gesellschaftshunden. Hunde, die jagen, um wirklich Beute zu machen, versuchen nicht, sich durch Jagen ihr Spielbedürfnis zu erfüllen. Auch sie zielen wahrscheinlich wie der Wolf auf Nahrungserwerb ab (wenn auch vielleicht ganz unbewusst). Andere versuchen, sich durch Jagen das Bedürfnis nach Bewegung zu erfüllen, vielleicht auch das nach Autonomie, oder/und sogar das nach Gemeinschaft und Zusammengehörigkeit, wenn sie mit ihrem Menschen zusammen jagen dürfen.

Die Bedürfnisse, die sich der einzelne Hund durch Jagdverhalten zu erfüllen sucht, können damit grundverschieden sein. Wichtig wird das, wenn es um die Erfüllung dieser Bedürfnisse geht. Ein Hund, der sich durch Jagen etwa sein Spiel- und Bewegungsbedürfnis erfüllen möchte, muss nicht unbedingt und ausgerechnet jagen. Denn oft jagt er ohnehin nur, weil ihm auf dem Spaziergang langweilig ist, er sich mehr und schneller bewegen will oder Ähnliches. Entsprechend einfach ist es zumeist, solche Hunde mithilfe eines „Unterhaltungsprogramms" von ihrem problematischen Hobby abzubringen. Oft reicht es schon, ein Spielzeug mitzunehmen, das man gemeinsam (!) suchen kann, das man werfen und nach dem man um die Wette rennen kann, mit dem man zerren und Fangen spielen kann. Indem man gemeinsam schwimmen geht, joggen oder Fahrrad fahren oder indem man sich tatsächlich zum Agility oder Mobility etc. anmeldet. Wichtig dabei: Der Hund darf alles und muss nichts (Spiel!). Wenn Herrchen etwas geworfen hat, kann er also gern auch selbst losrasen und versuchen, es vor dem Hund zu erwischen. Olympischer Ehrgeiz in Sachen Sport ist ebenfalls eher fehl am Platze. Und: „Spieljäger" brauchen kein ausgeklügeltes Jagdersatztraining, ganz im Gegenteil (was jedoch nicht bedeutet, dass man Elemente aus der Jagd nicht ins Spiel einbringen könnte – Stichwort Schnüffelspiele, eben immer unter Beachtung der nicht erforderlichen Endhandlung und des fehlenden Ernstbezugs). Auch wenn ein „Spieljäger" das tollste Dummytraining absolviert, kann dabei sein Bedürfnis nach Spielen oder intensiver Bewegung unerfüllt bleiben. Das Training wird dann kaum zu einem Abflauen seiner „Jagdtendenzen" in der Freizeit führen. Anders sieht das bei Hunden aus, die sich durch Jagen „Wolfsbedürfnisse" zu erfüllen suchen. Sie sind tatsächlich Kandidaten für professionelle Jagdhundeausbildung bzw. ähnliche „Hobbys" (z. B. eben Dummytraining, ggf. sogar unter Verwendung von Echtfellen oder Echtfellbezügen). Für diese Hunde sind Endhandlung (Fangen, Apportieren etc.) und der Ernstbezug bei jeder jagdlichen Tätigkeit von großer Bedeutung. Jagdspiele sind für sie „Pillepalle" und „Kinderkram", weil sie nicht zur Erfüllung ihrer tatsächlichen Bedürfnisse beitragen.

Für das Arbeiten gilt dasselbe, zumal Arbeiten in vielen Fällen Jagen bedeutet, und das ganz gleich, ob es um Rettungshundearbeit, Mantrailing oder Schafehüten geht. Die Strategien, die ein Hund zur Erfüllung seiner Bedürfnisse wählt, werden vielfach von den Aufgaben beeinflusst, für die eine Rasse ursprünglich gezüchtet wurde. Rassen stecken dabei auch in jedem Mischling, und gerade in Sachen Jagen und Arbeiten bedeutet die Erfüllung der darunterliegenden Bedürfnisse zugleich Freude und Glück im Übermaß.

Das trifft nicht zuletzt auch auf das Lernen zu, vielleicht die zentrale Überlebensstrategie der meisten Lebewesen. Genau wie wir lernen Hunde praktisch in jedem Augenblick ihres Lebens und lebenslang. Um lernen zu können, brauchen sie jedoch individuell einen geeigneten Rahmen bzw. „Lerngelegenheiten". Solche gilt es zu schaffen, wenn wir wollen, dass unsere Hunde ganz bestimmte Dinge lernen, die für das Leben in der Menschenwelt bedeutsam sind. Ich komme noch einmal in einem eigenen Kapitel über das Lernen darauf zurück. Anders als wir haben Hunde oft weitaus mehr Muße, sich bestimmten „Studienobjekten" zu widmen, beispielsweise uns Menschen. Nicht wenige Hunde scheinen deshalb ihre Besitzer besser zu kennen als diese ihre Hunde. Dennoch halte ich es für wichtig, sich als Hundehalter stets daran zu erinnern, dass manche Dinge mehr Zeit und Gelegenheiten brauchen, um vom Hund gelernt werden zu können. Das betrifft vor allem die Dinge, die bei genauerer Betrachtung gegen die hundliche Natur sind. Nicht hinter Joggern herzujagen z. B., den Postboten auf dem Grundstück nicht zu attackieren oder sich Fressbares auf dem Bürgersteig nicht einzuverleiben. Nicht zuletzt ist der Alltag die wahre Schule des Lebens, auch für Hunde.

Kooperation und Kommunikation

Auch Kooperation ist eine Strategie und kein Bedürfnis. Auch für die Kooperation gilt, dass hier Bedürfnis und Strategie häufig verwechselt werden. Kooperation ist zugleich eng verwandt mit weiteren Strategien wie Partnerschaft, Freundschaft und Ähnliches. Solche Strategien erlauben es beispielsweise, sich über Rangverhältnisse hinwegzusetzen, wodurch einzelne, eigentlich rangniedrige Tiere Zugang zu Ressourcen erhalten, die ihnen aufgrund ihres niedrigen Ranges ansonsten gar nicht zuständen. Ranghohe Tiere können sich in Auseinandersetzungen mit ebenfalls ranghohen Artgenossen auf die Unterstützung ihrer Freunde verlassen und damit ihre Chancen auf einen Sieg erhöhen.

Kooperation ist für Hunde als hoch soziale Lebewesen ebenfalls eine zentrale Überlebensstrategie. Die Theorie vom „Überleben des Stärkeren" täuscht im ersten Augenblick darüber hinweg, denn sie suggeriert, dass in der Natur in erster Linie alle um alles konkurrieren. Wie vielen Hunden ist schon nachgesagt worden, sie hätten nur ein Lebensziel (dessen Erreichung es entsprechend zu verhindern gelte): die „Rudelführung" zu übernehmen und die Menschen zu unterwerfen. Es mag Hunde geben, auf die das tatsächlich zutrifft, aber das sind äußerst seltene Einzelfälle, und nach meinem Ermessen sind diese Tiere weder trainier- noch therapierbar. Mir selbst ist bislang nur ein einziger dieser Hunde begegnet. Ich bin überzeugt, dass soziale Lebewesen, zu denen Menschen ebenso gehören wie eben auch Hunde, im inneren Kreis weniger konkurrieren als vielmehr kooperieren. Menschen, Wölfe und Hunde sind Familientiere, und für Familientiere macht es in meinen Augen absolut keinen Sinn, mit Familienangehörigen und Freunden um irgendwelche Ressourcen zu streiten, wenn von allem genug da ist, wie bei uns zumeist der Fall. Im Gegenteil schanzt man sich dann gegenseitig eher diverse Kleinigkeiten zu und gibt sich insgesamt großzügig und rücksichtsvoll. Konkurrenz, Wettbewerb und manchmal auch Neid sind selbstverständlich da, aber nach meiner Beobachtung nehmen sie umso mehr ab, je näher man sich gefühlsmäßig steht, und sie nehmen zu, je weiter man voneinander entfernt ist. Keiner meiner Hunde „verteidigt" z. B. meine leckerligefüllte Gürteltasche gegen einen Freund, unabhängig davon, in welcher Familie dieser Freund lebt. Andere Hunde, die nicht als Freunde betrachtet werden, fangen sich dagegen schon mal eine Abfuhr ein, wenn ihr Blick verrät, dass sie auch gern was kosten würden. Hinzu kommt, dass die englische Grundmaxime „Survival of the fittest" mit „Überleben des Stärksten" falsch übersetzt und verstanden wird. Denn „fit" heißt eigentlich „angepasst" oder „geeignet" und bezieht sich nicht zuletzt auf „Herz und Grips", und das, was Arbeitgeber neudeutsch so schön „Softskills" nennen, wie z. B. Teamfähigkeit, Einfühlungsvermögen oder Qualitäten, die andere für sie einnehmen, sie vielleicht gar dazu bringen, freiwillig ihr

Bestes zu geben (Führungstalent). Ein Hund, dem „Softskills" völlig abgehen, der über keinerlei emotionale Intelligenz verfügt, wird in einer Hundegesellschaft ebenso ausgegrenzt wie sein menschliches Pendant unter Menschen. Das bemerke ich in der Hundeschule immer wieder, wenn ein neuer Hund mit wenig Übung in hundlichem Sozialverhalten in eine Gruppe integriert werden soll. Gleiches geschieht mit dem, der sich unabhängig davon „danebenbenimmt", also nicht kooperiert. Kooperation ist insoweit auch eng verknüpft mit Gerechtigkeitsempfinden und Empathie.

Bedeutung von Kooperation

In der Ethologie werden verschiedene „Erscheinungsformen" von kooperativem Verhalten unterschieden. Zum einen bedeutet Kooperation **„Zusammenarbeiten, um ein gemeinsames Ziel zu erreichen, das einer allein nicht erreichen könnte".** Genau das versteht man unter Gegenseitigkeit. Wölfe, die gemeinsam einen Elch erlegen, kooperieren in diesem Sinne der Gegenseitigkeit. Wer mit seinem Hund spielt oder Dummytraining, Agility oder ähnlichen Freizeitaktivitäten frönt, die Hund und Besitzer gleichermaßen fordern und nützen, tut das entsprechend. Auf Gegenseitigkeit basiert auch eine Vielzahl von „Hundeberufen", denken wir nur an Jagd- oder Hütehunde. Eine weitere Form der Kooperation ist Wechselseitigkeit: **„Tust du mir Gutes, tu ich dir das auch."** Das wahrscheinlich am besten erforschte Beispiel für Wechselseitigkeit ist soziale Körperpflege. Dabei lausen sich nicht nur Affen, wie jeder weiß, der schon einmal „knutschende" Hunde beobachtet hat oder von seinem Vierbeiner ausgiebig geputzt wurde. Soziale Körperpflege wird oft als Grundlage für kooperatives Verhalten gesehen, denn sie fördert die emotionale Bindung zwischen Individuen und stärkt soziale Beziehungen. Zumindest, wenn sie nicht nur hingenommen, sondern genossen wird. Es gibt sogar bestimmte körpereigene Eiweißstoffe, sogenannte endogene Opioide, die Bindung und kooperatives Verhalten zu fördern scheinen: Sinkt der Gehalt an endogenen Opioiden im Gehirn, sucht das betroffene Tier Sozialkontakt. Positive Kontakte führen dann zu einem Anstieg der Eiweißstoffkonzentration und damit verbunden zu einem Gefühl der Euphorie, wie Marc Bekoff beschreibt. Es fühlt sich also „gut" an, zu kooperieren. Vielleicht ist aus genau diesem Grund so vielen Menschen ein „gutes Arbeitsklima" im Job so enorm wichtig und, wenn es fehlt, ein guter Grund zu kündigen.

Ebenfalls kooperativ ist Altruismus, der in der Ethologie so verstanden wird, dass ein Verhalten dem altruistischen Tier Nachteile, dem begünstigten aber Vorteile bringt. Altruistisch könnte das Futterzutragen sein, das man bei Wölfen beobachten kann, wenn sie ein verletztes Rudelmitglied versorgen. Marc Bekoff berichtet eine ähnliche Episode von zwei Hunden, wobei der eine dem angeketteten anderen seinen Fleischknochen brachte. Beide Beispiele könnten jedoch auch auf Wechselseitigkeit beruhen, wenn frühere „gute Taten" des jeweils anderen „vergolten" wurden. Ich finde es auch altruistisch, wenn ein Hund einem kleineren oder jüngeren Kumpel sein Futter überlässt, nur weil der auf „besonders hungrig" macht. Was hat er davon, außer einem knurrenden Magen und angesichts der Tatsache, dass der „Kleine" zumeist nicht einmal mit ihm verwandt und auch kein potenzieller Paarungspartner ist? Viele kooperative Verhaltensweisen lassen sich übrigens unter spielenden Hunden beobachten, wie vor allem Marc Bekoff immer wieder eindrucksvoll beschreibt. Auch das oft unerwünschte Bellen am Zaun oder beim Klingeln an der Tür ist nach meinem Ermessen oft Kooperation. Denn „Alarmgeber" ziehen die Aufmerksamkeit des Feindes auf sich und lenken so von anderen Gruppenmitgliedern ab. Nach der sogenannten Handicap-Theorie tun manche rangniedrigen Tiere das vermehrt und bewusst, um ihren sozialen Status innerhalb der Gruppe zu erhöhen. Auf meinen persönlichen „Alarmhund" Bummi könnte das tatsächlich zutreffen. Wie weit Kooperation bei Hunden aber tatsächlich geht, ist wissenschaftlich leider noch nicht einmal ansatzweise erforscht. Insbesondere weiß man nicht, ob Hunde zu „generalisierter Wechselseitigkeit" fähig sind. Generalisierte Wechselseitigkeit bedeutet, dass man tendenziell öfter einem fremden Individuum hilft, wenn einem selbst schon einmal ein Fremder geholfen hat. Wer an der Supermarktkasse manchmal Leute mit nur einem oder zwei Produkten vorlässt, weil ihm selbst solche Freundlichkeit auch schon zuteil wurde, hat ein Beispiel dafür. Bei Ratten hat man generalisierte Wechselseitigkeit bereits nachgewiesen: Ratten drückten im Experiment häufiger einen Hebel, um einem fremden Artgenossen Futter zu bescheren, wenn ihnen auch schon einmal eine fremde Ratte diesen Dienst erwiesen hatte. Mich persönlich würde es nicht überraschen, wenn auch Hunde zu generalisierter Wechselseitigkeit fähig wären, Artgenossen ebenso wie Menschen gegenüber.

Erfüllung von Bedürfnissen
Durch Kooperation bzw. auch Partnerschaft können sich Hunde zahlreiche Bedürfnisse erfüllen: beispielsweise Spielen, Nahrungserwerb im weitesten Sinne, Nähe, Gemeinschaft, Bereicherung des Lebens, Sicherheit, Empathie (vielleicht sogar Liebe), Geborgenheit, Unterstützung, Vertrauen, Zugehörigkeit, Bewegung, Körpertraining, Ruhe, Unterkunft, Körperkontakt, Freude, Harmonie, Ordnung, Frieden, Status. Gleiches gilt für Kommunikation, die ebenfalls eine Strategie darstellt und mit Kooperation eng verbunden ist. Vor dem Hintergrund, dass Kooperation und Kommunikation für unsere Hunde so zentrale Bedeutung besitzen, glaube ich, dass wir vor allem im Hundetraining und in der Hundeerziehung das Wort „konditionieren" sehr reglementiert verstehen. Vielleicht wiederum aufgrund unserer Vorstellung vom Maschinenhund. Wir scheinen zu glauben,

dass Konditionierung bei unseren Hunden über Lernen im Sinne von *„Ich habe verstanden"* hinausgehen muss, um in unseren Hunden eine Art Zwang hervorzurufen, der bewirkt, dass der Hund gar nicht mehr anders reagieren kann als in der gewünschten Weise. Tatsächlich geschieht genau das, wenn Gelerntes ausreichend oft wiederholt wird. In der Verhaltenstherapie verfügt man deshalb mit dem Wissen um Konditionierungsprozesse über ein außerordentlich machtvolles und unverzichtbares Handwerkszeug. Durch Konditionierung lässt sich beim Hund automatisiertes Verhalten etablieren, was im Einzelfall absolut Sinn machen kann, in den allermeisten Fällen aber keineswegs notwendig ist. Ist ein Verhalten automatisiert, überlegt der betroffene Hund nicht mehr, ob es z. B. bei „sitz" Sinn macht, sich hinzusetzen, er tut es automatisch, zwanghaft. Salopp ausgedrückt befindet sich der Hundehintern schon auf dem Boden, noch ehe dem Hund bewusst wird, was er da tut. Wie gesagt kann das im Einzelfall absolut Sinn machen, insbesondere, wenn wir an Abbruchsignale wie „Nein" denken oder an die Veränderung von unerwünschtem Verhalten. Ein Hund, der sich, um beim Beispiel „sitz" zu bleiben, automatisch hinsetzt, wenn er ein Pferd oder einen Jogger sieht, kann gleichzeitig nicht hinter dem Pferd oder dem Jogger herlaufen. Das automatisierte „sitz" stellt sich bei entsprechendem Training früher oder später auch bei Hunden ein, die Pferde oder Jogger scheinbar immer automatisch jagen müssen (Impulskontrolle). In meinen Augen ist es in den allermeisten Fällen jedoch keineswegs notwendig, automatisiertes Verhalten zu etablieren, denn ich bin überzeugt, dass die meisten Hunde einfach deshalb tun, was wir möchten, wenn und weil sie durch Kooperation und Kommunikation mit uns praktisch umfassende Bedürfnisbefriedigung erreichen.

Versöhnung

Eine bedeutsame Strategie unserer Hunde, die erst in jüngerer Zeit stärker ins Zentrum der Aufmerksamkeit rückt, ist Versöhnung. Sehr schön lässt sie sich unter befreundeten Hunden beobachten, wenn beide in einen Streit verwickelt waren, einer dem anderen versehentlich wehgetan oder ihn durch ein sogenanntes Abbruchsignal in seine Schranken verwiesen hat. Abbruchsignale können dabei sehr unterschiedlich sein. Die meisten sind visueller oder akustischer Art: ein direkter, „strenger" Blick, eine Distanzunterschreitung, ein Wuffen, ein Abschnappen. Zuweilen wird auch mal gerempelt oder „plattgemacht", wobei einer den anderen zu Boden wirft und erst wieder aufstehen lässt, wenn jedes Gehampel und Gestrampel aufgehört hat. Auffällig ist, dass nach solchen Abbruchsignalen häufig unmittelbar Versöhnungssignale gezeigt werden, insbesondere vonseiten des Gewinners der Auseinandersetzung bzw. vom Ranghohen gegenüber dem Rangtieferen. Das dürfen wir uns als „ranghohe Hundehalter" nach meiner Überzeugung durchaus hinter die Ohren schreiben. Versöhnungssignale bestehen zumeist in kleinen Zärtlichkeiten (insbesondere „Schnauzenzärtlichkeiten") oder auch Spielsequenzen und bringen zum Ausdruck, dass man den anderen trotz einer Plänkelei, der „Negativäußerung" oder „verbalen Verletzung" als wertvolles Mitglied der Gruppe betrachtet und ihn weiter in den eigenen Reihen haben möchte. Ich glaube sogar, dass Versöhnungssignale im Einzelfall durchaus auch als Signale im Sinne von *„Es tut mir leid"* gemeint sein könnten.

Balance finden

Ganz gleich, ob es um unsere Bedürfnisse oder die unseres Hundes geht: Werden Bedürfnisse nicht erfüllt, rufen sie die entsprechenden Gefühle hervor. Uns Menschen schmerzt es sogar, wenn unsere Bedürfnisse unerfüllt bleiben, und vielleicht spüren unsere Hunde etwas Ähnliches. Manche zeigen unerwünschtes Verhalten oder entwickeln gar Verhaltensstörungen, wenn ihre hundlichen Bedürfnisse ungenügend berücksichtigt werden. Manche Hunde fügen sich sogar selbst Verletzungen zu, lecken und beknabbern z. B. Beine oder Pfoten, bis die Haut wund ist und blutet. Menschen, der Anteil junger Mädchen und Frauen ist unter ihnen besonders hoch, schneiden und verletzen sich zuweilen ebenfalls, wenn psychische Not so groß ist, dass es eines anderen Schmerzes bedarf, um sie kurzfristig zu betäuben. Für mich ist interessant, dass es im Prinzip kaum Unterschiede hinsichtlich der Bedürfnisse von Mensch und Hund gibt. Diese Verwandtschaft der Bedürfnisse mag der Grund gewesen sein, der den Hund so nahe an uns herangerückt hat. Kein anderes Haustier ist uns ähnlicher, kein anderes ließ und lässt sich stärker durch uns beeinflussen. Die Sache mit den Bedürfnissen hat jedoch einen Haken:

Mögen die Bedürfnisse von Mensch und Hund einander grundsätzlich sehr ähnlich sein, die individuellen Bedürfnisse können beim einzelnen Hund und beim einzelnen Menschen weit auseinandergehen. Finden dieser Hund und dieser Mensch in ihrer Gemeinschaft zu keinem Konsens, was die beiderseitige Erfüllung der Bedürfnisse betrifft, gelingt auch keine erfüllende und glückliche Mensch-Hund-Beziehung. Weder der Mensch noch der Hund werden dann im Hinblick auf ihr Zusammenleben zufrieden sein.

Mit dem „Spielbogen" kommuniziert Eddy ein Bedürfnis: Er möchte spielen – ein Spielzeug hat er schon parat.

Im Spiel lassen sich viele kooperative Verhaltensweisen beobachten.

Spielsignale wie etwa „Spielgesichter" kommunizieren dem Spielpartner, dass (noch immer und weiterhin) gespielt wird, auch wenn Verhaltensweisen aus Kampf oder Beutefang eingebracht werden.

Dabei finden Konflikte nicht etwa auf der Ebene der Bedürfnisse statt. **Konflikte entbrennen rund um die verschiedenen Strategien, die wir wie auch unser Hund wählen, um uns unsere jeweiligen Bedürfnisse zu erfüllen.** Welche Strategien wir wählen, hängt von unseren sozialen Kompetenzen sowie von unseren biografischen und kulturellen Hintergründen ab. Wechselwirkungen gibt es zu unseren Werten.

Bei unseren Hunden ist es ähnlich: Welche Strategien sie wählen, wird ebenfalls von den sozialen Kompetenzen des jeweiligen Hundes bestimmt, daneben aber auch von seiner biografischen und rassebedingten „Ausstattung", von seinen Werten und seinem Wolfserbe. Sowohl bei Menschen als auch bei Hunden kann es vorkommen, dass Strategien gewählt werden, die für die tatsächliche Bedürfnisbefriedigung kontraproduktiv sind. Bei uns geschieht das leicht, wenn wir uns unbewusst auf bestimmte Strategien versteifen. Wenn wir in unserem Bedürfnis nach Verständnis und Empathie z. B. vor uns hin jammern, niemanden sonst zu Wort kommen lassen, Essen in uns hineinstopfen, herumschreien oder uns beleidigt zurückziehen, stehen die Chancen gut, dass wir in Sachen Verständnis und Empathie leer ausgehen. Unseren Hunden oder auch kleinen Kindern passiert dergleichen oft in Bezug auf das sogenannte „aufmerksamkeitsheischende" Verhalten. Der Hund oder das Kind brauchen vielleicht nichts als Nähe, Spiel oder Unterstützung – schlicht tatsächlich Aufmerksamkeit als „sekundäres Sammelbedürfnis". Doch wenn sie Strategien wählen wie Bellen, An- oder Herumspringen, Zerkauen von Gegenständen (Hund) oder Schreien, Toben, Nörgeln und Jammern (Kind), bekommen sie trotz der „Aufmerksamkeit", die ihnen dann zuteil wird, nicht das, was sie eigentlich brauchten. Zumindest dann nicht, wenn ihnen genervte Wut, Brüllerei, Ignorieren oder gar Strafen entgegenschlagen, weil Herrchen oder Frauchen bzw. Mama und Papa ebenfalls mit unbewussten Strategien reagieren. Nicht zuletzt, weil sich ihre Bedürfnisse oder

Werte (darunter auch „Erziehungsziele") gerade nicht erfüllen. Wenn wir unbewusst auf Strategien anderer reagieren, spielen oft Konditionierungsprozesse eine Rolle. Dann reagieren wir automatisch mit Wut oder können gar nicht anders als die „Erziehungsfehler" unserer Eltern bei den eigenen Kindern zu wiederholen. Das Schwierige bei Hunden und Kindern: Sie können nicht „in sich gehen" und ihre bevorzugten Strategien hinterfragen, wie es die meisten erwachsenen Menschen können. In ihrer Verzweiflung angesichts ihrer unerfüllten primären Bedürfnisse geben sie sich im schlimmsten Fall mit der „negativen" Aufmerksamkeit zufrieden und nehmen Brüllerei, Ärger und manchmal gar eine Tracht Prügel in Kauf, nur um gesehen und wahrgenommen zu werden. Wer es schafft, sich in den Hund oder das Kind empathisch einzufühlen und seine Bedürfnisse wahrzunehmen, dem gelingt es auch, alternative, zielführende Strategien aufzuzeigen und gemeinsam einzuüben. Und indem sich die Bedürfnisse von Hund oder Kind in der Folge erfüllen, erfüllen sich schließlich auch die damit verbundenen Bedürfnisse oder Werte der Hundebesitzer bzw. der Eltern. Denken wir nur noch mal an die besagten „Erziehungsziele". Allerdings darf bei allem nicht unerwähnt bleiben, dass sich tatsächlich nie alle Bedürfnisse und Werte erfüllen lassen. Es wird immer wieder vorkommen, dass das eine oder andere Bedürfnis unerfüllt bleibt. Auch wenn es in der GfK darum geht, maximale Bedürfnisbefriedigung zu erreichen, ermutigt sie in Sachen unerfüllbare Bedürfnisse dazu, auch „negative" Gefühle zuzulassen, zu bedauern und zu betrauern, wie unangenehm das auch sein mag. Gefühle wie Wut, Traurigkeit, Verzweiflung etc. sind nicht dazu da, möglichst schnell „weggemacht" zu werden. Sie gehören genauso zum Leben dazu wie all die angenehmen Gefühle, die wir „positiv" finden.

Ein Mensch, der in einer Beziehung lebt, in der seine
Bedürfnisse gänzlich oder zum großen Teil unerfüllt bleiben,
leidet unter den entsprechenden Gefühlen, von Traurigkeit
über Frustration und Wut bis hin zu Hoffnungslosigkeit. Für
Hunde als fühlende Wesen gilt aus meiner Sicht dasselbe.
Inwieweit die jeweiligen Bedürfnisse erfüllt sind, bestimmt für
Menschen wie Hunde den Grad ihrer Beziehungsqualität.

Individuelle Bedürfnisse des Hundehalters

Die Psychologin Silke Wechsung hat eine umfassende und aufschluss-
reiche Studie realisiert und herausgefunden, dass sich aus den individuellen Bedürfnissen eines Menschen ableiten lässt, wie zufrieden
nicht nur er, sondern auch sein Hund innerhalb der Beziehung sind
oder sein werden, wenn die Anschaffung eines Hundes erwogen wird.

Erinnern wir uns zunächst an den Grundgedanken der GfK: **Was
immer wir sagen oder tun, stellt den Versuch dar, uns Bedürfnisse
zu erfüllen.** Das gilt auch für Hundehaltung bzw. den Wunsch, einen Hund anzuschaffen. Hundehaltung ist für viele Menschen eine
Strategie, sich Bedürfnisse zu erfüllen. Wir unterscheiden uns lediglich hinsichtlich der individuellen Intensität unserer jeweiligen
Bedürfnisse und der Gewichtung der Vor- und Nachteile, die wir
mit der Haltung unseres oder eines Hundes verbinden. Wechsung
hat insgesamt neun Faktoren ermittelt, die unterschiedliche Motive
hinsichtlich der Haltung eines Hundes widerspiegeln:

1. Emotionale Nähe und Freundschaft:
› mit dem Hund schmusen und sich um ihn kümmern zu können,
› einen Freund zu haben, der um einen herum ist,
› mit dem Hund spielen und reden zu können.

2. Geselligkeit und Lebensfreude:
> mit dem Hund einen ständigen Begleiter zu haben und weniger allein zu sein,
> mit dem Hund jemanden zum Liebhaben zu haben,
> das Gefühl zu haben, gebraucht zu werden,
> vom Hund Freude am Leben zu bekommen und Ablenkung vom Alltag.

3. Verständnis, Treue und Dankbarkeit:
> mit dem Hund jemanden zu haben, der die persönlichen Probleme versteht,
> der dankbar ist,
> dem man alles anvertrauen kann,
> der treuer ist als die meisten Menschen.

4. Prestigevermittlung und Kontaktförderung:
> sich mit anderen über den Hund unterhalten und Fotos zeigen zu können,
> durch Schönheit oder Besonderheiten des Hundes aufzufallen,
> wegen des Hundes anerkannt und geachtet zu werden,
> durch den Hund andere Leute kennenzulernen,
> ein gemeinsames Gesprächsthema mit dem Partner zu haben,
> durch den Hund das eigene Selbstbewusstsein zu stärken.

5. Gesundheitsförderung und Naturverbundenheit:
> durch den Hund öfter an der frischen Luft zu sein,
> mehr Bewegung zu haben,
> naturverbundener zu leben,
> dem Tag eine Struktur zu geben.

6. Ersatz zwischenmenschlicher Kontakte:
> der Hund ist wichtiger als Freunde und Familie und verdient ebenso viel Respekt wie Menschen.

7. Verantwortungsförderung und Spielpartner für Kinder:
> damit die Kinder durch den Hund Verantwortungsgefühl, Rücksichtnahme und Toleranz lernen (Erziehungsunterstützung),
> damit die Kinder einen Spielgefährten haben.

8. Beschäftigung und Erfolgserleben:
> den Hund trainieren und ausbilden zu können,
> dem Hund etwas beibringen zu können,
> Macht auszuüben und Abhängigkeit zu erleben.

9. Schutz und Sicherheit:
> mit dem Hund jemanden zu haben, der einen beschützt.

Nicht alle diese Bedürfnisse bzw. Werte lassen sich mit den Bedürfnissen von Hunden vereinbaren. Entsprechend deckte Wechsung auf, dass die Qualität einer Mensch-Hund-Beziehung tendenziell niedriger ist, wenn der Hund vorrangig bestimmte Funktionen erfüllen soll, beispielsweise Spielpartner der Kinder oder Beschützer zu sein oder auch für Anerkennung und größeres Selbstbewusstsein zu sorgen. Verfolgten die Menschen Bedürfnisse, die sich mit den Bedürfnissen ihrer Hunde deckten, beispielsweise mehr an der frischen Luft zu sein, mit dem Hund einen Freund zu haben, mit ihm spielen zu können oder die Kinder Rücksichtnahme zu lehren, zeigte sich eine höhere Beziehungsqualität. Wechsung deckte noch weitere menschliche Bedürfnisse auf, deren Erfüllung fast zwangsläufig dazu führt, dass auch die Bedürfnisse eines Hundes befriedigt werden, darunter z. B. das Bedürfnis,

> sich im Vorfeld der Anschaffung des Hundes genau über die Bedürfnisse und Besonderheiten von Hunden zu informieren,
> Lebensumfeld, berufliche und familiäre Situation auf Hundekompatibilität abzuklopfen,
> sich hinsichtlich des Verhaltens von Hunden weiterzubilden,
> sich in den Hund hineinzuversetzen und ihn zu beobachten,
> den Hund überallhin mitzunehmen, auch in den Urlaub,
> den Hund so zu erziehen und zu führen, dass er andere Menschen nicht beeinträchtigt,
> den Hund mit nicht aversiven Methoden, sondern mit Spaß zu erziehen bzw. auszubilden,
> Kontakte zu gleichgesinnten „Hundenarren" zu knüpfen.

Wechsung hat auch die Psychologie der Partnerwahl unter Menschen hinsichtlich der Übertragbarkeit auf Mensch-Hund-Beziehungen untersucht. Danach versuchen Hundehalter mit der Anschaffung eines Hundes maximale Bedürfnisbefriedigung zu erreichen. Ob sich Menschen dabei einen Hund aussuchen, der zu ihnen passt und die an ihn gerichteten Erwartungen erfüllen kann, ist von den Kenntnissen des Hundehalters hinsichtlich des Charakters des Hundes, Hundeverhalten und Rassebesonderheiten abhängig. Nur mit diesem Hintergrundwissen kann ein Mensch abschätzen, ob die Bedürfnisse des ausersehenen Hundes mit seinen eigenen Bedürfnissen kompatibel sind. Interessant ist Wechsungs Hinweis, dass sich psychisch gesunde Menschen unter diesen Voraussetzungen Hunde aussuchen, von denen sie glauben, dass ihre Bedürfnisse kompatibel sind. Problembelastete Menschen oder Personen mit psychischen Auffälligkeiten wie Ängsten oder geringem Selbstbewusstsein neigen hingegen dazu, sich Hunde auszusuchen, die ihrem Ich-Ideal am ehesten entsprechen und scheinbar Charakteristika mitbringen, die der jeweiligen Person selbst fehlen.

In der GfK erkennen wir an, dass es uns niemals gelingen wird, unsere Bedürfnisse auf Kosten der Bedürfnisse eines anderen zu erfüllen, sei dies nun ein Mensch oder ein Hund.

Wenn wir das dennoch erwarten, geraten wir leicht in einen regelrechten Teufelskreis: Ein ehemaliger Klient z. B., ein älterer Herr mit Bandscheibenproblem und pubertierendem Bearded Collie aus einer Linie von Agility-Champions, fand es geradezu ungeheuerlich und in höchstem Grade sinnlos, dass die Hunde in meiner Hundeschule in etwa der Hälfte der Zeit frei spielen und sich miteinander beschäftigen, während wir sie beobachten. Grundgehorsam steht zwar auch auf dem Programm, das Training des Sozialverhaltens halte ich jedoch für nicht minder wichtig. Außerdem möchte ich, dass meine Klienten ihre Hunde zu lesen lernen, erkennen, was ein Hund fühlt oder „sagt", wenn er in einer bestimmten Situation dieses oder jenes tut. Da ich mit weitgehend stabilen Gruppen arbeite und die Gruppen so zusammenzustellen versuche, dass die einzelnen Hunde charakterlich zueinanderpassen, entwickeln sich unter den Hunden oft Freundschaften, und die Hunde haben Spaß in der Hundeschule. Die Bedürfnisse dieses Klienten gingen in eine ganz andere Richtung. *„Der (Hund) soll sich nicht amüsieren, der soll an der Leine gehen"*, war seine Devise. Meine Argumentation, dass der Hund erst dann aufhören würde, Probleme zu machen, wenn er sein Bedürfnis nach Sozialkontakt, Spiel, Bewegung etc. regelmäßig erfüllen könne, konnte oder wollte er nicht nachvollziehen. *„Wir gehen jeden Tag mit ihm im Tiergarten spazieren, da hat er Auslauf und trifft auch andere Hunde"*, lautete die Antwort. Mit: *„Aber nicht, wenn er an der 5-Meter-Flexi-Leine hängt"*, habe ich ihn, glaube ich, vergrault. Vielleicht wäre es anders gelaufen, wenn ich bereits mit der GfK vertraut gewesen wäre. Ich bin jedoch nicht sicher, ob sich dieser Klient darauf eingelassen hätte.

Anforderungen an tierliches Wohlbefinden

Nach meinem Ermessen genügt es für den Aufbau einer glücklichen Mensch-Hund-Beziehung nicht, sich auf einzelne gemeinsame Bedürfnisse zu beschränken, sich quasi die Rosinen aus den vielen Bedürfnissen eines Hundes herauszupicken und dann anzunehmen, dem Hund ginge es gut. Bei sogenannten „Gebrauchshunden" beobachte ich das zuweilen, bei manchen jagdlich geführten Hunden zum Beispiel, die zwar jedes Wochenende jagen dürfen, ansonsten aber im Zwinger hocken, kaum spazieren geführt werden, selten oder gar keine Artgenossen treffen und mit denen auch nicht gespielt wird, Letzteres gar in der irrigen Annahme, es würde den Hund „versauen". Auch manche Schäfer-Hunde teilen dieses Schicksal, viele Ausstellungs- und Zuchthunde, Wach- und Schutzhunde, zum Teil sogar Therapiehunde, „Agility-Hunde" und andere, die angeschafft wurden, um für ihre Menschen einen Job zu machen oder ein Hobby zu teilen. Auch reine Familienhunde können betroffen sein, denn ich bezweifle, dass es einem Hund tatsächlich gut geht, wenn er zwar ausreichend Futter und Wasser, Schmusestunden und einen Schlafplatz im Haus hat, sein Ausdrucksverhalten aber missdeutet wird, er nicht über den Garten hinaus kommt oder sein Mensch meint, alle Auseinandersetzungen mit Artgenossen müsse er „selbst klären". Wohlbefinden verlangt ganzheitliche Bedürfnisbefriedigung, was nicht nur der gesunde Menschenverstand nahelegt, sondern auch das britische Farm Animal Welfare Council (FAWC), das die Anforderungen an tierliches Wohlbefinden an fünf Parametern misst:

1. Fehlen von Durst, Hunger und Fehlernährung,
2. Fehlen von Unannehmlichkeiten durch angemessene Unterbringung,
3. Fehlen von Schmerz, Verletzung und Krankheit durch Prävention und unverzügliche Behandlung,

4. Vermögen, normales Verhalten ausleben zu können, indem ausreichend Platz, tiergerechte Einrichtungen und Gesellschaft von Artgenossen gegeben sind,

5. Fehlen von Ängsten und Stress durch Haltungsbedingungen, die Leiden verhindern.

In Bezug auf Hunde finden sich diese Anforderungen auch in der deutschen Hundehalterverordnung wieder, die sicherstellen soll, dass Hunde ihren Bedürfnissen gemäß gehalten werden. In ihren Einzelheiten geht die Verordnung weitreichender und konkreter als das Tierschutzgesetz auf hundliche Bedürfnisse ein. Dennoch bleibt vieles offen, weil Hunde nicht zuletzt aufgrund von Rassezugehörigkeiten und individuellen Besonderheiten so verschieden sind. Ein Chihuahua hat andere Bedürfnisse als ein Border Collie, eine Dogge andere als ein Beagle. Lotti hat auch noch andere Bedürfnisse als Bummi oder Elsa, obwohl alle drei Cockerspaniels sind. Selbst Wurfgeschwister sind verschieden. Gut gemeinte Ratschläge, eine Flut von Hunderatgeberliteratur und diverse Verordnungen sind uns nicht unbedingt eine Hilfe, wenn wir den individuellen Bedürfnissen unseres Hundes auf den Grund gehen wollen. Mensch-Hund-Beziehungsarbeit bedarf der Wissensanhäufung, eröffnet aber gleichzeitig ein weites Feld für individuelle Beobachtungen und Experimente. Wir müssen nur wollen.

Abschied vom „Müssen" – die Erste

Es gibt diesen schönen Spruch, dass auch Ratschläge Schläge sein können, und obwohl das Erteilen von Ratschlägen zu meinem Job gehört, finde ich, da ist etwas Wahres dran. Die Erkenntnis darüber, was wir hätten tun können und nicht getan haben oder taten und besser nicht getan hätten, kann uns Tränen in die Augen treiben. Vielleicht besitzt das Wort „müssen" für uns deshalb eine so große Macht.

Wenn wir an unsere Hunde denken, „müssen" wir anscheinend eine Menge, gerade wenn es um die Erfüllung der Bedürfnisse unseres Hundes geht. Außerdem müssen wir dafür sorgen, dass andere Menschen in Gegenwart unseres Hundes nicht beeinträchtigt werden, sich wohlfühlen. Wenn wir es allerdings genau betrachten, müssen wir tatsächlich gar nichts: Sind unsere Werte und Bedürfnisse mit denen des Hundes und mit denen anderer Menschen vereinbar, müssen wir nicht(s) mehr, sondern wir wollen.

Der Weg zum „Wollen"

Der Weg zum echten Wollen läuft sich nicht im Vorbeigehen. Zunächst hilft es, sich bewusst zu machen, welche Wirkung mit „müssen" verbunden ist: Wer etwas muss, macht sich verantwortlich dafür, dass ein anderer ein bestimmtes Gefühl hat, betont Rosenberg. Wenn der andere Freude empfindet, könnten wir uns darüber ebenfalls freuen, vorausgesetzt, er freut sich nicht auf unsere Kosten. Wenn wir allerdings vermeintlich dafür gesorgt haben, dass der andere enttäuscht, frustriert, verzweifelt oder wütend ist, werden wir uns selbst vermutlich eher mies fühlen, schuldig, uns vielleicht sogar schämen. Wenn wir unter der Flagge „müssen" segeln, glauben wir uns genötigt, immer und überall dafür sorgen zu müssen, dass alle glücklich sind, so Rosenberg. Sieht einer dann mal gar nicht glücklich aus, ganz gleich, ob Mensch oder unser Hund, fühlen wir uns verpflichtet, etwas dagegen zu tun, „das Problem" in Ordnung zu bringen. Unsere eigenen Bedürfnisse stellen wir dabei hintenan. Wie das geht, lernen wir schon sehr nachhaltig in Kindertagen.

Marshall Rosenberg nennt diesen Zustand emotionale Sklaverei und weist darauf hin, dass durch emotionale Sklaverei gerade die, die uns am nächsten stehen, zu einer regelrechten Last für uns werden können. Auch unseren Hund nehmen wir so leicht als Last wahr und nicht als die Bereicherung, die wir ursprünglich meinten, uns anzuschaffen. Wir erfüllen uns dann beispielsweise nicht das Bedürfnis, uns in der freien Natur zu bewegen, sondern „müssen" mit unserem Hund spazieren gehen. Dabei spielt auch eine Rolle, dass wir zuweilen nicht wagen, zu unseren Bedürfnissen zu stehen, aus welchen Gründen auch immer. Aus der emotionalen Sklaverei können wir jedoch heraus und zu emotionaler Befreiung finden. Zwischen diesen beiden Polen befindet sich eine Übergangsphase, die Rosenberg rebellisches Stadium nennt. Hier wird uns klar, dass und wie teuer wir dafür bezahlen, andere auf unsere Kosten zufriedenzustellen, eigene Bedürfnisse zu unterdrücken und uns vielleicht sogar aufzuopfern. Der Verzicht kann uns zunächst traurig machen, ziemlich sicher werden wir aber irgendwann richtig wütend. Kommt uns dann auf dem Hundespaziergang der ängstliche Jogger mit seinem Gemotze vom Leinenzwang entgegen, poltern wir befreit etwas von „seinem" Problem zurück oder davon, dass man auch mal ein paar Schritte gehen kann, wenn man einen Hund kommen sieht. Auch der Hund kann Ziel unseres Ärgers werden und sich eine heftige Abfuhr einhandeln, wenn er etwa schwanzwedelnd mit seinem Ball im Fang vor uns steht oder an der Leine von einem Baum zum nächsten zerrt. Vielleicht entscheiden wir uns sogar, den Hund wegzugeben. In jedem Fall aber sind wir im rebellischen Stadium nicht mehr bereit, unsere eigenen Bedürfnisse zu unterdrücken.

Das rebellische Stadium ist geprägt von einem gewissen Trotz, wir trotzen der Versuchung, uns für die Gefühle anderer verantwortlich zu machen. Gleichzeitig brauchen wir noch etwas Zeit, um zu lernen, bei allem rücksichtsvoll zu agieren. Zudem gilt es Reste von Angst, Schuld und Scham zu überwinden, wenn wir uns auf die Suche nach unseren Bedürfnissen begeben. Emotionale Befreiung, so Rosenberg, bedeutet vor diesem Hintergrund weit mehr als einfach nur auf den eigenen Bedürfnissen zu bestehen.

Im dritten Stadium, eben dem der emotionalen Befreiung, reagieren wir nicht aus Schuld, Scham oder Angst, sondern sind fähig, die Bedürfnisse anderer wirklich einfühlsam wahrzunehmen. Und wir können unsere eigenen Bedürfnisse unbelastet offenbaren. Wir übernehmen die Verantwortung für alles, was wir tun oder sagen, und wissen, dass wir unsere Bedürfnisse niemals auf Kosten anderer erfüllen können, weder auf Kosten der Bedürfnisse unseres Hundes noch auf Kosten der Bedürfnisse eines anderen Menschen. Wir erkennen die emotionale Befreiung daran, dass uns unsere Gefühle und Bedürfnisse leicht über die Lippen kommen, dass wir mit Gleichmut und Einfühlsamkeit „nein" sagen und „nein" akzeptieren können und dass das Wort „müssen" praktisch aus unserem Wortschatz getilgt ist. Wir stehen zu unseren Bedürfnissen, und es gelingt uns, die Bedürfnisse anderer, auch die unseres Hundes, zu erfüllen, indem wir unsere eigenen Bedürfnisse erfüllen.

Wünsch dir was – Bitte

Wenn wir in der GFK wertfrei beobachtet, unsere Gefühle geäußert haben und unseren darunterliegenden Bedürfnissen auf den Grund gegangen sind, formulieren wir im vierten Schritt eine Bitte, die konkret zum Ausdruck bringt, was wir uns von unserem Gegenüber wünschen, damit unser jeweiliges Bedürfnis erfüllt wird. Eine Bitte ist allerdings nur dann eine wirkliche Bitte, wenn wir ein Nein nicht persönlich nehmen oder darauf mit Schuldzuweisungen oder Vorwürfen reagieren. In der zwischenmenschlichen Kommunikation passiert das sehr häufig, vielleicht weil wir als Kinder manchmal regelrecht darauf gedrillt werden, „Bitte" und „Danke" zu sagen. Wir verinnerlichen: Wenn wir „Bitte" sagen, muss der Gebetene unseren Wunsch erfüllen. Das ist dann allerdings keine wirkliche Bitte, sondern eine als Bitte getarnte Forderung, gibt Rosenberg zu bedenken. Ein entsprechendes Gespräch könnte beispielsweise so ablaufen:

„Bitte gehe doch nach dem Essen mit dem Hund raus."

„O. k."

(Nach dem Essen wird der Hund jedoch nicht ausgeführt.)

„Du hattest doch gesagt, du würdest nach dem Essen mit dem Hund rausgehen."

„Ja, aber ich muss jetzt erst einmal in Ruhe verdauen."
„Das ist typisch, du legst die Füße hoch und ich kann mich abrackern!"

An unserer eigenen Reaktion auf eine nicht erfüllte Bitte erkennen wir, ob wir tatsächlich um etwas gebeten oder es gefordert haben. Die Tatsache, dass wir für „Bitte" und „Danke" den Begriff Höflichkeitsfloskeln verwenden, gibt zu erkennen, was wir im Innersten von als Bitte getarnten Forderungen halten und wie sehr wir die wahre Bedeutung von „Bitte" verkennen. Je mehr jemand in der Vergangenheit durch „Bitte" zu irgendwelchen Dingen gezwungen wurde, desto eher hört er auch hinter dem ehrlichsten „Bitte" tatsächlich eine Forderung. Die Wahrscheinlichkeit, dass unser Gegenüber deshalb nicht tut, worum er gebeten wird, ist ziemlich groß.

Haben wir aus unserer Sicht eine wirkliche Bitte geäußert, können wir Klarheit über die Wahrnehmung unseres Gegenübers gewinnen, wenn wir um Wiedergabe dessen bitten, was wir gesagt haben. Etwa so:
„Kannst du mir sagen, was du mich hast sagen hören?"

Wenn unser Gegenüber eine Forderung herausgehört hat, könnten mögliche Antworten sein:
„Ich soll mit dem Hund rausgehen."
„Verschone mich mit deinen Psychospielchen."
„Sehe ich aus, als hätte ich keine Ohren?"

Antworten wir darauf mit einem „Du-Satz" bzw. einem, der dem anderen einen Fehler, ein Versagen, bescheinigt, bestätigen wir unser Gegenüber in der Annahme, eine Forderung gehört zu haben:
„Du hast mich falsch verstanden."
„Du hast nicht zugehört."
„Das habe ich nicht gesagt."

Besser ist es, einen „Ich-Satz" zu formulieren, etwa: *„Ich habe mich nicht verständlich ausgedrückt."*

Um anschließend zu verdeutlichen, was wir wirklich meinen, wenn wir „Bitte" sagen, empfiehlt sich nach Rosenberg eine Antwort wie: *„Wie kann ich dir sagen, was ich möchte, ohne dass du glaubst, ich würde dich zwingen wollen?"*

„Wie kann ich dir zu verstehen geben, was ich möchte, ohne dass du denkst, mir wären deine Bedürfnisse nicht wichtig?"

Es kann durchaus sein, dass unser Gegenüber darauf mit einem *„Gar nicht!"* antwortet. Und das weniger aus Desinteresse, sondern weil ihm tatsächlich nichts einfällt. Das passiert häufig, wenn Menschen in der Vergangenheit mit als Bitte getarnten Forderungen zu tun hatten oder zu besonderem Pflichtbewusstsein angehalten wurden. Wichtig für uns ist, dann nicht zu versuchen, den anderen zu verändern, nicht einmal dann, wenn wir davon überzeugt sind, dass die Veränderung dem anderen ein glücklicheres Leben bescheren würde. Eine Veränderung kann nur aus demjenigen selbst kommen, weil er oder sie das für sich selbst will. Man kann versuchen, bestimmte Werte vorzuleben, z. B. eben das echte Akzeptieren eines „Nein" bzw. das freie „Nein" sagen, um in dem anderen so – vielleicht – das Bedürfnis zu wecken, mit sich und anderen ebenfalls in dieser freien Art umzugehen. Eine Garantie dafür gibt es jedoch nicht, verlangen kann man es ebenso wenig. Die Frage, die die GfK insoweit stellt, lautet:

Wie kann ich Menschen von dem, was mir wichtig ist, berühren, anstatt ihnen meine Werte (als Moral bzw. über Schuld, Scham, Strafandrohung oder Lob) aufzuzwingen?

Dennoch kann es gut sein, dass sich unser Gegenüber nicht verschließt, sondern auf die Frage: *„Wie kann ich dir sagen, was ich möchte, ohne dass du glaubst, ich würde dich zwingen wollen?"*, erleichtert reagiert oder auch irritiert und anders, einfühlsamer, auf uns eingeht.

Vielleicht wird er sich genau jetzt entschließen, unsere Bitte doch zu erfüllen, weil – erinnern wir uns an das Glück des Schenkens – er erkennt, dass er uns jetzt ein Geschenk machen kann, über das er sich genauso freut wie wir uns (und im Fall des Gassigehens beschenkt er sogar auch noch den Hund!).

„Bitte" in der Mensch-Hund-Kommunikation

Mag das Bitten in der zwischenmenschlichen Kommunikation vor allem am Anfang schon nicht so ganz einfach sein, so ist es in der Kommunikation zwischen Mensch und Hund ungleich schwieriger. Ich bettle doch nicht meinen Hund an, wird mancher womöglich gerade denken, doch das Ergebnis der GfK beabsichtigt nicht, auf so etwas hinauszulaufen. Im Gegenteil. Es spielt vielmehr die Unterscheidung von Signalen und Befehlen, eben Bitten und Forderungen, sowie die Ausübung von Macht eine Rolle.

Der größte Nachteil, den ein Hund gegenüber einem Menschen in der Kommunikation mit Menschen hat, bezieht sich auf unsere Sprache und insbesondere den Bereich der digitalen Kommunikation. Ehe ein Hund hier erfolgreich mit uns kommunizieren kann, muss er lernen, was bestimmte körpersprachliche Signale, einzelne Worte, Geräusche (z. B. „click" oder pfeifen) oder auch Gesten bedeuten. Gleiches gilt für uns in Bezug auf die „Sprache" des Hundes, vor allem, was das Ausdrucksverhalten betrifft. Vieles verstehen Mensch und Hund vom jeweils anderen intuitiv, manches aber auch erst, wenn wir uns Unterstützung bei einem Übersetzer holen.

In meiner Hundeschule z. B. gibt es manchmal Tage, an denen wir keine einzige „Gehorsamsübung" trainieren, weil die Hunde so

Die Bedürfnisse von Mensch und Hund sind grundsätzlich sehr ähnlich.

Wohlbefinden verlangt ganzheitliche Bedürfnisbefriedigung.

interessante Sachen machen und wir sie einfach nur beobachten. Ich stelle dabei immer wieder fest, wie überrascht mancher über das ist, was ein Hund tatsächlich „sagt", wenn er in einer Situation dieses oder jenes tut.

Missverständnisse aufgrund der Körpersprache

In Sachen Körpersprache können in der Mensch-Hund-Kommunikation gerade hinsichtlich jener Verhaltensweisen Missverständnisse aufkommen, mit denen wir Interesse am anderen, Zuneigung und Freundschaft ausdrücken. Das ist ziemlich tragisch, denn im schlimmsten Fall ruft das, was wir aus tiefstem Herzen freundlich und liebevoll meinen, beim Hund große Angst oder auch Wut hervor. Der Grund dafür ist, dass einzelne Verhaltensweisen, mit denen sich Mensch und Hund ausdrücken, zwar ähnlich aussehen, unter Hunden aber etwas völlig anderes bedeuten als unter Menschen. Eine große Rolle spielt dabei, dass wir als Menschenartige zu den Primaten zählen, Hunde neben Wölfen, Kojoten, Schakalen, Füchsen oder Marderhunden zu den Hundeartigen. Zu den Verhaltensweisen, die nach meiner Erfahrung besonders viel Potenzial für Missverständnisse bergen, zählen:

› anschauen,
› direkter Blickkontakt,
› vorbeugen bzw. sich über jemanden beugen,
› frontal auf jemanden zugehen,
› streicheln,
› umarmen,
› festhalten,
› hochnehmen bzw. auf den Arm nehmen,
› küssen.

Anschauen bzw. direkter Blickkontakt

Zwischen Anschauen und Anschauen gibt es einen Unterschied: Man kann neugierig schauen, zur Orientierung oder aus Interesse am Gegenüber, und man kann provozierend oder herausfordernd schauen, jemanden anstarren.

Sowohl beim Hund als auch beim Menschen kommen beide Formen des Anschauens vor – wer jemanden längere Zeit direkt beobachtet, wird mit relativer Wahrscheinlichkeit irgendwann allein gelassen oder angesprochen, Letzteres je nach Charakter mit Interesse, Herausforderung oder Ablehnung: *„Was glotzt'n du so!"* Beim Hund folgt einem Anschauen zur Orientierung sehr bald höfliches Wegsehen, spätestens, wenn das angeschaute Gegenüber zurückschaut oder sich anschickt, Blickkontakt aufzunehmen. Direkter Blickkontakt bedeutet für den Hund grundsätzlich eine offene Provokation bzw. (Be-)Drohung. Beginnt dann einer zu knurren oder geht gar auf den anderen los, ist die Überraschung aufseiten der Besitzer oft groß: Der Angriff erscheint ihnen „plötzlich" und „wie aus dem Nichts", häufig fällt auch ein: *„Aber er hat doch gar nichts gemacht!"* Dass zumeist einer den anderen oder sich beide gegenseitig zuvor mit Blicken durchbohrt haben, ist nicht bemerkt worden.

▷ Höfliche Hunde vermeiden untereinander Blickkontakt und nähern sich bei Interesse am anderen mehr oder weniger wegsehend (oft im Bogen laufend) an. Auch bei gegenseitigem Imponieren fällt vielfach auf, dass die Hunde sehr bemüht Blickkontakt vermeiden. Wegsehen verbunden mit Stehen- und Zugewandtbleiben stellt beim Hund häufig eine Einladung zur Kontaktaufnahme dar.

Beim Menschen verhält es sich genau anders. Dem Anschauen aus Interesse/zur Orientierung folgt Wegsehen nur, wenn keine Kontaktaufnahme gewünscht wird. Andernfalls beginnen wir mit allerlei mimischen Sperenzchen, je nachdem, ob wir uns anschließend prügeln oder miteinander Kaffee trinken wollen. Eine höfliche Konversation ergibt sich, wenn wir dem Gegenüber lächelnd in die Augen sehen

– in allen Kulturen rund um den Erdball. Hunden wird von vielen Hundefreunden fast automatisch dieselbe menschliche Höflichkeit zuteil. Decodiert der Hund die Signale aber in Hundesprache, versetzen sie ihn in Alarmbereitschaft – so wie manchen von uns ein Hundelachen. Der Hund reagiert entsprechend: Fight, Flight, Freeze oder Flirt – es sei denn, er hat gelernt, dass das, was unter Hunden unhöflich wäre, unter Menschen genau das Gegenteil ist.

In der Kommunikation zwischen Mensch und Hund tauchen viele Spielarten des Anschauens auf, die sich insbesondere in der Kommunikation zwischen Menschenmüttern und -vätern und ihren Babys beobachten lassen: Wir ziehen die Augenbrauen hoch, reißen die Augen auf, schauen dem Baby direkt in die Augen, wir fallen in eine hohe Stimmlage, übertreiben und verlangsamen Sprechweise, Mimik und Motorik, damit uns das Baby in seinem Tempo wahrnehmen kann. Die Gründe dafür liegen auf der Hand, entspricht das Aussehen vieler Hunde, der Zucht sei Dank, auch im Erwachsenenalter dem von Konrad Lorenz beschriebenen Kindchenschema. Da das Kindchenschema unwiderstehlich an unsere Fürsorge appelliert, verwundert es nicht, dass auf dem Bedürfnis, „mit einem Hund jemanden zu haben, um den man sich kümmern kann", bei vielen Menschen der Wunsch nach der Anschaffung eines Hundes basiert. Auf das Kindchenschema scheinen Mensch und Tier allerdings gleichermaßen positiv zu reagieren, sonst wäre es allein bei menschlichen Babys ausgeprägt, während junge Tiere ein Ebenbild ihrer Eltern im Miniformat wären (was bei Tieren, die keine Brutpflege betreiben, ja auch der Fall ist). Große Augen, kleine Nase und Mundpartie, hohe Stirn und runde, knuffige Körperformen finden wir so unwiderstehlich, dass Marketingprofis selbst Kleinwagen, Mobiltelefone und Küchengeräte am Kindchenschema orientieren, vorzugsweise dann, wenn die künftige Käuferschicht innerhalb der weiblichen Bevölkerung ausgemacht wurde.

Wir Menschen sind derart blickkontaktorientiert, dass wir manchmal sogar vergessen, dass ein Hund auch noch andere Sinne hat. So erzählte mir eine Klientin, ihre Labradorhündin würde sie auf dem Spaziergang immer komplett ignorieren. Auf meine Frage, ob sie denn weglaufe, meinte sie: *„Sie läuft nicht weg, aber sie guckt mich kein einziges Mal an. Sie interessiert sich nicht ein bisschen für mich, hat überhaupt keine Bindung zu mir."* Um mir ein Bild von der ganzen Sache zu machen, verabredeten wir uns zu einem gemeinsamen Spaziergang. Doch was ich dabei beobachtete, war etwas völlig anderes als eine ihr Frauchen ignorierende, bindungslose Labradordame. Die Hündin brauchte uns nicht anzusehen, um zu wissen, wo wir uns jeweils befanden. Sie hatte uns im Augenwinkel, konnte uns hören, konnte uns riechen, vielleicht spürte sie sogar das Echo unserer Schritte in ihren Sohlen. War sie ein paar Meter vorausgelaufen, blieb sie immer wieder stehen und wartete, bis wir sie eingeholt hatten, blieb sie zurück, beeilte sie sich ihrerseits, aufzuschließen. Sie kam herbei, wenn sie gerufen wurde, lief aber auch nicht weg, wenn wir einfach unserer Wege gingen. Alles ohne Leine und ohne Leckerli. Was für ein schöner, einfacher Fall!

Hunde, die aus Höflichkeit Blickkontakt mit ihrem Besitzer vermeiden, können auch leicht im Hundetraining als vermeintliche Ignoranten dastehen, wie der wunderschöne Deutsche Schäferhund einer anderen Klientin. Ich bin ein großer Freund davon, Wortsignale mit Handsignalen zu begleiten. Ich denke, dass das dem Hund das Verstehen erleichtert, einfach weil seine Körpersprache um so viele „Redewendungen" reicher ist als seine verbale Sprache. Das Problem bei diesem Schäferhund war nur, dass er Frauchens Handsignale gar nicht mitbekam, weil er sie nicht ansah, sondern in den Himmel starrte, in die Bäume oder auf imaginäre Mückenschwärme. Er brauchte einige Wochen intensiven Trainings von „Schau-mir-indie-Augen-Kleiner", dann löste sich einiges von ganz allein in Wohl-gefallen auf. Natürlich gibt es Hunde, die ihre Besitzer nicht ansehen, weil sie sie tatsächlich ignorieren und kein Interesse an ihnen haben. Es gibt auch die, die ihre Besitzer durch Anstarren offen bedrohen. Ich finde aber, wir sollten genau hinschauen und die einen nicht mit den anderen in einen Topf werfen.

Ausblenden von „Unwichtigem"

Hinsichtlich der Vielfalt und der Leistungsfähigkeit der Sinne eines Hundes und der Tatsache, dass er nicht immer auch hin-schauen muss, um über bestimmte Dinge im Bilde zu sein, fin-de ich eine Theorie der Nutztierexpertin Temple Grandin höchst interessant. Grandin ist Autistin mit Asperger Syndrom und ein sogenannter Savant (Inselbegabung), trotz der Beeinträchtigun-gen des Gehirns also hochbegabt. Dass sie als Autistin eine ver-schärfte Wahrnehmung habe, helfe ihr bei ihrer wissenschaft-lichen Arbeit mit den Tieren, sagt sie von sich selbst. Aufgrund des Verhaltens und der Hirnstruktur von Tieren vermutet sie, dass Tiere möglicherweise eine ähnliche Wahrnehmung haben wie autistische Menschen. Alles, was ein Tier in einem Augenblick sieht, hört, riecht, spürt und schmeckt, wäre in seiner Wahrneh-mung demnach gleichermaßen präsent, weil das Gehirn nicht zwischen „wichtig" und „unwichtig" unterscheidet, nichts ausblen-det. Aufgrund dieser Tatsache werden autistische Menschen z. B. gern für Controlling-Aufgaben eingesetzt, bei denen es darum geht, winzigste Unregelmäßigkeiten wie etwa Webfehler in Stoffen aufzu-spüren. Wo uns „Normalen" rein gar nichts auffällt, springen selbst kleinste Abweichungen einem Autisten sprichwörtlich ins Auge, und das sofort. Tiere sind an diese Wahrnehmung angepasst, wir Menschen nicht, weshalb es Autisten mehr oder weniger schwerfällt, sich in unserer reizüberfluteten Welt zurechtzufinden.

Ein beeindruckendes Beispiel für die Fähigkeit des „normalen" menschlichen Gehirns, Unwichtiges auszublenden, war das berühmte „Gorillakostüm-Experiment" des Psychologen Daniel Simons. Er erstellte einen Film, in dem sich eine weiß gekleidete und eine schwarz gekleidete Gruppe von Ballspielern untereinander einen orangefarbenen Ball zuwerfen. Die Beobachter erhielten die Aufgabe, mitzuzählen, wie viele Male der Ball den Boden berührt, wenn Spieler der einen Mannschaft, z. B. die der weißen, den Spielern der anderen Mannschaft den Ball zuwerfen. Das erfordert einiges an Konzentration und Aufmerksamkeit. Nach dem Ende des Films fragte Simons nach der Anzahl der Bodenkontakte des Balls und erhielt darauf mehr oder weniger richtige Antworten. Auf die kam es ihm aber gar nicht an, sondern auf die Antworten auf seine anschließende Frage: Ist Ihnen irgendetwas Besonderes aufgefallen? Diese Frage wurde von den Beobachtern verneint. Danach wurde der Film erneut gezeigt, diesmal allerdings mit der Aufforderung, sich nicht auf die Zahl der Bodenberührungen zu konzentrieren, sondern die Szene unbefangen zu betrachten. Das Erstaunen aufseiten der Probanden war groß, als sie nun eine Person im Gorillakostüm entdeckten, die mitten durch die Spielermenge marschierte, unterwegs auch noch stehenblieb, sich auf die Brust trommelte und die Szene dann wieder verließ. Wie konnte man *das* nur übersehen?! Die Antwort ist einfach und hat mit unserer selektiven Wahrnehmung zu tun: Die Zählaufgabe beansprucht unsere Aufmerksamkeit so stark, dass unser Gehirn alles Irrelevante ausblendet, sich also nicht von der Zählaufgabe, aber von allem anderen ablenken lässt. Deshalb dringt der Gorilla nicht ins Bewusstsein „normaler" Menschen vor. Bei Autisten funktioniert dieses Selektieren nicht und auch nicht bei Tieren. Das ist übrigens auch der Grund, warum es Hunden in ablenkungsreicher Umgebung weitaus schwerer fällt, sich auf das zu konzentrieren, was ihre Besitzer von ihnen möchten. Es gelingt Hunden nicht bzw. nur

nach entsprechendem Training, die vielen Ablenkungen („Gorillas")
auszublenden. Was wir (ver-)urteilend Ignoranz oder Ungehorsam
nennen, ist in vielen Fällen nicht auf „Frechheit" oder „Dominanz"
zurückzuführen, sondern darauf, dass unser Hund die Welt schlicht
und ergreifend ganz anders wahrnimmt als wir.

Lieber den Spatz in
der Hand als die
die Taube auf
dem Dach.

Gesehen?

Die meisten Menschen sind nach meiner Erfahrung sehr gut darin,
den Unterschied zwischen „freundlich" und „bedrohlich" im Blick
eines Hundes zu erkennen. Wir sehen diesen Unterschied nicht nur,
wir fühlen ihn auch, genauso wie wir ihn fühlen, wenn wir in die
Augen eines anderen Menschen schauen (Stichwort analoge Kommunikation). Auch die Augen eines Hundes blicken warm und sanft
aus einem entspannten Gesicht, wenn er neugierig und interessiert
Kontakt aufnimmt. Auch der Blick des Hundes wird hart, sein Gesicht versteinert, wenn er es gar nicht mehr „nett" meint. Wie bei uns.

Sich-über-einen-Hund-Beugen bzw. frontal
auf ihn zugehen

„Oh, ist der süüüß!" Fast jeder Hundebesitzer kennt diesen mit hoher
Stimme gezwitscherten Satz völlig fremder, aber vom Hundebaby-
charme hingerissener Passanten auf offener Straße, in der Regel ge-
folgt von Niederknien mit in Richtung Hund ausgestreckten Armen,
Anschauen inklusive. Unter Menschen völlig selbstverständlich:

Habe ich etwas anderes gemacht, als ich zum ersten Mal meinen kleinen, drei Wochen alten Neffen sah? Nein! Entdecken wir einen Bekannten (den wir mögen!) im Supermarkt, winken und rufen wir, suchen Blickkontakt und laufen dann im direkten Konfrontationskurs aufeinander zu – selbstverständlich Blickkontakt haltend, sonst wäre unser Bekannter wahrscheinlich ziemlich irritiert. Wir reichen einander die Hände, umarmen uns vielleicht sogar. Wären wir Hunde, würden wir genauso zuverlässig ankündigen, dass wir unserem Freund jetzt und sofort an den Kragen wollen, und zwar nachhaltig. Entsprechend können Hunde je nach Charakter und Gemütsverfassung wiederum mit Fight, Flight, Freeze oder Flirt reagieren, nebst allem, was dazugehört. Und das nicht nur, wenn ihnen dergleichen zuteil wird, sondern manchmal auch dann, wenn sie (ihre) Menschen dabei beobachten, wie diese von Freunden oder Bekannten begrüßt und geherzt werden. Höfliche Hunde beugen sich nun einmal nicht über andere und rennen auch nicht frontal auf andere zu. Höfliche Hunde vermeiden Blickkontakt und nähern sich einander wie bereits erwähnt im Bogen, stets im Bemühen, nur ja keine Signale auszusenden, aus denen das Gegenüber Provokation, eine Drohung oder gar einen bevorstehenden Angriff herauslesen könnte.

Auch hier können Hunde lernen, dass das direkte Aufeinander-Zulaufen oder Darüberbeugen keine Bedrohung darstellt, wenn dergleichen vom Menschen ausgeht. Hunde lernen das allerdings nicht unbedingt nebenbei dadurch, dass man es ihnen einfach zumutet. Vor allem sehr kleinen Hunden kann es schwerfallen, unsere guten Absichten nachzuvollziehen. So hatte ich beispielsweise einmal einen Chihuahua im Training, der einem älteren Ehepaar gehörte. Die Besitzer hatten mich angerufen, weil der kleine Kerl den Mann gebissen hatte, *„ganz plötzlich, dabei war er immer so lieb!“*. Ich ahnte einiges, als ich den Hund zum ersten Mal sah, denn obwohl ein Chihuahua mit sieben noch im besten Alter ist, sah dieser Hund wie mindestens 17 aus: Sein gehetzter Blick und das altersgraue, glanzlose Haarkleid sprachen dafür, dass er permanent großem Stress ausgesetzt war. Ich bat die Besitzer, die Situation, in der der Hund gebissen hatte, noch einmal nachzustellen, und das Bild war klassisch. Der Mann beugte sich über den Hund und griff nach ihm, um ihn hochzuheben, aufgrund seines Körpergewichts und der altersbedingt etwas steifen Glieder sehr langsam. Schon im Ansatz bat der Hund mit seinem gesamten Arsenal an Beschwichtigungsgesten darum, ihm nichts anzutun. Je tiefer sich sein Herrchen zu ihm herunterbeugte und je näher ihm seine Hände kamen, desto ausgeprägter wurden seine Angst- und Drohsignale, bis ich das Ganze mit den Worten abbrach: *„Stopp, sonst beißt er gleich wieder!"* Die Überraschung aufseiten der Besitzer stand ihnen sprichwörtlich ins Gesicht geschrieben. Ihnen war nicht klar gewesen, was vermeintliche Selbstverständlichkeiten für einen Hund bedeuten können und wie angsterfüllt ein gesamter Tagesablauf sein kann, wenn sich ein Hund ständig durch unsere Körpersprache bedroht fühlt – ob wir ihn streicheln oder bürsten, ihm sein Geschirr anziehen, die Leine befestigen, seine Pfoten sauber machen, ihm sein Futter hinstellen, ihn auf seinen Platz schicken, uns in seiner Richtung durch die Wohnung bewegen, neben ihm etwas aufheben. Dass manchen Hunden darüber graue Haare wachsen können, verwundert am Ende nicht mehr.

Streicheln, Umarmen, Festhalten und Auf-dem-Arm-Tragen

Menschen sind Streichler, und besonders gern streicheln wir Tiere. Kein Wunder, denn wie Wissenschaftler herausgefunden haben, sinkt unser Blutdruck, während wir beispielsweise das Fell eines geliebten Hundes streicheln. Sinkt unser Blutdruck, fühlen wir uns entspannt.

Möglicherweise ist das Streichelbedürfnis ein Primatenerbe, verbringen Affen doch mehrere Stunden des Tages damit, einander intensiv zu lausen. Das Problem: Im Verhaltensrepertoire des Hundes kommt ein dem Streicheln wenigstens ähnliches Verhalten überhaupt nicht vor, allenfalls lecken Kaniden einander das Gesicht oder die Ohren. Glücklicherweise kommen viele Hunde im Zusammenleben mit dem Menschen „auf den Geschmack" und genießen diese Form der Zuwendung. Für erstaunlich viele andere Hunde bleibt Streicheln dagegen im besten Falle lästig. Ganz zu schweigen von den kumpelhaften „Schulterklopfern", die so liebevoll wie heftig sein können, dass sie für den Hund von einem Tritt ins Kreuz nur schwer zu unterscheiden sind.

So beliebt wie existenziell sind unter Primaten auch Umarmungen. Primaten umarmen einander immer, ob sie sich freuen oder Angst haben, feiern oder Zärtlichkeit austauschen, einer den anderen begrüßen oder beschützen will oder ob man Zusammengehörigkeit demonstriert. Ohne Umarmungen geht bei Primaten gar nichts – und der Mensch unterscheidet sich insoweit nicht von seinen tierlichen Vettern. Auch das Bedürfnis, Hunden immer über den Kopf zu streichen, resultiert aus unserem „Hunger nach Umarmung": Schon Neugeborene mögen es, wenn man ihnen zärtlich die Hand auf den Kopf legt, und in vielen Religionen erfolgt das Handauflegen auf den Kopf, um jemanden zu segnen. Um sich selbst Mut zuzusprechen oder zu trösten, umarmen sich Primaten einschließlich des Menschen zuweilen sogar selbst. Mit dem Chinesischen Morgengruß beispielsweise findet sich das sogar in Managerseminaren und Psychotherapien wieder:

Aaaaah!
Die Sonne geht auf.
Ich öffne das Fenster.
Zwischen Himmel und Erde:

Ich.

Ich schaue mich um.

Feuer und Wasser.

Ich nehme mir, was ich brauche.

Es ist genug für alle da.

Ich mische es.

Der Rest für die Blumen.

Der Lotus blüht auf.

Ich umarme meinen Tiger

und kehre zurück zum Berg.

Der Vers wird von Gesten begleitet, die die jeweiligen Aussagen unterstreichen. Bei „*Ich umarme meinen Tiger*" umarmt sich die Person selbst.

Hunde allerdings umarmen einander allein in der Auseinandersetzung, in der Demonstration von Überlegenheit, im Kampf. Wenn sie es im Spiel tun, dann versichern sie sich durch Verhaltensweisen wie Spielgesicht, Vorderkörpertiefstellung und Versöhnungssignale mehrfach und sehr eindringlich, dass die Umarmung nicht ernst gemeint ist. Entsprechend negativ kann aber auch die Wertung des Hundes hinsichtlich des Umarmtwerdens vonseiten eines Menschen ausfallen. Wiederum kann der Hund lernen, mit Streicheln, Umarmen und weiteren Zuneigungsbekundungen wie Festhalten oder Hochnehmen seitens des menschlichen Sozialpartners umzugehen.

Dass wir Hunde, vor allem die kleinen, so gern auf den Arm nehmen, ist sehr wahrscheinlich auch auf unser Primatenerbe zurückzuführen: Es ist die von der Natur vorgesehene Art, Babys zu befördern, und unterbewusst steckt das in uns allen drin. Die Biologie kennt drei Arten von Jungtieren: Nestflüchter, Lagerjunge („Nesthocker", zu denen auch der Hund gehört) und Traglinge, wobei sich Letztere in aktive und passive Traglinge unterteilen lassen. Nicht zuletzt aufgrund anatomischer Besonderheiten und der psychischen Bedürfnisse eines menschlichen Säuglings ist mittlerweile allgemein anerkannt, dass der Mensch ein sogenannter „aktiver Tragling" ist. Der aktive Tragling bringt sich aktiv in das Getragenwerden ein, durch Festhalten, Anklammern etc. Entsprechendes lässt sich bei allen Primaten einschließlich des Menschen beobachten. Zu den passiven Traglingen zählen alle Beuteltiere. Bei ihnen leistet das Junge keinen Beitrag zum Getragenwerden. Im Verhaltensrepertoire des Hundes kommt Tragen bzw. Getragenwerden wiederum nicht vor. Ein Hund verliert beim Hochnehmen sprichwörtlich „den Boden unter den Füßen", reagiert vielfach mit Unsicherheit bzw. setzt sich zur Wehr. Dennoch können es manche Hunde als angenehm empfinden. Bei diesen Hunden kann es im Einzelfall sogar Sinn machen, sie auf den Arm zu nehmen, wenn sie sich fürchten oder Angst haben.

Küssen

Auch wenn es hygienisch durchaus bedenklich sein kann – manche Menschen lieben es, ihren Hund zu küssen, und grundsätzlich ist nicht unbedingt etwas dagegen einzuwenden. Schnauzenzärtlichkeiten gibt es auch unter Hunden, aber auch hier kann unsere Körpersprache vor und nach dem Schnutenschmatzer dafür sorgen, dass sich der Hund dabei nicht wohlfühlt, sich fürchtet oder die Wut bekommt oder was auch immer – mit den entsprechenden Reaktionen.

Umgekehrt hängen wir Menschen hier und da diversen Fehlinterpretationen hundlichen Ausdrucksverhaltens an, was zu Missverständnissen führen kann. Dass ein Hund sich nicht immer freut, wenn er mit dem Schwanz wedelt, haben wir bereits erörtert, ebenso häufig werden insbesondere missdeutet:

> Sich-auf-den-Rücken-Legen,
> Hochspringen,
> Urinieren,
> Knurren bzw. aggressive Kommunikation.

Sich-auf-den-Rücken-Legen

Vielleicht ist es das am weitesten verbreitete Klischee über den Hund überhaupt, dass ein Hund, der sich vor einem Menschen auf den Rücken rollt, am Bauch gestreichelt werden will. Viele Hunde wollen das tatsächlich. Es gibt aber Ausnahmen, denn „Sich-auf-den-Rücken-Legen" kann auch eine sogenannte passive Unterwerfung darstellen, und damit bittet ein Hund im Zweifel eher darum, nicht am Bauch gekrault zu werden. Die Unterscheidung ist vergleichsweise einfach: Ein Hund, der in Ruhe gelassen werden will, entspannt sich unter einer Berührung nicht, und wer dann einmal auf die Mimik des Hundes achtet, wird häufig auch mehr oder weniger stark ausgeprägte Anzeichen für Unsicherheit, Furcht bzw. Angst entdecken oder diverse Beschwichtigungssignale erkennen.

Hochspringen

Unsere eigenen Hunde springen tatsächlich zumeist im Freudentaumel an uns hoch, wenn wir von irgendwoher wieder nach Hause kommen. Zugleich ist Hochspringen Teil der sogenannten aktiven Unterwerfung, mit der manche Hunde auf unsere bedrohliche Körpersprache antworten, wenn wir uns zu ihnen hinunterbeugen, sie anschauen, unsere Hände nach ihnen ausstrecken. Und möchte ein Hund uns höflich und beschwichtigend seine Schnute in die Mundwinkel drücken, muss er nun einmal irgendwie in Höhen von weit über einem Meter vordringen, was die meisten nur hopsend schaffen.

Hunde, die gegenüber Fremden unsicher sind oder sich fürchten, reagieren zuweilen ebenfalls mit aktiver Unterwerfung, wenn sie einem Fremden begegnen. Das sind die Hunde, die sich trotz ihrer Furcht beim Anblick eines Fremden beinahe „totfreuen", vor ihm wild herumwuseln, hochspringen und sich vielleicht auch auf den Rücken rollen. Kann der Hund seine Furcht nicht überwinden, erwächst daraus nicht selten eine spätere Aggressivität gegen Fremde. Auch Hochspringen mit Anspringen kann mit Vorsicht zu genießen sein. Es kann auffordernden Charakter haben, der mit Vorfreude, aber auch mit Ärger einhergehen kann, etwa wenn der Hund ungeduldig ist (*„Schmeiß doch endlich den Ball!"*) oder wenn er uns gar in unserer Bewegungsfreiheit einschränkt (Anspringen als Abbruchsignal!). Reine Vorfreude können Hundebesitzer selbst unter Kontrolle bringen, indem sie mit dem Hund ein Alternativverhalten üben (Impulskontrolle, Frustrationskontrolle). Wer z. B. sitzt, kann gleichzeitig eben nicht hochspringen (Stichwort: automatisiertes Verhalten). Je mehr ein Anspringen von Ärger oder Wut hervorgerufen wird oder wie aufmerksamkeitsheischendes Verhalten anmutet, dem auch „negative" Aufmerksamkeit scheinbar willkommen ist, desto ratsamer ist es, einen versierten Verhaltenstherapeuten aufzusuchen. Vor allem, wenn das Anspringen wehtut, oder man sich schon einmal im Dreck liegend wiedergefunden hat.

Urinieren

Ich habe einmal in einem Reihenhauskomplex gewohnt, neben Leuten, die einen kleinen West Highland White Terrier besaßen. Wir sind einander nicht oft begegnet, ich erinnere mich aber sehr lebendig an einen Tag, als meine Nachbarin und ich gleichzeitig nach Hause kamen. Sie schloss die Haustür auf und lief mit kaum zu leugnender Hysterie und unverständlichen Lautäußerungen in ihren Korridor, um wenige Augenblicke später mit dem Westie wieder aufzutauchen, den sie, mit beiden Händen an den Vorderbeinen haltend, mehr vor sich herschleifte, als dass sie ihn trug. Noch im Haus begann sie zu schimpfen wie der berühmte Rohrspatz, warum, sollte ich gleich sehen: Der Westie lief aus. Er pinkelte den ganzen Flur entlang, und vor dem Haus hörte er auch nicht gleich auf, auch nicht, nachdem er endlich wieder auf seinen eigenen vier Pfoten stand. Meine Nachbarin sah mich mit totaler Erschöpfung im Blick an und meinte gehetzt: *„Sie freut sich immer so!"* Dass sich ihr Hund gar nicht freute, sondern mit der vielleicht eindringlichsten Unterwerfungsgeste, zu der er fähig war, um Gnade flehte, berührte sie tief.

Urinieren aus Protest?

Dass Urinieren in Belastungssituationen tatsächlich allein der Beschwichtigung dient, wird auch dann leicht vergessen, wenn Hunde vermeintlich „aus Protest pinkeln". Eine Bekannte, mit der ich mich einmal über Hunderassen unterhielt und zugab, dass auf meiner persönlichen „Lieblingshundeliste" der Beagle gleich nach dem Cockerspaniel und dem Dackel rangiert, meinte daraufhin, dass ein Beagle für sie niemals infrage käme, weil Beagle so unglaublich „dominant" seien. Ich erläuterte ihr nicht, dass Dominanz keine persönliche Eigenschaft, sondern eine Eigenschaft von Beziehungen ist, eine Art Zustand, der zwischen zwei Individuen erarbeitet und ausgehandelt werden will. Ich war viel zu überrascht und wollte erst einmal wissen, wie sie zu ihrer Ansicht kam. Sie erzählte von einer Bekannten, die einen Beagle besaß. Und dieser Beagle pinkle aus Protest. So habe die Besitzerin z. B. einmal im Auto mit dem Hund geschimpft, als dieser auf dem Beifahrersitz saß. Und, ich solle mir das nur mal vorstellen, da pinkelte der Beagle plötzlich „kackfrech" auf den Sitz.

Halten wir an dieser Stelle noch einmal fest, dass Urinieren kein gutes Zeichen ist, wenn es in der Auseinandersetzung zwischen Hund und Mensch auftritt. Ein Hund, der durch Urinieren zu beschwichtigen versucht, fühlt sich echt mies.

Knurren

Auch das Knurren, und überhaupt der gesamte Bereich der aggressiven Kommunikation beim Hund, wird von uns Menschen häufig missverstanden. Ein Hund, der knurrt, kann das aus Angst tun, ebenso gut aber auch, weil er sich über etwas ärgert, wütend ist oder gar stinksauer, und selbstverständlich kann es sein, dass er sich dazu hinreißen lässt, zu schnappen oder zuzubeißen. Es ist aber keineswegs so, dass Knurren und diverse Drohsignale unausweichlich eine Beißattacke zur Folge haben, ganz im Gegenteil: Aggressive Kommunikation dient vielmehr dazu, Schlimmeres zu vermeiden. Wenn der Angeknurrte versteht und die Bedürfnisse des Knurrers respektiert, wird er sich zurückziehen. In der Regel ist dann alles gut. In der Hundeschule beobachte ich recht häufig, dass Hundebesitzer regelrecht in Panik geraten, wenn ihr Hund einen anderen anknurrt. Sie versuchen dann häufig, den Hund vom Knurren abzubringen, indem sie mit ihm schimpfen oder das Knurren gar bestrafen. Viele kostet es Überwindung, den Hund sagen zu lassen, was er sagen will. Zugegebenermaßen muss man hier sehr aufpassen, denn manche Hunde verstehen aufgrund mangelnder Übung wenig „Hundesprache", haben Probleme im Sozialverhalten oder sind einfach nicht zuverlässig mit anderen oder bestimmten anderen Hunden oder auch Menschen. Viele von ihnen können Versäumtes nachholen, einige wenige aber auch nicht.

Face' gesamte Körperhaltung steht auf „Rückzug", deutlich ist eine „licking intention" zu sehen. Unbehaglich fühlt er sich aber nicht wegen des Brustgeschirrs, sondern aufgrund von Frauchens Körperhaltung.

So ist es besser: Face steigt sogar allein ins Geschirr.

In „Hundesprache" würde die Besitzerin hier eine offene Drohung „aussprechen". Buddy weiß jedoch, dass Blickkontakt mit Frauchen „nett" gemeint ist. Er bleibt ihr deshalb zugewandt, wenn er auch eine fast unmerkliche „licking intention" zeigt.

Es verlangt von Züchten große Behutsamkeit, Welpen bei der Sozialisierung zu den richtigen Schlüssen in Bezug auf menschliches Ausdrucksverhalten zu verhelfen.

An dieser Stelle möchte ich noch einmal betonen, wie wichtig es in der GfK ist, einen Hund nicht zu verurteilen, weder für aggressive Kommunikation noch dann, wenn er tatsächlich gebissen haben sollte. Der Hund hat aus einer Notsituation heraus gehandelt, um sich ein sehr dringendes Bedürfnis zu erfüllen. Vielleicht hätten ihm eine Million andere Strategien zur Verfügung gestanden. Doch in der Situation ist ihm einfach nichts Besseres eingefallen. Beißen war insoweit das Beste, was er tun konnte. Diese Betrachtungsweise legitimiert wie gesagt nicht das Beißen als solches. Sie lässt jedoch Raum für Mitgefühl und richtet das Augenmerk auf die Tatsache, dass der Hund Hilfe braucht. Damit bereitet sie den Weg der Veränderung, löst von eingefahrenen, erfolglos gebliebenen Strategien und gibt manchmal den entscheidenden Impuls, Unterstützung bei einem versierten Verhaltenstherapeuten einzuholen.

Willkommen in der Schule des Lebens

Ich habe es schon vereinzelt angesprochen: Hunde können lernen, und das nicht nur, wenn sie jung sind, sondern ihr Leben lang. Hunde können lernen, welche Bedeutung bestimmte Wörter oder Melodien haben, was andere Hunde, Menschen, Katzen, Pferde, Schafe und sonstwer mit diversen visuellen, geruchlichen, taktilen oder lautlichen Signalen übermitteln, sie können Kunststücke lernen, sie können neu lernen und umlernen und sogar, was „richtig" und was „falsch" ist, im Sinne von Wertesystemen und Moral. Dank ihrer Fähigkeit, im sprichwörtlichen Sinne Fremdsprachen zu lernen, gelingt es Hunden sogar, gleichen Signalen unterschiedliche Bedeutungen zuzumessen, je nach dem, von wem die Signale ausgehen. Das führt dann beispielsweise dazu, dass ein Hund mit Menschen entspannt und offen direkten Blickkontakt sucht und aufrechterhält, obwohl er diesen in der Kommunikation mit Artgenossen oder auch mit der Hauskatze entweder tunlichst vermeidet oder gezielt zur Durchsetzung eigener Interessen einsetzt.

Was ist „Lernen"?

Definitionsgemäß versteht man unter Lernen den Erwerb neuer Fähigkeiten. Lernen wird dabei in die berühmten Bereiche der klassischen und der operanten Konditionierung unterteilt. Die operante Konditionierung wird auch als instrumentelle Konditionierung bezeichnet. Darüber hinaus kommt dem sozialen Lernen, dem Beobachtungslernen und der Sozialisierung große Bedeutung zu. Gewöhnung, Desensibilisierung und Gegenkonditionierung spielen ebenfalls eine Rolle. Keine Bedeutung hat dagegen die Prägung in Bezug auf den Hund. Zwar wird ein bestimmter Zeitabschnitt, die vierte bis siebte Lebenswoche in der Entwicklung des Hundes, umgangssprachlich als „Prägephase" bezeichnet. Das ist jedoch etwas irreführend, denn im verhaltensbiologischen Sinn prägen lassen sich Hunde nicht. Prägung bedeutet, dass in einem Tier eine genetische Vorgabe existiert, die bewirkt, dass das Tier genetisch bedingt zu einem ganz bestimmten Zeitpunkt in seinem Leben gegenüber einem ganz bestimmten Reiz in ganz bestimmter, genetisch vordefinierter Weise reagiert. Diese Reaktion erfolgt automatisch und ist unabhängig von Motivationen oder dem Willen des Tieres. Prägungen sind unumkehrbar, wie Fehlprägungen beispielsweise bei Vögeln oder Lamahengsten immer wieder eindrücklich beweisen. Das bekannteste Beispiel für Prägung sind die berühmten Gänse des Verhaltensforschers Konrad Lorenz. Gänseküken bringen eine genetische Vorgabe mit, strikt dem ersten großen, beweglichen Objekt zu folgen, das sie nach dem Schlupf erblicken. Natürlicherweise ist das die Gänsemutter, doch wenn Gänseküken anstelle der Mutter einen Menschen erblicken, folgen sie fortan ihm. Das Prägungsobjekt muss nicht einmal lebendig sein. Gänseküken sind ebenso bereit, beispielsweise einem ferngesteuerten Spielzeugauto oder einem Ball zu folgen.

Hunde verfügen nicht über eine solche genetische Vorgabe. Es ist deshalb richtiger, beim Hund nicht von Prägung bzw. Prägung und Sozialisierung, sondern nur von Sozialisierung zu sprechen. Wenn wir sagen, dass eine bestimmte Erfahrung unser oder das Leben unseres Hundes nachhaltig geprägt hat, meinen wir, dass die Erfahrung einen Abdruck, eine Art Stempel in uns hinterlassen hat, der unser Denken und Handeln künftig beeinflusst. Ich finde es allerdings wichtig, dieses Verständnis vom verhaltensbiologisch definierten Prägungsbegriff zu unterscheiden. Denn eine echte Prägung lässt sich im Nachhinein nicht mehr rückgängig machen, Sozialisierungsprozesse hingegen schon: Sie lassen sich bei Bedarf verändern und sogar ein Stück weit ins Gegenteil verkehren. Hinzu kommt, dass die Sozialisierungsphase des Hundes an sich zwar mit etwa zwölf Wochen abgeschlossen ist. Dennoch sind dann längst noch nicht „alle Züge abgefahren". Vielmehr drückt das gesamte erste Lebensjahr einem Hund einen gewissen Stempel auf, „prägt" sein Denken und Handeln, und selbst darüber hinaus lässt sich vieles, was vielleicht schiefgelaufen ist, mehr oder weniger wiedergutmachen. Es gibt Hunde, denen man nicht mehr helfen kann. Sie bilden jedoch eine Minderheit.

Abgesehen von der Prägung wirken alle übrigen Bereiche des Lernens innerhalb von Mensch-Hund-Beziehungen, auch dann, wenn wir uns dessen gar nicht bewusst sind. So wie wir in fast jedem Augenblick unseres Lebens aus Erfahrungen, Erfolgen und Niederlagen lernen, lernt auch unser Hund. Deshalb lernen viele Hunde im Handumdrehen auch Dinge, über die wir sie lieber in Unwissenheit gelassen hätten. Weil Kommunikation insbesondere im digitalen Bereich den Erwerb einer gemeinsamen Sprache voraussetzt, die Übereinkunft über die Bedeutung bestimmter Signale, sehe ich es als überaus wichtig an, die Gesetzmäßigkeiten in Bezug auf das Lernen, die sogenannten Lerntheorien, zu kennen. Meiner Ansicht nach lernt ein Hund jedoch keinen „Gehorsam", wenn wir mit ihm „sitz" oder „platz" einüben. Ich denke, wir erteilen unseren Hunden damit vielmehr so etwas wie „Sprachunterricht". Was am Ende wie „Gehorsam" aussieht, ist in meinen Augen nichts Geringeres als Kooperation. Doch wie dem auch sei – die Lerntheorien ermöglichen uns nicht zuletzt, dem Hund das Lernen so einfach wie möglich zu machen.

Gewöhnung

Die Gewöhnung, die auch Habituation genannt wird, stellt die einfachste Form des Lernens dar. Gewöhnung findet statt, wenn wir oder unsere Hunde wiederholt einen Reiz erleben, der keinerlei negative oder positive Folgen hat. Mögen wir anfangs mehr oder weniger stark reagieren, uns vielleicht sogar ein bisschen erschrecken, reagieren wir im Zuge der Gewöhnung immer weniger und irgendwann gar nicht mehr auf den Reiz. Wenn wir gar nicht mehr reagieren, haben wir uns daran gewöhnt. Wenn die Gewöhnung nicht gelingt, kann eine Sensibilisierung oder sogar Traumatisierung die Folge sein, wie bei vielen Hunden beispielsweise in Bezug auf laute Knallgeräusche, bei einigen auch hinsichtlich der Körpersprache von uns Menschen. Mögen sich die einen ohne Weiteres daran gewöhnen, dass wir sie etwa anschauen oder umarmen, schaffen das die anderen nicht. In diesen Fällen sind Schreck oder auch Furcht für den einzelnen Hund folgenschwer und verlieren sich mit der Zeit während vieler weiterer Blickkontakte oder Umarmungen nicht. Tritt am Ende statt einer Gewöhnung eine Sensibilisierung ein, wurde sprichwörtlich ein Missverständnis in unsere Mensch-Hund-Kommunikation programmiert. Missverständnisse können leicht, Traumata schwieriger rückgängig gemacht werden. Dann spielen Desensibilisierung und Gegenkonditionierung eine Rolle, die klassische und operante Konditionierung beinhalten. Bei echten Traumata reicht aber auch das manchmal nicht aus.

Klassische Konditionierung

Die klassische Konditionierung beeinflusst Reflexe und Gefühle. Sie ist unabhängig von Belohnung und Strafe, der Betroffene kann den Konditionierungsprozess zudem nicht willentlich beeinflussen. Wenn wir an die klassische Konditionierung denken, fällt uns vermutlich allen der berühmte Hund des russischen Physiologen Iwan Petrowitsch Pawlow ein. Eigentlich wollte Pawlow einst nur die Speichelsekretion des Hundes genauer erforschen. Um Speichel zu gewinnen, gab er dem Tier Fleischpulver ins Maul. Bald stellte Pawlow jedoch fest, dass der Hund schon beim Öffnen der Tür zu speicheln anfing, sobald er den Versuchsraum betrat. Daraufhin kündigte Pawlow dem Hund die bevorstehende Fleischpulvergabe mit einem Ton an. Kurze Zeit später speichelte der Hund infolge des Tons selbst dann, wenn er kein Fleischpulver bekam.

In seinem Experiment konditionierte Pavlov einen Reflex: Speicheln. Dass sich Reflexe und Gefühle durch Konditionierung beeinflussen lassen, ist biologisch gesehen durchaus sinnvoll. Ein mulmiges Gefühl z. B. kann uns einen gefährlichen Ort meiden lassen, das Speicheln etwa unseren Verdauungstrakt auf eine bevorstehende Mahlzeit vorbereiten. Gut eingespeichelte Nahrung ist besser verdaulich, und wer sein Essen gut einspeichelt, kann es besser aufschließen, hat „mehr" davon und ist insgesamt fitter und leistungsfähiger, hat einen Überlebensvorteil. Der Speichelfluss lässt sich willentlich aber nicht beeinflussen. Es ist also außerordentlich sinnvoll, wenn der Speichelfluss schon beginnt, sobald ein Reiz die bevorstehende Mahlzeit bloß ankündigt.

Klassische Konditionierung beeinflusst auch Reflexe und Gefühle bei uns Menschen. Ein nettes Beispiel, das jeder an sich selbst im Heimexperiment testen kann: Wird ein leichter Luftzug auf das

Auge gerichtet, erfolgt ein Lidschlussreflex, um das Auge zu schützen. Wird der Luftzug mit einem Signal gekoppelt, erfolgt der Lidschluss darauf bald auch ohne Luftzug – ohne dass der Konditionierte den Reflex willentlich beeinflussen könnte. Wer schon einmal einen Autounfall hatte und später immer dann Herzklopfen bekam, wenn er an der Unfallstelle vorbeifuhr, ist ebenfalls Opfer einer klassischen Konditionierung geworden. Vielleicht kann er auch das Lied, das zur Unfallzeit im Autoradio spielte, nicht mehr ohne negative Gefühlsregungen anhören oder bekommt Angst beim Anblick orangefarbener Lkw, weil ein solcher in den Unfall verwickelt war.

In Bezug auf unsere Hunde findet klassische Konditionierung in vielen Situationen statt, gerade auch, wenn wir uns dessen überhaupt nicht bewusst sind, und selbst dann, wenn wir den Prozess gar nicht wollen. Vor allem hinsichtlich der Gefühle unseres Hundes kann klassische Konditionierung enormen Schaden anrichten, wenn wir vergessen, dass sie unserem Hund möglicherweise gerade im Nacken sitzt. Klassische Konditionierung ist der Grund, wenn ein Hund schon auf dem Weg zur Hundeschule vor Freude im Auto tanzt, ebenso, wie sie verantwortlich ist, wenn ein Hund auf dem Parkplatz des Hundevereinsgeländes Angst zeigt, obwohl gar nichts ist. Wird ein Hund auf dem Hundeplatz mit aversiven Mitteln „erzogen" oder mobben ihn die anderen Hunde ständig, können die schlechten Gefühle, die der Hund dabei hat, mit dem Ort verknüpft, konditioniert, werden. Dem Hund ist dann schon schlecht, wenn er den Hundeplatz betritt oder seine innere Uhr ihm sagt, dass heute Samstag, Hundeschuletag, ist. Der Hund kann dann sogar schon mit schlechtem Gefühl zu Hause ins Auto einsteigen (oder gar nicht einsteigen wollen), am Hundeplatz nicht aussteigen wollen etc., auch dann, wenn zur Abwechslung einmal „schöne" Erlebnisse auf ihn warten. Wenn der Hund überhaupt nur zur Hundeschule im Auto fährt, kann sogar das Autofahren negativ belegt werden, der Hund kann Angst vor dem Autofahren bekommen. Im schlimmsten Fall kann er seine schlechten Gefühle sogar auf den Besitzer übertragen. Grundsätzlich kann man gar nicht so verrückt denken, wie klassische Konditionierung funktionieren kann, im Negativen wie im Positiven. Klassische Konditionierung kann letztendlich auch beeinflussen, ob und wie stark unser Hund Genuss im Gestreicheltwerden entdeckt, unsere Freundlichkeit im direkten Blickkontakt oder unsere guten Absichten bei einer Umarmung spürt.

Um unserem Hund zu den „richtigen" Gefühlen in Bezug auf unsere Signale zu verhelfen, ist die klassische Konditionierung hervorragend geeignet. Wiederum hilft uns dabei die GfK, weil sie verhindert, dass wir die Handlungen und Gefühle unseres Hundes persönlich nehmen, und uns dazu anhält, seine Bedürfnisse wahrzunehmen und uns in ihn hineinzuversetzen. Gerade auch dann, wenn unser Hund keine die Mensch-Hund-Kommunikation begünstigende Vergangenheit hat.

Es ist ja nicht einmal so, dass jeder acht Wochen alte Welpe mit dem geeigneten Rüstzeug vom Züchter kommt. Wenn ein Züchter zwar alles schön sauber hält, den Welpen Spielzeug schenkt und sie im Garten herumsausen lässt, mag alles gut aussehen. Den Welpen können dennoch ganz entscheidende Erkenntnisse über das menschliche Ausdrucksverhalten fehlen, wenn der Züchter keinen Spaß und kein Interesse daran hatte, sich mit den Kleinen zu beschäftigen, ihrer Sozialisierung nicht die richtige Richtung gegeben hat. Ein acht Wochen alter Welpe kann bereits gelernt haben, dass Streicheln gute Gefühle macht, ebenso wie Umarmtwerden oder ein Brustgeschirr angezogen zu bekommen, obwohl sich dabei jemand über ihn beugt.

Nach meiner Erfahrung trifft das aber auf die wenigsten zu. Viele Hunde hatten nicht einmal die Möglichkeit, sich an dergleichen zu gewöhnen, also Streicheln, Umarmtwerden oder Verbeugen wenigstens neutral, ohne positive oder negative Gefühlsregung zu empfangen. Hinzu kommt, dass es für einen Hund etwas völlig anderes ist, sich einer vertrauten Person zu überlassen als dem Fremden, der ihn gerade gekauft hat. Viele Hunde holen wir uns dabei gar nicht von einem verantwortungsvollen Züchter, sondern aus zweiter Hand oder aus dem Tierheim. Auch wenn diese Hunde vielleicht schon erwachsen sind, können wir nicht unbedingt voraussetzen, dass alles, was wir tun oder sagen, genau die angenehmen Gefühle beim Hund hervorruft, die wir tatsächlich beabsichtigen.

In der Literatur werden Reize, die von Natur aus automatisch bestimmte Reflexe oder Gefühle verursachen, als unbedingte Reize oder unkonditionierte Stimuli bezeichnet, die entsprechenden Reflexe und Gefühle als unbedingte Reaktionen. Reize, die infolge einer klassischen Konditionierung einen bestimmten Reflex oder ein bestimmtes Gefühl hervorrufen, werden bedingte Reize oder konditionierte Reize genannt. Die entsprechenden Reaktionen heißen dann bedingte bzw. konditionierte Reaktionen.

Gegenkonditionierung

Auf der klassischen Konditionierung beruht die sogenannte Gegenkonditionierung, mit der sich insbesondere „schlechte" Gefühle in „gute" Gefühle umkehren und manchmal auch leichtere Traumata behandeln lassen. Dabei wird das Erscheinen eines z.B. angstauslösenden Reizes mit dem Erscheinen von etwas Positivem gekoppelt. Ein einfaches Beispiel: Ein Hund, der Angst vor großen schwarzen Artgenossen hat, erhält immer dann seine Lieblingsleberwurst aus der Tube, wenn – zunächst in der Ferne, dann in immer kürzerem Abstand – ein großer schwarzer Hund ins Blickfeld kommt. Die Leberwurst darf er schleckern bis der große schwarze Hund verschwindet. Im Laufe der Zeit und vieler Wiederholungen wird der Hund den ursprünglichen Angstauslöser irgendwann mit seiner Lieblingsleberwurst in Verbindung setzen und beim Anblick großer schwarzer Artgenossen nicht mehr automatisch Angst empfinden, sondern das gleiche gute Gefühl, wie dann, wenn er Leberwurst schleckt, auch wenn er die am Ende schließlich gar nicht mehr bekommt: Die Gegenkonditionierung hat bewirkt, dass die ursprünglichen Gefühle des Hundes in Bezug auf große schwarze Artgenossen praktisch ins Gegenteil verkehrt wurden.

Operante bzw. instrumentelle Konditionierung *Skinner*

Durch instrumentelle Konditionierung werden Verhaltensweisen beeinflusst, die der Hund willentlich steuern kann, z. B. „sitz" und „platz", „komm her", „schau mich an", „nein", „bei fuß" und „warte" oder auch am Frühstückstisch „große Augen machen", bellen, wenn es an der Tür klingelt, an der Leine ziehen oder Jogger jagen. Das Wort „instrumentell" erinnert daran, dass für diese Form der Konditionierung „Instrumente" benötigt werden, um etwa zu belohnen oder zu bestrafen. Instrumentelle Konditionierung bedeutet damit „Lernen am Erfolg" bzw. „Lernen durch Erfolg und Irrtum".

Auch wir eignen uns eine Menge Dinge durch Lernen am Erfolg an. Es kann Experimentierfreudigkeit erfordern, zum Beispiel die Klospülung auf der Toilette einer Autobahnraststätte in Gang zu setzen oder einen Wasserhahn zur Herausgabe von Wasser zu bringen. Am Getränkeautomaten einen Becher mit Cola zu füllen, kann lustig sein: Muss man bei manchen Automaten einen Knopf gedrückt halten, bis der Becher voll ist, reicht bei anderen ein ganz kurzer Tastendruck, weil der Automat selbst „weiß", wie viel 0,2 Liter sind. Ein Vertreter der ersteren hat mich schon dazu gebracht, irritiert mehrmals aufs Knöpfchen zu drücken, bis ich entdeckte, dass ich den Knopf gedrückt halten muss. Erfolg ist, wenn es funktioniert! Instrumentelle Konditionierung kann auf vier verschiedene Arten erfolgen. Die US-amerikanische Hundetrainerin Jean Donaldson hat diese in ihrem sehr empfehlenswerten Buch „Hunde sind anders" anschaulich und leicht nachvollziehbar dargestellt:

Etwas Gutes beginnt (z. B. Spiel, Aufmerksamkeit, Streicheln, Futter).	**Etwas Schlechtes beginnt** (z. B. Leinenruck, Schläge, Schimpfen/Bedrohen).
Belohnung „Positive Bestärkung"	**Strafe** „Positive Bestrafung"
Etwas Schlechtes hört auf (z. B. Zug durch Stachelhalsband).	**Etwas Gutes hört auf** (z. B. kein Futter, kein Spiel, keine Aufmerksamkeit).
Belohnung „Negative Bestärkung"	**Strafe** „Negative Bestrafung"

Interessant ist dabei, was, wie wir schon gesehen haben, Wissenschaftler in Tests herausgefunden haben: dass „Etwas Gutes hört auf" beim Tier zu den gleichen gefühlsbedingten Reaktionen führt wie „Etwas Schlechtes beginnt". Ich halte es deshalb für unnötig, in einem Lernprozess falsche bzw. unerwünschte Reaktionen eines Hundes durch tatsächliches Zufügen von Strafe (z. B. Leinenruck) zu bestrafen, denn die Gewissheit, sich etwas Gutes verscherzt zu haben, ist schon Strafe genug.

Auch die instrumentelle Konditionierung findet in vielen Situationen statt, unabhängig davon, ob wir es bemerken oder wollen. Unbeabsichtigte instrumentelle Konditionierung ist für einen großen Teil unerwünschten Verhaltens beim Hund verantwortlich, denn Hunde tun ganz genau wie wir tendenziell öfter das, was funktioniert, als das, was nicht funktioniert, sich also auch nicht lohnt. Hunde stellen dabei ebenfalls wie wir Kosten-Nutzen-Rechnungen an, und wenn der Nutzen die Kosten überwiegt, empfindet der Hund das Entsprechende als lohnend bzw. als Belohnung. Bei manchen Hunden geht das so weit, dass sie bei entsprechender Verknüpfung sogar eine Tracht Prügel oder ähnliche aversive Abschreckungsmaßnahmen unsererseits unter „Das war es mir wert" verbuchen. Weitaus häufiger ist allerdings der Fall, dass Hunde zwischen „Missetat" und Vergeltungsmaßnahme keinerlei Verbindung herstellen, weil sie im Augenblick der Strafmaßnahme zumeist an etwas ganz anderes denken. Die Kosten-Nutzen-Rechnung führt auch dazu, dass Hunde wie Menschen nur das als Belohnung empfinden, was sie individuell auch wirklich haben wollen, ganz gleich ob es sich dabei um Futter, Spielzeug, Aufmerksamkeit oder, bei uns Menschen, beispielsweise um Geld handelt.

Belohnung

In der Mensch-Hund-Kommunikation ist Belohnung verpönt. Ich persönlich halte sie nicht für gänzlich unnötig, auch wenn sich Kommunikation als solche selbst belohnt, indem sie gelingt, funktioniert. In der Mensch-Hund-Beziehung spielt aber nicht nur Kommunikation eine Rolle, sondern innerhalb dieser auch die Ausübung von Macht, auf die wir, wie schon angedeutet, noch zu sprechen kommen. Wenn wir mit Hunden kommunizieren wollen, müssen wir außerdem berücksichtigen, dass sie – wir hatten es schon – zunächst immer erst unsere Sprache, Schlüsselwörter, Signalwörter, Gesten und unser

Ausdrucksverhalten (kennen-)lernen müssen. In diesem Lernprozess finde ich Belohnung oder positive Bestärkung ausgesprochen nützlich. Wenn ich meinem Hund z. B. mit Leckerchen bestätige: *„Ja! Genau das ist Sitz!", „Genau das bedeutet Komm her!", „Genau das meine ich, wenn ich sage Bei Fuß!"*, fällt es ihm leichter, die Bedeutung meiner Signale zu entschlüsseln. Erst wenn er diese Bedeutungen gelernt hat, kann ich erwarten, dass (insbesondere digitale) Kommunikation zwischen uns funktioniert, der Hund also z. B. herankommt, wenn ich ihn rufe, oder er mir auch mal zu verstehen gibt: *„Nein, hier riecht es gerade!"* Auch das fällt unter Kommunikation, obwohl es nicht immer einfach ist, zu differenzieren: Wenn ein Hund bei zehnmal rufen nur sechs- oder siebenmal Anstalten macht heranzukommen, kann er an mir und meinen Kommunikationsangeboten desinteressiert sein. Es kann aber auch sein, dass er noch gar nicht weiß, was ich eigentlich von ihm will.

Ich habe schon unzählige Hunde kennengelernt, die nur deshalb „nicht hörten", weil sie schlicht und ergreifend keinen blassen Dunst davon hatten, was „hier" oder „komm" überhaupt heißt. Oder, was auch recht häufig ist, dass der Hund aufgrund entsprechender Erfahrungen zu der Überzeugung gelangt ist: *„Wenn sie ruft, dann kommt sie gleich."* Solche Hunde bleiben beim Rückruf häufig einfach nur stehen und warten darauf, abgeholt zu werden. Reagieren ihre Besitzer ungehalten, machen sie auf mich oft einen hilflosen oder resignierten Eindruck. Hat der Hund (das Gewünschte) gelernt, braucht er nicht mehr immer eine Bestätigung. Die entsprechende Beziehungsqualität vorausgesetzt, reagiert er, antwortet, wie wir es uns wünschen, weil Kooperation eine von ihm grundsätzlich bevorzugte Strategie zur Erfüllung vieler seiner Bedürfnisse ist. Was für uns nicht zuletzt bedeutet, sinnvollerweise auch dafür zu sorgen, dass sich seine Bedürfnisse durch Kooperation weitestgehend erfüllen. Ansonsten stehen die Chancen gut dafür, dass er diese aufgibt.

Futterbestätigungen haben für mich übrigens einen nicht zu unterschätzenden Vorteil gegenüber anderen Belohnungsformen: Futter wird vom Hund einfach abgeschluckt, ohne dass er aus der Lernsituation „herausgerissen" wird. Wenn hingegen das Bällchen fliegt, sind viele Hunde in Sekundenbruchteilen so hochgefahren, dass es schwierig bis unmöglich sein kann, sie wieder so weit „herunterzuholen" dass sie konzentriert weiterarbeiten können. Lobende Worte haben grundsätzlich den Nachteil, dass auch sie für einen Hund Signale in Fremdsprache darstellen, er also nicht „naturgegeben" verstehen muss, was wir ihm mit Lob sagen wollen. Wenn Lob funktionieren soll, muss das entsprechende Lobwort zuvor mit Futtergabe, Spiel, Aufmerksamkeit etc. verknüpft worden sein (durch klassische Konditionierung fühlt sich der Hund dann automatisch „gut", wenn das Lobwort ertönt), oder der Hund muss erfahren haben, dass das Lobwort zuverlässig das Ausbleiben einer Strafe anzeigt. Das soll die Bedeutung von „freundlichen Gesten" wie Streicheln, netten Worten oder Lächeln nicht abwerten, denn indem wir insbesondere durch Formen analoger Kommunikation unserem Hund unseren sozialen Zusammenhalt mitteilen, bestätigen bzw. verstärken wir Verhalten auch. Hier macht es die Mischung, denke ich, je nach Situation und „Großartigkeit" der Leistung. Denn gerade dort, wo wir die instrumentelle Konditionierung nutzen, um unseren Hund von gewissen Strategien zur Bedürfnisbefriedigung abzuhalten (dem Hetzen von Wild beispielsweise) und dabei mit sogenannten konkurrierenden Verstärkern klarkommen müssen, genügen freundliche oder auch weniger freundliche Worte manchmal nicht.

Der Vollständigkeit halber sei erwähnt, dass Hunde, die ihr normales Hundefutter gern fressen, getrost damit belohnt werden können. Für besondere Leistungen sollte es allerdings auch besonderes Futter zur Belohnung geben, sogenanntes „Superfutter". Dazu zählt alles, was der Hund wirklich gern mag, aber nur selten bekommt. Es darf sich dabei aus Hundesicht durchaus um „Genussmittel" im weitesten Sinne handeln. Wenn es denn unbedingt Brathuhn, Edelkäse oder Ähnliches sein soll: bitte schön! Entschädigender Nebeneffekt: Je großartiger die Belohnung, desto schneller vollzieht sich der Lernprozess, vorausgesetzt, die Belohnung ist nicht so großartig, dass sie das Denkvermögen des Hundes überwältigt. Die Größe einzelner Belohnungshäppchen sollte sich am Hund orientieren, der Hund sollte das Häppchen nur abschlucken, nicht kauen. Erbsengröße genügt für einen mittelgroßen Hund völlig.

> *Von Bedeutung ist, dass der Hund bei der reinen instrumentellen Konditionierung immer zuerst lernt, WAS er tun soll, und danach, WANN er „was" tun soll, nämlich auf ein bestimmtes Signal hin.*

Zuerst lernt der Hund also beispielsweise, sich hinzusetzen, danach, sich hinzusetzen, wenn der Besitzer „sitz" sagt oder ein Handzeichen macht. Das Wort- oder Handsignal muss im zweiten Schritt unmittelbar vor dem gewünschten Verhalten erfolgen. Will man für dasselbe Verhalten ein neues oder weiteres Signal einführen, muss dieses unmittelbar vor dem bereits gelernten Signal gegeben werden.

1. Schritt: Der Besitzer wartet, bis sich der Hund hinsetzt, und gibt ihm dafür eine Belohnung.

2. Schritt: Als der Hund Anstalten macht, sich zu setzen, sagt der Besitzer „sitz". Als der Hund sitzt, erhält er eine Belohnung.

3. Schritt: Der Hund soll sich setzen. Der Besitzer sagt „sitz". Der Hund setzt sich. Als der Hund sitzt, erhält er eine Belohnung.

4. Schritt:	Der Hund soll sich hinsetzen, wenn der Besitzer eine Tafel mit der Aufschrift „SITZ" hochhält. Der Besitzer hält die Tafel hoch und sagt unmittelbar darauf „sitz". Als der Hund sitzt, erhält er eine Belohnung. Nach einigen Wiederholungen setzt sich der Hund auch dann, wenn der Besitzer nur die Tafel hochhält und gar nichts sagt.

Da es für einen Hund oft einfacher ist, körpersprachliche Signale zu verstehen, empfiehlt es sich, mit Handsignalen anstelle von Wortsignalen zu beginnen. Soll später ein zusätzliches Wortsignal etabliert werden, muss das Wortsignal unmittelbar vor dem Handsignal gegeben werden, wie im Beispiel das Hochhalten der Tafel. Wie bereits angedeutet, ist ebenfalls empfehlenswert, Belohnungen mit einem Belohnungssignal, z. B. einem Markerwort, zu verbinden, bzw. anzukündigen, mit „fein" oder „prima" etwa (dann klappt's auch mit dem Lob), und falsche Reaktionen des Hundes mit einem Jetzt-hast-du's-dir-vergeigt-Signal zu belegen, etwa mit „falsch", „fehler" oder „ooh, schaaaade" (Strafe). Auch ein Clicker kann wertvolle Dienste in Sachen „Fremdsprachenunterricht für Hunde" leisten. Wichtig beim Einsatz von Verstärkern ist allerdings immer, sich im Lauf der Zeit wieder von ihnen zu lösen. Verstärker und Belohnungen sind Wegbereiter – nicht mehr, aber auch nicht weniger.

Desensibilisierung

Sowohl eine misslungene Gewöhnung als auch klassische und instrumentelle Konditionierung haben zur Folge, dass ein Hund auf bestimmte Reize bzw. Signale sensibel reagiert, sensibilisiert wird. Eine solche Sensibilisierung kann positiv sein, aber auch negativ: Wenn unser Hund beispielsweise voller Freude tanzt und hüpft, wenn wir

Verstärker, Belohnungen, sind Wegbereiter, von denen man sich im Laufe der Zeit wieder löst.

Mit positiver Bestärkung macht „Hundeschule" dem Hund und dem Besitzer gleichermaßen Spaß.

Gerade das Anti-Jagd-Training erfordert umfassendes Wissen in Sachen Lerntheorien.

uns Jacke und Schuhe anziehen, reagiert er in positiver Weise sensibel auf unser Signal zum Spazierengehen. Bekommt er Angst, weil er etwa erwartet, dass ihm gleich mit großem Theater das Brustgeschirr angezogen wird, reagiert er in negativer Weise sensibel. Sind Sensibilisierungen nicht in unserem Sinn oder leidet ein Hund darunter, behindern oder blockieren sie gar unsere Kommunikation mit dem Hund, können wir sie durch Desensibilisierung wieder rückgängig machen. Dabei wirken klassische und instrumentelle Konditionierung parallel.

Wenn ein Hund z. B. Angst bekommt und sich klein macht, vielleicht sogar wegläuft, wenn wir uns zu ihm hinunterbeugen, wird der Angstauslöser „Hinunterbeugen" zunächst sprichwörtlich in Stücke gehackt. Wir verbeugen uns nur ein kleines bisschen und bestärken (belohnen) den Hund dafür, dass er sich nicht klein macht oder wegläuft, dass er eben keine Reaktion zeigt (instrumentelle Konditionierung). Gleichzeitig führen der Genuss der Belohnung (Superfutter) und die sich einstellende Entspannung aufseiten unseres Hundes zu einer Veränderung seiner Gefühle von „negativ" zu „positiv" (klassische Konditionierung, Gegenkonditionierung). Sobald der erste Schritt gelungen ist, verbeugen wir uns stufenweise immer stärker und bestärken entsprechend. Behutsames Vorgehen, viel Geduld und genaue Beobachtung sind notwendig, um eine Sensibilisierung tatsächlich aufzulösen. Wer nicht wirklich einen Schritt nach dem anderen macht, sondern zu schnell fortschreitet oder aus Ungeduld zwischendurch gar bestraft, riskiert nicht nur den Erfolg seiner Therapie, sondern auch eine Verschlimmerung des Problems. Als Problem können wir dabei durchaus auch Verhaltensweisen unseres Hundes wahrnehmen, mit denen dieser überschäumende Freude ausdrückt, z. B. wenn unser Hund bellt und hopst, sobald wir nach seinem Lieblingsball greifen.

Eine Desensibilisierung hätte auch hier zum Ziel, dass der Hund nicht mehr in Aufregung verfällt, nicht mehr hopst und springt, sondern gar nicht oder diszipliniert reagiert, wenn wir seinen Ball in der Hand haben.

Das innere Bild

Stellenweise sind wir bereits auf innere Bilder zu sprechen gekommen, jene Bilder, die wir uns von uns selbst und von der Welt, aber auch von unserem Hund und anderen Menschen machen. Innere Bilder haben enorme Macht. Die Vorstellung vom Maschinenhund ist ein inneres Bild, ebenso wie die Bilder, die wir uns von Kampfhunden, Familienhunden, Therapiehunden, Traumhunden, Hundeexperten und anderen machen. Innere Bilder prägen auch unsere Lebenseinstellungen und Werte. Im Volksmund heißt es sogar: *„Der Glaube* (also die inneren Bilder) *kann Berge versetzen."* Unsere inneren Bilder haben entscheidenden Einfluss auf das, was wir als unser persönliches Glück bezeichnen. Sie bestimmen darüber, ob wir als Optimisten oder Pessimisten durch die Welt laufen und wie wir unsere persönliche Realität damit vergleichen, wie es sein sollte (Bedürfnisse und Bedürfniserfüllung). Innere Bilder machen wir uns auch, wenn wir versuchen, uns in unsere Hunde hineinzuversetzen, uns in sie einzufühlen. Manchen Menschen gelingt das so gut, dass sie z. B. tatsächlich den Geschmack des Gummiballs, an dem ihr Hund gerade kaut, im Mund haben und Ähnliches. Es gibt sogar einen „Tierberuf", der sich auf innere Bilder konzentriert, den des Tierkommunikatoren. Tierkommunikatoren scheinen mit Tieren über die Kraft der Gedanken kommunizieren zu können, eben über die Übertragung innerer Bilder. Um die inneren Bilder eines Tieres zu „empfangen", bedarf es jedoch keineswegs „telepathischer Fähigkeiten". Denn tatsächlich kommunizieren Tiere durchaus auch innere Bilder, wenn sie sich in bestimmter Weise verhalten: Sie teilen sie analog mit, durch Blicke, Berührung, Mimik, Gestik etc. Auch wir transportieren unsere inneren Bilder nach außen. Zumeist ganz unbewusst, ob über Stimme, Körpersprache oder Gesichtsausdrücke. Setzen wir uns bewusst mit unseren inneren Bildern auseinander, können sie uns im Hundetraining und in der Hundeerziehung sehr hilfreich sein.

Konzentration auf die Aufgabe

Ich beobachte gar nicht so selten, dass Hunde nur deshalb „ungehorsam" erscheinen, weil ihre Besitzer beim Training nicht ganz bei der Sache sind. Dem Hund wird beispielsweise „sitz-bleib" signalisiert, der Besitzer geht ein paar Schritte weg, und schon steht der Hund auf, läuft hinterher oder zu einem Kumpel oder schnüffelt herum. Ich meine insoweit nicht die Hunde, die die entsprechenden Signale noch nicht gelernt haben, sondern die, die sehr wohl wissen, was sich die Besitzer wünschen. Oft scheint es mir, als spürten diese Hunde, dass sich ihre Besitzer nicht richtig auf die Aufgabe konzentrieren, und deshalb für sich entscheiden: *„Na, dann kann's ja nicht so wichtig sein!"* Viele der betroffenen Besitzer geben zu, dass sie im Innersten erwarten, dass der Hund nicht hört. Ich glaube, dass diese Erwartung, das damit verbundene innere Bild, unbewusst das Verhalten der Besitzer beeinflusst und sie ihrem Hund gegenüber weniger selbstsicher und auch weniger bestimmt, abgeklärt und souverän auftreten, den Kopf vielleicht auch voll mit anderen Dingen haben. Die Erwartung aber, dass ein Hund etwas sowieso nicht macht, ist eine andere als die, dass er es selbstverständlich machen wird. Selbst wenn wir z. B. nur sagen (oder auch nur denken!): *„Mal schauen, ob er's macht"*, oder: *„Das kann er"*, haben wir ein anderes Bild von unserem Hund im Kopf als dann, wenn wir erwarten, dass er etwas nicht tut. Vielleicht verhalten wir uns dadurch sogar anders, für uns selbst unmerklich, für den detailfixierten Hund aber mehr als offensichtlich. Schon eine geringfügig veränderte Körperspannung unsererseits kann für unseren Hund einen riesigen Unterschied ausmachen. In solchen Situationen sage ich oft: *„Wenn du glaubst, dass er nicht hört, dann tut er dir den Gefallen"*, und tatsächlich scheint es ganz genauso zu sein. Die Erwartung, dass der Hund nicht hört, führt anscheinend fast zwangsläufig zu einer sich selbst erfüllenden Prophezeiung. Ich wage dann zuweilen ein kleines Experiment und schlage dem Hundebesitzer, um beim Sitz-Bleib-Problem zu bleiben, vor: *„Stell dir mal vor, wie er aussieht, wenn er da sitzt. Wenn du dich jetzt entfernst, denk mal an nichts anderes außer an dieses Bild, wie er da sitzt."* Das Ergebnis ist oft erstaunlich, denn der Hund sitzt wie eine Eins und bewältigt die Aufgabe mit Bravour und großer Selbstverständlichkeit. Sogar auf einem ganz normalen Spaziergang können nach meiner Erfahrung innere Bilder einen Unterschied im Verhalten des Hundes bewirken: Bleibe ich mit meinen Gedanken bei ihm, kann es sein, dass er sich weniger weit wegwagt und mir gegenüber aufmerksamer ist, als wenn ich mit meinen Gedanken „woanders" bin, gar telefoniere oder Ähnliches. Aufgrund dieser Erfahrungen nicht nur mit „sitz-bleib", sondern auch mit „bei fuß", „nein", „komm" und all den anderen Gehorsamskunststücken nutze ich selbst das innere Bild so gut wie immer, wenn ich einem Hund irgendetwas beibringen möchte oder einen Hund zu einem bestimmten Verhalten veranlassen will. Während des Lernprozesses habe ich dabei nicht das Endresultat im Kopf, sondern jeweils den nächsten Schritt auf dem Weg dorthin. Mein inneres Bild ist also gleichsam ein Standbild aus einem inneren Film. Ich stelle mir genau das detailliert vor, was ich haben möchte, und belohne in dem Augenblick, wenn Einbildung und reales Bild übereinstimmen. Auch wenn ich keine Ahnung habe, wie oder warum es funktioniert: Es funktioniert hervorragend.

Einfluss des Glückshormons Serotonin

Interessant finde ich, dass unsere inneren Bilder Einfluss auf unseren Serotoninspiegel haben, ein Hormon, das auch als Glücks- oder Konzentrationshormon bezeichnet wird. Ein hoher Serotoninspiegel sorgt nicht nur für Wohlbefinden, sondern auch dafür, dass uns Artgenossen unbewusst als Chef und Führungspersönlichkeit wahrnehmen, wie Neurobiologen nachgewiesen haben. Die ideale Führungskraft muss deshalb nicht etwa besonders schlau oder stark sein, sondern im Blut lediglich einen hohen Serotoninspiegel aufweisen, also besonders glücklich und frei von Unsicherheit und Angst sein.

Regelrecht spektakulär erscheinen dabei die Untersuchungen einer Forschergruppe um den Biochemiker Michael Raleigh von der University of California in Los Angeles: Sie maß bei den Oberhäuptern einer Affengruppe die Serotoninwerte und stellte fest, dass die jeweils ranghöchsten Männchen und Weibchen immer auch weit höhere Serotoninkonzentrationen im Blut hatten als die rangniedrigeren Artgenossen. Entfernten die Forscher den Chef, stieg automatisch beim bisherigen Vize der Serotoninspiegel signifikant an, und das Tier übernahm übergangslos die Führung. Nach dieser Beobachtung holten die Forscher auch den ursprünglich rangzweiten, neuen Chef aus dem Käfig und injizierten einem weit unten in der Rangordnung stehenden Männchen einen „booster shot", der seine Serotoninwerte in die Höhe schießen ließ. Das Ergebnis beeindruckte zutiefst, denn das bislang hochgradig schüchterne Tier markierte sofort den Boss und wurde von den anderen auch sogleich als solcher akzeptiert.

Ob man seinen Serotoninspiegel in die Höhe jagen kann, indem man sich auf positive innere Bilder konzentriert, ist meines Wissens noch nicht erforscht worden. Vielleicht ist es auch einfach nur die Konzentration auf einen gemeinsamen Aufmerksamkeitsfokus von Mensch und Hund, der die Sache mit den inneren Bildern im Hundetraining

funktionieren lässt. Der bekannte Göttinger Neurobiologe Gerald Hüther ist beispielsweise der Auffassung, dass auch Tiere über innere Bilder verfügen, was mir absolut schlüssig erscheint. Hüther argumentiert, dass Tiere eine Vorstellung, ein inneres Bild, davon haben müssen, dass z. B. Wasser Durst löschen wird, welche Nahrung die richtige ist, dass ein Beschwichtigungssignal eine aggressive Auseinandersetzung abwenden kann oder welche Reaktionen eine Spielaufforderung beim Gegenüber haben wird. Genau wie wir machen sich Tiere ein inneres Bild vom perfekten Paarungspartner und verschmähen diejenigen, die diesem Ideal nicht wenigstens annähernd entsprechen. Und wenn wir unseren Hunden bestimmte Kunststückchen beibringen, modellieren wir in ihren Köpfen ebenfalls innere Bilder von dem, was z. B. „sitz" oder „platz" bedeuten.

Menschen denken in Worten, Tiere in Bildern

Ein schönes Experiment zu den inneren Bildern, den Einstellungen, Vorstellungen und Überzeugungen von Hunden beschreibt Gerald Hüther in seinem Buch „Die Macht der inneren Bilder": Saugwelpen wurden dabei nicht an der Mutterbrust, sondern mit der Flasche aufgezogen, wobei die Sauger mit unterschiedlich großen Öffnungen versehen wurden. Es gab drei Gruppen. Die eine kam in den Genuss von Saugern mit sehr großen Öffnungen, sodass die Welpen ohne sich anzustrengen binnen weniger Minuten satt waren. Die zweite Gruppe erhielt Sauger, die in ihrer Saugleistung dem Trinken an der Mutterbrust entsprachen. Die dritte Gruppe musste mit Saugern mit ganz kleinen Öffnungen zurechtkommen. Diese Welpen brauchten deutlich länger als ihre Kollegen an der Mutterbrust, um satt zu werden, sie mussten sich beim Saugen am meisten anstrengen. Überraschenderweise erbrachten die Hunde dieser dritten Gruppe später die besten Ausbildungsleistungen, also gerade die, die als Steppkes vor die größten (aber zu bewältigenden!) Herausforderungen gestellt worden waren. Sie hatten in Sachen Problembewältigung sehr wahrscheinlich andere innere Bilder entwickelt als ihre „verwöhnten" Artgenossen.

Hüther lässt nicht unerwähnt, dass manche inneren Bilder bei Tieren genetisch verankert sind, weshalb der Frosch auch ohne es lernen zu müssen, die Fliege erkennt, ebenso wie das Huhn den Habicht oder das Schaf den Wolf. Bei manchen Tieren, so Hüther, ist das Gehirn jedoch bereits plastisch genug, um genetisch verankerte innere Bilder durch später angelegte, aus der eigenen Erfahrung entwickelte innere Bilder zu ergänzen. Auch Hunde sind dazu fähig. Rehe und Hasen mögen beispielsweise grundsätzlich als Beute erkannt werden, Hunde können dennoch lernen, Rehe und Hasen nicht zu jagen. Desgleichen können Katzen für einen Hund im Allgemeinen „Hassobjekte" darstellen, trotzdem kann er Unterschiede zur eigenen Katze machen, ebenso wie er entscheiden kann, nur Opas Hühner nicht zu zerrupfen. Seine inneren Bilder prägen eben auch die persönlichen Ziele und Werte, die ein Hund für sich wählt. Und vielleicht ist der einzige Unterschied im Denken von Mensch und Tier, dass wir größtenteils in Worten denken, Tiere hingegen in inneren Bildern. Nicht zuletzt basiert auch die GfK auf einer bestimmten inneren Einstellung, inneren Bildern von Soll- und Istzuständen.

Das Bild des „Maschinenhundes"
Gerade in Bezug auf unsere Hunde erscheint mir von großer Wichtigkeit, unsere inneren Bilder, die unseren eigenen, aber auch Hunde im Allgemeinen betreffen, hin und wieder zu überprüfen. Mir scheint, dass wir allzu oft unsere realen Hunde noch immer an unserer Vorstellung vom Maschinenhund messen, das Bild, das unser Hund abgibt, mit dem Bild abgleichen, dass wir uns von dem für uns perfekten

Superhund machen. Hollywood, die Politik, die Medien und auch Verwandte, Freunde und Bekannte tragen nicht selten dazu bei, den perfekten Superhund unreflektiert als Maß aller Dinge hochzuhalten. Wir aber haben die Wahl: Anstatt dem Superhund hinterherzuhinken, können wir uns ein inneres Bild jenes Hundes machen, der unser Hund tatsächlich werden kann. Ich wage zu behaupten, dass allein das viele Mensch-Hund-Beziehungen gewaltig entspannen könnte.

Bitte schön!

Wenn wir die GfK auf unseren Hund anwenden, sehen wir eine Bitte nicht mehr als Betteln an, sondern als einen Wunsch bzw. die Offenbarung eines Bedürfnisses. Wenn wir uns etwas von unserem Hund wünschen, signalisieren wir ihm etwas. Wie wir bereits gesehen haben, setzt ein Signal, anders als Befehl oder Kommando, nicht nur eine einzige, vordefinierte Antwortmöglichkeit voraus, sondern lässt eine Wahl, darunter auch die, „nein" zu sagen. Wenn wir uns das vor Augen halten, dann sehen wir die Erfüllung eines Wunsches nicht mehr als etwas an, das jemand tun muss, sondern als das, was es tatsächlich ist: ein Geschenk. Wir haben kein „Recht" darauf, dass unser Hund kommt, wenn wir ihn rufen, dass er „sitz" macht, wenn wir das sagen, dass er sich knuddeln lässt, wenn wir das wollen. Unser Hund beschenkt uns, wenn er „hört". Also freuen wir uns einfach!

Ich selbst sorge regelmäßig für Amüsement, wenn ich „Danke" sage, wenn meine Hunde etwas „Schönes" machen, meine Lotti z. B. mal wieder einen Schuh verschleppt hat und auf *„Lotti, such den Schuh!"* bereit ist, ihn aus seinem Versteck zu bergen und zurückzubringen. *„Du bedankst dich bei deinem Hund?"*, werde ich dann oft gefragt, und dann gebe ich offen zu: *„Ja, ich bedanke mich bei meinem Hund!"*

Ich finde es nett von meinen Hunden, wenn sie etwas tun, weil ich es möchte. Sie könnten auch anders. Hin und wieder revanchiere ich mich mit einem Gegengeschenk, einer Belohnung. Zum einen, weil ich um Konditionierungsprozesse weiß, zum anderen aber auch, weil es mir Spaß macht zu sehen, wie sich meine Hunde über das Gegengeschenk freuen. Gerade auch, wenn es nur schmeckt.

Es mag auf den ersten Blick nicht nur umständlich, sondern auch sinnlos erscheinen, wenn wir in der GfK die gesamte Folge von Beobachtung, Gefühl, Bedürfnis und Bitte nachvollziehen, unsere Bitten aber nicht erfüllt werden. Es lohnt sich dennoch. Denn durch die GfK nehmen wir empathisch wahr, uns und unseren Hund bzw. auch andere Menschen. Und: Wir versetzen uns in die Lage, eine Vielzahl unterschiedlicher Strategien zu entwickeln, um uns selbst Bedürfnisse zu erfüllen, wenn der andere das im Augenblick nicht kann. Denn wenn sich Bedürfnisse nicht erfüllen, liegt das manchmal nur daran, dass uns die Fantasie fehlt. Der Unterschied zu herkömmlicher Auseinandersetzung ist deutlich, auch wenn gerade in der Kommunikation mit unserem Hund Zwiegespräche oft allein in unseren Gedanken stattfinden. Schauen wir uns ein Beispiel an, das wahrscheinlich viele Hundebesitzer kennen: Unser Hund zieht an der Leine, das Bei-Fuß-Gehen funktioniert aber überhaupt (noch) nicht.

Kommunikation ohne Empathie

„Ich ärgere mich darüber, dass der Hund an der Leine zieht, dabei üben wir in der Hundeschule schon so lange Bei-Fuß-Gehen. Eigentlich müsste der Hund wissen, dass er nicht an der Leine zu ziehen hat. Er ist total dominant. So ein doofes Vieh. Ein kurzer Leinenruck wird ihn zur Vernunft bringen. Er zieht weiter?! Ich bin so sauer auf diesen Hund. Er ist total unerzogen. Unser Hundetrainer ist unfähig./Bei un-

serem Hundetrainer läuft er prima bei Fuß, wieso nicht bei mir? Ich bin unfähig. Vielleicht hört er mit Leckerchen auf zu zerren. Nein, hört er nicht. Verschlingt alles und zerrt weiter. Was denkt der, wer er ist?! Ich rucke noch mal an der Leine, diesmal aber heftig. Ich schnauze ihn an. „Ja, da guckst du blöd!" Ich bin so genervt. Ich habe absolut keinen Bock mehr auf diesen dämlichen Köter."

Kommunikation mit Empathie

Beobachtung:	*Es ist ein starker Zug auf der Leine.*
Gefühl:	*Ich bin genervt, wenn so viel Zug auf der Leine ist.*
Bedürfnis:	*Wenn Zug auf der Leine ist, bin ich genervt, weil ich so nach diesem Tag heute nicht zur Ruhe komme. Ich brauche jetzt Entspannung.*

Für den Hund:	*Mein Halsband würgt. (Beobachtung)*
	Ich bin voll frustriert. (Gefühl)
	Wenn mich mein Halsband würgt, bin ich frustriert, weil ich so nicht richtig atmen kann und weil mir außerdem mein Hals wehtut und es in meinen Ohren drinnen saust.
	Dabei will ich doch nur ein bisschen schnüffeln.
	Immer wenn es gerade interessant riecht, riecht es weiter vorn noch interessanter. Da möchte ich hin, das will ich untersuchen. Hier hat vor ein paar Stunden die Afje hingemacht, hach, das riecht ja sooo gut! Wie Hochzeit! Und wo ist sie dann hingegangen? Zu den Mülltonnen, ah, hier lag eine alte Bockwurst – hat sie aufgefressen, die Glückliche. Oh NEIN – hier ist sie dem Rolfi begegnet ... (Bedürfnisse)

Überlegung:	Er hat keinen Nerv „ordentlich" an der Leine zu gehen. Ich bin auch nicht in der Lage, das ausgerechnet jetzt mit ihm zu üben. Das Training braucht noch Zeit, immerhin klappt es ja schon, wenn keine Ablenkung vorhanden ist. Außerdem war er sechs Stunden allein zu Hause. Er ist auch nur ein Hund. Was kann ich tun, um mein Bedürfnis nach Entspannung zu erfüllen und zugleich seines nach Bewegung und Aktion?
Strategien:	1. Ich kehre um und hole die Schleppleine. 2. Ich lasse ihn ziehen und lege mich nachher in die Badewanne. 3. Ich gehe in den Park und mache ihn von der Leine los, dahinten, wo immer die vielen Hunde spielen. Da setze ich mich auf eine Bank und schaue zu. 4. Ich hole seinen Ball und tobe mit ihm, Bewegung wird mir sicher auch guttun. 5. Warum soll er eigentlich ausgerechnet „bei Fuß" gehen – ich lasse ihm einfach mal etwas mehr Leine und schlendere ihm hinterher. Dann geht er eben mal mit mir spazieren, was soll's – da kriegen wir bestimmt nicht gleich ein „Dominanzproblem". 6. ...

In beiden Fällen führt unser inneres Zwiegespräch mit unserem Hund bzw. mit uns selbst nicht dazu, dass die an unseren Hund gerichtete Bitte, „bei Fuß" zu gehen, erfüllt wird. Wenn wir uns aber von der Strategie *„Der Hund muss bei Fuß gehen, damit ich entspannen kann"* lösen und herauszufinden versuchen, wie wir uns in der konkreten Situation unser Bedürfnis nach Entspannung selbst erfüllen können, breitet sich vor uns plötzlich eine ganze Fülle von Möglichkeiten aus. Die allesamt auch noch geeignet sind, die (wahrscheinlichen) Bedürfnisse unseres Hundes zu erfüllen. Stress entsteht, wenn wir auf einer bestimmten (manchmal konditionierten) oder bevorzugten Strategie bestehen und „blind" fordern, anstatt innezuhalten, nachzudenken und kreativ zu sein. Und: Allein die Tatsache, dass wir unseren Hund nicht be- oder verurteilen und vorallem sein Verhalten nicht persönlich nehmen, sondern uns einfühlen, lässt unseren Ärger und unsere Frustration verrauchen. Wir fühlen uns besser, leichter, häufig auch weniger rat- und hilflos, was sich unmittelbar auf unser Verhalten und die für den Hund spürbare Kommunikation mit ihm auswirkt, insbesondere hinsichtlich unserer Körpersprache oder dem Zufügen von Strafe (wie Leinenruck, Anrempeln, Klaps, eventuell auch Bedrohung durch direktes Anschauen und Über-den-Hund-Beugen in Vorbereitung auf die verbale Attacke, das Anschnauzen oder Schimpfen). Außerdem geraten wir nachträglich nicht in die Situation, uns für einen eventuellen Ausraster zu schämen oder schuldig zu fühlen. Rosenberg sagt sogar: *„Je mehr wir uns in die andere Person einfühlen, desto sicherer fühlen wir uns selbst."* Auch wenn die andere Person ein Hund ist, kann ich dem nur zustimmen.

Beide Formen der Kommunikation, die mit Empathie und auch die ohne Empathie, können bewirken, dass wir unser Verhalten ändern. Wir ändern es aber aus unterschiedlichen Gründen: Wenn wir uns nicht einfühlen aus Schuld, Scham oder Pflichtgefühl, wenn wir uns einfühlen, aus unseren Werten und Bedürfnissen heraus. Das eine werden wir jedoch bei Weitem nicht so befreiend und befriedigend erleben wie das andere, weil es nicht selbst-, sondern fremdbestimmt ist. Wir sagen dann, wir müssen bestimmte Dinge tun oder unterlassen.

z.B. Kategorisch

Abschied vom „Müssen" – die Zweite

Wie gefährlich das Wort müssen ist, haben wir schon gesehen. Dennoch verwenden wir es geradezu inflationär, insbesondere in Bezug auf unsere Hunde. Nicht nur sie müssen alles Mögliche. Auch wir selbst müssen viel, wenn wir uns einen Hund anschaffen. „Müssen" aber verlangt im Zweifel von uns, unsere eigenen Bedürfnisse zugunsten des Hundes zurückzustellen oder umgekehrt. Für mich hört sich das nach Sklaverei an (eben emotionaler Sklaverei) und liegt so fern von Freude, dass mir, wenn ich es nicht besser wüsste, die Lust auf Hunde komplett vergehen könnte. Gerade, weil „müssen" ja auch immer „verzichten müssen" einschließt.

Die gute Nachricht: **Die GfK kennt das Wort „müssen" nicht.** Dennoch birgt sie das größte Potenzial, dass sich die Bedürfnisse aller Beteiligten erfüllen. Nicht, weil wir uns für irgendetwas schämen oder gegenseitig etwas schulden, sondern weil uns bestimmte eigene Bedürfnisse und Werte wichtig sind. Entsprechend ersetzt die GfK das Wort „müssen" durch „frei wählen", ganz nach Rosenbergs Motto: *„Tue nichts, was du nicht aus spielerischer Freude heraus tust!"*
Wem die Übersetzung von müssen in wollen nicht in jeder Hinsicht gelingt, weil er hinsichtlich einiger Dinge bei aller Liebe nicht behaupten kann, dass er will statt muss, sollte eine Liste dieser Dinge anfertigen. Rosenberg empfiehlt dafür ein bestimmtes Schema, bei dem zunächst vor jeden Punkt auf der Liste *„Ich habe frei gewählt zu* ..." geschrieben wird. Alternativ funktioniert auch *„Ich habe mich entschieden zu* ...". Es kann hier und da Überwindung kosten, schwarz auf weiß hinzuschreiben, wozu wir uns eigentlich immer noch gezwungen sehen. Doch das Schema ist an diesem Punkt noch nicht fertig.

Wir ergänzen schließlich noch „*Denn ich möchte* ...“ oder „*Weil mir wichtig ist* ...“. Und dann erforschen wir unser Inneres nach unseren wahren Gründen. Ein paar Beispiele:

› Ich habe mich entschieden, meinem Hund im Bus einen Maulkorb anzuziehen, weil mir wichtig ist, dass sich andere Menschen in seiner Gegenwart sicher fühlen.

› Ich habe mich entschieden, in diese weiter entfernte Hundeschule zu fahren, weil mir wichtig ist, dass mir die Trainer Erziehungsmethoden vermitteln, die wissenschaftliche Erkenntnisse über Hundeverhalten und Lernbiologie berücksichtigen.

› Ich räume auf, weil ich Unterwäsche brauche, die nicht angekaut ist.

› Ich übe mit meinem Hund, an lockerer Leine zu gehen, weil mir wichtig ist, auch bei Spaziergängen mit der Leine nach einem anstrengenden Arbeitstag entspannen zu können.

› Ich lasse meinen Hund in der Stadt nicht frei laufen, weil mir wichtig ist, die Sicherheit im Straßenverkehr nicht zu gefährden.

› Ich fahre zum Spazierengehen aus der Stadt hinaus, weil ich meinem Hund die Freude machen möchte, nach weitgehend eigenem Gusto ohne Leine zu laufen und zu schnüffeln.

› Ich habe meinem Kind erlaubt, einen Hund zu halten, weil mir wichtig ist, dass es Verantwortungsbewusstsein und Rücksichtnahme übt.

› Ich unterstütze mein Kind bei der Pflege, Erziehung und Versorgung des Hundes, weil mir wichtig ist, bestimmte Werte vorzuleben und weiterzugeben.

Pseudobedürfnisse

Es mag banal erscheinen, aber wenn wir uns bewusst machen, welche Werte und Bedürfnisse unseren Handlungen wirklich zugrunde liegen, erleben wir sie nicht mehr als die Belastung, die die Pflicht ursprünglich darstellte (z. B. dem Hund im Bus einen Maulkorb anzuziehen, weil das nun mal so vorgeschrieben ist). Es kann sein, dass wir uns, während wir solche scheinbar ungeliebten Dinge tun, mehrfach daran erinnern müssen, warum wir sie tun. Wir tun sie dann dennoch nicht mehr, weil wir müssen, sondern weil wir wollen. Dieses Bewusstsein verändert unsere Einstellung, vielleicht erleben wir sogar, dass etwas, was wir immer zu verabscheuen glaubten, uns auf einmal sogar Freude macht, uns motiviert. Dennoch kann dieser Prozess durchaus schmerzvoll sein, denn gelingen kann er nur, wenn wir mit uns selbst wirklich bis auf die Knochen ehrlich sind.

Es ist möglich, dass wir bei der Erforschung der Frage, warum wir bestimmte Dinge tun, auf etwas stoßen, das ich in Anlehnung an die „Pseudogefühle" „Pseudobedürfnisse" nennen möchte. Rosenberg hat für die zwischenmenschliche Kommunikation insgesamt sechs solcher Beweggründe identifiziert, die keine wirklichen Bedürfnisse darstellen:

> Geld,
> Bestätigung,
> um einer Bestrafung zu entgehen,
> damit wir uns nicht schämen,
> damit wir uns nicht schuldig fühlen,
> aus Pflichtgefühl heraus.

Alle sechs Punkte können in Mensch-Hund-Beziehungen zum Tragen kommen.

Geld

Es mag auf den ersten Blick abwegig erscheinen, doch es gibt Konstellationen, in denen Menschen nur deshalb bestimmte Dinge mit ihrem Hund machen, weil sie Geld dafür bekommen. Sei es bei Zirkusshows, in der Zucht oder auch beim Einsatz von Therapiehunden. Ich möchte keineswegs den Eindruck erwecken, dass überall dort, wo der Einsatz eines Hundes mit Geld vergütet wird, irgendetwas nicht stimmt, ganz im Gegenteil. Geld ist aber kein Bedürfnis, sondern wieder einmal eine Strategie, mit der uns die Erfüllung einiger Bedürfnisse gelingen kann. Als eine Art „Maßeinheit" limitiert Geld jedoch die Bedürfniserfüllung und regelt sie auf den sogenannten Bedarf herunter. So mag ich z. B. das Bedürfnis nach Essen haben, wenn ich in meiner Tasche aber nur 50 Cent finde, erstreckt sich mein Bedarf lediglich auf die Speisen, die ich für 50 Cent kaufen kann. Ich kann dann zwar kein Steak mit Salat und Kroketten genießen. Satt werde ich unter Umständen dennoch, wenn ich etwa drei trockene Brötchen verputze. Geld an sich ist Teil eines Belohnungssystems. Deshalb sind wir auch nicht wirklich glücklich, wenn wir irgendetwas nur für Geld tun.

Bestätigung

Auch Bestätigung hat mit Belohnung zu tun. Ich stimme Rosenberg voll zu, wenn er sagt, dass wir regelrecht süchtig nach Bestätigung sind, danach, dass jemand unsere Leistungen lobt, Bemühungen honoriert etc. Manch einer schafft sich einen Hund überhaupt nur an, um von anderen aufgrund des Hundes bewundert und geachtet zu werden oder schlicht aufzufallen, wie die Mensch-Hund-Beziehungsstudie von Silke Wechsung gezeigt hat. Manche Hundebesitzer erwarten auch vom Hund selbst Bestätigung, etwa *„dass er zu mir aufsieht",* und wenden entsprechend bestimmte Erziehungsmaßnahmen an, von denen sie glauben, dass sie besonders dazu beitragen,

Hunde können denken – in inneren Bildern. Denn innere Bilder sind Gedanken. Und als solche können sie auch kommuniziert und von anderen „empfangen" werden.

Auf inneren Bildern von Soll- und Ist-Zuständen basieren auch „Spielregeln".

Eine Bitte ist die Offenbarung eines Bedürfnisses und damit alles andere als eine Forderung.

dass der Hund zu ihnen aufsieht. Manch einer glaubt sogar, dass wir auch unsere Hunde allein aus unserem eigenen Hunger nach Bestätigung belohnen, und lehnt deshalb insbesondere die Futterbelohnung kategorisch ab. Meine Ansicht ist eine andere, denn Belohnung im Sinne positiver Verstärkung bei der instrumentellen Konditionierung ist Biologie, das andere tatsächlich ein echtes „Psychospielchen" – unter Menschen (!). Meine persönliche Beobachtung ist zudem, dass auch diejenigen, die auf Futterbelohnung verzichten, Lob, Spielzeug oder Aufmerksamkeit und manchmal vermehrt Strafreize einsetzen, also doch positiv oder negativ bestärken bzw. strafen. Von großer Tragweite ist unser Hunger nach Bestätigung auch dann, wenn wir von unserem Hund Dankbarkeit erwarten. Ich glaube wirklich, dass Hunde Dankbarkeit empfinden können, aber immer bezogen auf eine konkrete, aktuelle Situation, nicht „global". Dennoch ist es bei Weitem nicht nur einmal vorgekommen, dass Klienten mit einer gewissen Verzweiflung zu mir gesagt haben: *„Ich mache wirklich alles für ihn. Ich habe ihn noch nie geschlagen, gehe spazieren, füttere ihn. Er darf sogar ins Wohnzimmer, das durfte Paco früher nie. Und trotzdem muss er mich immer ärgern!"* Unser Hunger nach Bestätigung führt aber nicht nur dazu, dass wir uns oft regelrecht versklaven und unsere wirklichen Bedürfnisse unterdrücken. Rosenberg betont, dass wir hungernd nach Bestätigung aus dem Wunsch heraus handeln, andere dazu zu bringen, uns zu mögen, und deshalb auch alles vermeiden, was dazu führt, dass uns andere ablehnen oder bestrafen. In und für Mensch-Hund-Beziehungen hat das nach meiner Erfahrung fatale Auswirkungen. Wer z. B. Angst davor hat, sein Hund könnte ihn ablehnen, wenn er ihm Dinge abverlangt, die dem Hund nicht gefallen – von Regeln und Verboten bis hin zur Verabreichung von Medikamenten und Körperpflege –, kann seinen Hund leicht in unklare Rangverhältnisse zwingen, seine Gesundheit gefährden etc., nicht zuletzt mit gravierenden Auswirkungen auf das Verhalten des

Hundes und die daraus resultierende individuelle Mensch-Hund-Beziehungsqualität. Bravsein ist nicht immer gesund. Oder, wie Rosenberg selbst sagt: **Die Belohnung fürs Bravsein ist Depression.** Das trifft nicht nur auf Menschen zu, sondern umgekehrt auch auf Hunde, wie wir im Kapitel über Hilflosigkeit noch sehen werden.

Um einer Bestrafung zu entgehen

Dieser Punkt erscheint nur auf den ersten Blick abwegig. Doch wie oft gehorchen wir der Leinenpflicht oder einem Maulkorbzwang beispielsweise nur deshalb, weil wir kein Bußgeld zahlen wollen? In wie vielen Hundevereinen verhindern wir mit allen Mitteln, dass unser Hund auf die Wiese kackt, damit wir bloß keinen Euro in die Kaffeekasse werfen müssen? Und denken wir nur an jene, die ihren Hund dem Partner oder der Familie regelrecht abgetrotzt haben und anschließend unter dem Druck von Sanktionen stehen, unter anderem, dass der Hund wegkommt, wenn nicht bald das, das und das klappt. Vor allem Kinder sind hier betroffen, aber nicht ausschließlich. Eine meiner Klientinnen etwa setzte nach Jahren des innerfamiliären Hundestreits endlich durch, ein Tier vom Tierschutz aufzunehmen, zugestehend, dass sie allein sich um den Hund kümmern werde. *„Wenn er anfängt zu kläffen, kommt er weg"*, lautete die Antwort. Der Hund fing irgendwann an zu „kläffen". Die Dame wandte sich an mich, nachdem er *„während der ganzen 45 Minuten bellte, die mein Mann im Keller verbrachte"*. Natürlich machte der Mann da unten Geräusche, die den Hund beunruhigt haben mögen, aber erst meine schon etwas ahnungsvolle Frage: *„Wie viel Mal hat er denn innerhalb der 45 Minuten ‚Wau' gesagt?"*, brachte mich auf die richtige Spur. Die Antwort lautete: Fünf Mal. Dabei war der kleine Hund nach jedem „Wau" von selbst wieder leise gewesen. In der Zweitwohnung, die meine Klientin von Berufs wegen tageweise allein mit dem Hund nutzte, hatte der Hund noch nie „Wau" gesagt, unheimliche Geräusche hin oder her. Nach meiner Auffassung bestand absolut kein Trainingsbedarf. Ich denke, ein Hund ist ein Hund und macht den Mund nicht nur zum Gähnen auf. Das Problem war ein anderes, das mit dem Tier nur mittelbar zu tun hatte, das aber dazu führte, dass meine Klientin, um der drohenden Bestrafung durch den Verlust des Hundes zu entgehen, ein „Antibelltraining" durchziehen wollte. An dessen Sinn hatte sie selbst im Vorfeld auch schon gezweifelt, wie sie einräumte. Statt den Hund zu therapieren schilderte ich ihr meine Vermutungen hinsichtlich ihrer inneren Befindlichkeiten, wenn sie mit dem Hund allein bzw. mit dem Hund und der Familie zusammen war. Sie war so offen, meine Vermutungen zu bestätigen: War sie mit dem Hund allein, fühlte sie sich sicher und entspannt, kam sie mit der Familie zusammen, begann der Stress. Hoffentlich bellt er nicht, hoffentlich macht er nichts, hoffentlich stellt er nichts an. Dank ihrer Empathiefähigkeit nehmen Hunde wahr, was und wie wir uns fühlen, gerade auch, wenn wir gestresst und unsicher sind. Das mag dazu geführt haben, dass der Hund meiner Klientin in der Zweitwohnung nicht bellte, zu Hause aber schon, einfach weil Frauchen dort nicht die in sich ruhende und souveräne Führungspersönlichkeit war, als die er sie sonst kannte, und er selbst deshalb ebenfalls unsicher war. Wie dem auch sei, das Blatt wendete sich. Als ich etwa ein halbes Jahr nach unserem Treffen mit meiner Klientin telefonierte, erzählte sie mir, wie gut alles lief, dass es zwar hin und wieder kleinere Scharmützel (nicht nur) wegen des Hundes gab, sie aber keine Angst mehr hatte, den Hund wieder weggeben zu müssen. Ihr Mann habe in einem Streit einmal gesagt, entweder der Hund käme jetzt weg oder er würde gehen. Sie habe darauf aber nur geantwortet: „*Na, wenn du's darauf ankommen lassen willst*", und er sei trotzdem geblieben. Zugegeben, so viel Mut kann nach hinten losgehen und gewaltfreie Kommunikation gestaltet sich auch etwas anders. Aber blicken wir nach vorn!

Damit wir uns nicht schämen

Es kann durchaus vorkommen, dass wir in Bezug auf unsere Hunde bestimmte Dinge tun, um uns nicht zu schämen. Manchen von uns sind Hundemäntel beispielsweise so peinlich, dass unser Hund auch dann keinen bekommt, wenn er im Winter wirklich draußen friert. Gleiches gilt für das Anlegen eines Maulkorbs: Ich kenne eine ganze Reihe von Hunden, die ich persönlich ausschließlich mit Maulkorb auf die Straße lassen würde, auch wenn es sich dabei um Hunde handelt, die sich auf keiner „Liste" finden. Dennoch bekommen einige dieser Hunde keinen Maulkorb. Unter anderem, weil der Maulkorb dem Hund unangenehm sein könnte, teilweise aber auch, weil der Besitzer nicht mit einem Hund, der „gefährlich aussieht", in der Öffentlichkeit auftreten will. Das diesem Argument zugrunde liegende Gefühl ist meiner Meinung nach Scham.

In die Kategorie „Damit wir uns nicht schämen" gehören auch die vielen Gelegenheiten, bei denen wir glauben, uns später mit Selbstvorwürfen zu geißeln, wenn wir dieses oder jenes nicht tun.

Ich gehe jetzt trotz des Mistwetters mit dem Hund spazieren, damit ich mir hinterher nicht sagen muss, dass ich faul und egoistisch bin.

Ich lasse den Hund nicht mehr aufs Sofa, damit Tante Hilde nie mehr behaupten kann, ich würde dem Rexi alles erlauben.

Damit wir uns nicht schuldig fühlen

Auch in Sachen Hund tun wir manche Dinge nur, um nicht schuld an der Enttäuschung anderer zu sein. Wir fürchten, die Erwartungen anderer nicht zu erfüllen, wenn wir dieses oder jenes unterlassen, z. B. in die Hundeschule gehen, dem Hund das Betteln abgewöhnen, das Auf-dem-Sofa-Lümmeln und Im-Bett-Schlafen. Es macht allerdings einen großen Unterschied in unserer Befindlichkeit aus, ob wir solche Dinge tun, um uns nicht schuldig zu fühlen, oder ob wir das eine oder andere aus dem Bedürfnis heraus machen, zum Wohlbefinden anderer beizutragen. Auch in Sachen Hundebeschäftigung und „Auslastung" kommt „Damit wir uns nicht schuldig fühlen" manchmal zum Tragen: Wer lieber spazieren geht als zu Agility, Dogdancing oder Flyball braucht kein „schlechtes Gewissen" zu haben, weil er seinem Hund vermeintlich etwas vorenthält. Tatsächlich sind die meisten Hunde auch ohne „Vollverplanung" glücklich.

Aus Pflichtgefühl heraus

In diese Kategorie gehört alles, was wir nach den Vorstellungen anderer „sollten", „müssten", „nicht dürfen", „zu tun" und „zu lassen haben" oder was von uns „erwartet wird". In keinem dieser Fälle haben wir irgendeine Wahlmöglichkeit. Weder wir noch unsere Hunde sind aber irgendwelche Roboter, die auf Knopfdruck dazu gezwungen werden können, abzuliefern. Tragisch finde ich vor allem, wenn „Du solltest", „Ich erwarte" etc. dazu führen, dass uns sogar Dinge verleidet werden, die uns eigentlich Freude machen.

Die Pseudobedürfnisse finde ich auch in Bezug auf Silke Wechsungs Mensch-Hund-Beziehungsstudie interessant. Wechsung hatte herausgefunden, dass Hundebesitzer in ihrer Mensch-Hund-Beziehung weniger zufrieden sind, wenn sie ihren Hund vorwiegend angeschafft haben, damit er bestimmte Funktionen erfüllt. Einige dieser Funktionen betreffen Pseudobedürfnisse, insbesondere im Hinblick darauf, durch den Hund Anerkennung und (Be-)Achtung zu bekommen, Macht auszuüben und Abhängigkeit zu erleben oder den Hund als Beschützer oder Kinderbespaßer „einzustellen". Die (Pseudo-) Bedürfnisse, die die Betroffenen damit zu erfüllen suchen, haben zumeist mit einem Hunger nach Bestätigung zu tun. Weil Pseudobedürfnisse aber keine echten Bedürfnisse sind, werden wir, auch wenn es uns gelingt, Pseudobedürfnisse tatsächlich zu erfüllen, sehr wahrscheinlich nicht bekommen, was wir wirklich brauchen.

„Pseudobedürfnisse" sind die eine Sache. Es kann aber auch gut sein, dass uns zu einzelnen Punkten auf unserer Liste gar nichts einfällt. Wir könnten z. B. hinsichtlich „spazieren gehen" im Brustton der Abscheu zugeben: *Ich hasse es, spazieren zu gehen, ich hasse es so sehr, dieses sinnlose Im- Kreis-Gelatsche!"* Die GfK ist in diesem Falle konsequent und sagt: Dann lass es! An diesem Punkt begeben wir uns allerdings auf eine Gratwanderung in unserer Mensch-Hund-Beziehung. Wenn uns trotz allem wichtig ist, dass die Bedürfnisse unseres Hundes erfüllt werden und wir abgesehen vom „Lästigen" sehr glücklich mit unserem Hund sind, können wir uns Unterstützung holen und „auslagern", was uns keinen Spaß macht, z. B. für das Spazierengehen einen Gassiservice oder für die Fellpflege einen Hundefrisör engagieren. Solche Konstellationen können funktionieren. Es kann aber auch sein, dass wir und unser Hund erst dann glücklicher leben, wenn wir uns trennen.

Dampf ablassen

Wut, Ärger oder auch Frustration sind Gefühle, denen ungeheure Energie innewohnt. Wir haben schon gesehen, dass wir uns manchmal schwer mit ihnen tun, weil wir vielfach gelernt haben, sie mit Bosheit gleichzusetzen und sie deshalb zu unterdrücken, hinunterzuschlucken. In der GfK lassen wir auch diese Gefühle ebenso wie Traurigkeit oder Bedauern zu, wir unterscheiden aber zwischen der jeweiligen Ursache und dem Auslöser. Das, was ein anderer Mensch oder unser Hund tut oder sagt, ist niemals Ursache für das, was wir empfinden. Ursache für „negative" Gefühle sind immer unerfüllte Bedürfnisse. Wenn unser Hund an der Leine zerrt, ist er nicht Ursache unseres Ärgers, er löst in uns lediglich Ärger aus. Die Differenzierung ist bedeutsam, denn wenn wir glauben, unser Hund sei schuld an unserem Ärger, dann konzentrieren wir uns auf ihn, anstatt auf unsere Bedürfnisse. Wir vermischen Ursache und Auslöser, ebenso, wie wenn wir uns damit geißeln, an etwas selbst schuld zu sein. Schon sind wir wieder mittendrin im Teufelskreis aus Verurteilung, Schuld und Scham und blockieren damit unsere Fantasie und Fähigkeit, zielführende Strategien zur Erfüllung unserer Bedürfnisse zu finden. Rosenberg weist in diesem Zusammenhang darauf hin, dass Ärger in unserem Denken wohnt, in Gedankenmustern von Schuld und Verurteilung, aber auch von Pflichtgefühl. Hier schließe ich die „Pflichten" des Hundes durchaus ein, denn Ärger wohnt auch im Denken über unsere Hunde, insbesondere hinsichtlich von „Missetaten" wie an der Leine zerren oder Jogger anbellen.

Wenn wir unserem Hund die Schuld an unserem Ärger geben, bewegen wir uns in eine Sackgasse hinein, an deren Ende durchaus auch Aggression und Gewalt stehen können. Wer hat nicht schon einmal gedacht: *„Ich bin so sauer, dass ich ihn an die Wand klatschen könnte"*? In der Sackgasse neigen wir dazu, zu bestrafen, weil wir meinen, dass der, der schuld ist an unserem Ärger, Strafe verdient. Der Pferdefuß daran ist, dass wir dann die Energie, die in unserem Ärger steckt, vollständig auf die Strafmaßnahme verschwenden, anstatt sie in die Erfüllung unserer unerfüllten Bedürfnisse zu investieren. Auch wenn wir unseren Hund bestraft haben, sind diese Bedürfnisse noch unerfüllt. Hinzu kommt, dass uns oft auch noch leidtut, was wir getan haben, also wiederum Schuld und Scham ins Spiel kommen.

Ein Ventil ohne Beschuldigung

Ärger kann dennoch so gewaltig sein, dass es uns schlicht nicht mehr möglich ist, empathisch auf einen anderen Menschen oder unseren Hund einzugehen. Deshalb ist es wichtig zu reflektieren, wie wir unseren Ärger so zum Ausdruck bringen können, dass wir andere nicht gleichzeitig beschuldigen oder verletzen. Die GfK hilft uns hier mit vier Schritten:

> innehalten und atmen,
> unsere verurteilenden Gedanken identifizieren,
> Kontakt zu unseren Bedürfnissen herstellen,
> unsere Gefühle und Bedürfnisse aussprechen.

Wir versuchen dabei also zunächst nicht, auf den anderen einzugehen, und konzentrieren uns auf uns selbst. Was wir brauchen, dürfen wir dann gern auch herausschreien. Das funktioniert selbst dann, wenn unser Gegenüber ein Hund ist. Wichtig ist, ihn nicht anzubrüllen, sondern tatsächlich nur herauszuschreien, was wir gerade brauchen: *„Dieses Gehopse nervt mich dermaßen – ich brauche jetzt einmal fünf Minuten Ruhe!"* Zugegeben – manchmal können ein Abbruchsignal oder ein trainiertes Alternativverhalten („sitz") helfen, aber ich denke, wir alle kennen Momente, in denen uns auch der letzte Nerv fehlt und wir einfach zu nichts „Besserem" imstande sind. Was wir in der Situation auch tun mögen – es ist das Beste, was wir tun können. Wir sind auch nur Menschen und keine Maschinen. Vielleicht betrachten wir das, was wir tun, im Nachhinein als Fehler. Doch ein Fehler ist auch ein Helfer (er wird sogar aus denselben Buchstaben gemacht, wie es so schön heißt), und er ermöglicht uns, aus der Situation herauszutreten und zu lernen. Um jedoch erst einmal bei unserem Beispiel zu bleiben: Wem es Erleichterung bringt, sich ein paar Minuten zurückzuziehen, darf natürlich in ein einsames Zimmerchen flüchten. Und er darf auch mit der Tür knallen. Das wird niemanden traumatisieren, auch nicht unseren Hund. Der wird zwar nachvollziehen, dass wir gerade stocksauer sind. Weil wir ihn aber nicht angreifen, ihn nicht ausschimpfen, wird er genauso erkennen, dass sich unsere Wut nicht gegen ihn richtet. Meiner Ansicht nach ist es für einen Hund die natürlichste Sache der Welt, dass auch Menschen „Gefühlsbündel" sind und dass Gefühle uns unterschiedlich bewegen und aussehen lassen. Genau das lernt er schließlich unter anderem im Rahmen seiner Sozialisierung. Nicht zuletzt ist es bei Hunden innerartlich nicht anders. Am besten kann unser Hund mit einem „negativen" Gefühlsausbruch unsererseits umgehen, wenn wir ihm dabei den Rücken zukehren. Gegenüber einem anderen Menschen ist das selbstverständlich nicht notwendig, er versteht ja die Worte, die wir sagen. Wenig zu überraschen braucht uns allerdings, wenn unser Hund, genau wie mancher Mensch versuchen wird, uns zu beruhigen oder zu trösten.

Wenn der Hund stinksauer ist

Unser eigener Ärger ist die eine Seite der Medaille. Unser Hund kann genauso sauer sein wie wir, und auch er bringt Wut, Ärger, Frustration oder Genervtsein zum Ausdruck. Wie wir schon gesehen haben, wird das für viele Menschen zum Problem, weil ein Hund Wut, Ärger etc. durch aggressive Verhaltensweisen zu erkennen gibt. Vor allem das Knurren stellt für viele Menschen ein Problem dar. Ein knurrender Hund steht zuweilen sogar für das Böse schlechthin. Knurren wird deshalb vielfach bestraft, sei es durch Schimpfen oder sogar Schläge. Ich persönlich finde das sehr gefährlich. Sehen wir uns zunächst aber an, wie wir einen knurrenden bzw. aggressiv kommunizierenden Hund mithilfe der GfK betrachten.

Für aggressive Kommunikation steht einem Hund eine breite Palette spezifischer Signale zur Verfügung, auf die wir bereits eingegangen sind. Ein Hund, der aber z. B. knurrt, fühlt auch irgendetwas, er kann frustriert sein, neidisch, ärgerlich oder stinksauer, und all diese Gefühle können mit weiteren gepaart sein, etwa mit Furcht oder Angst,

Unsicherheit, Ungeduld etc. Der Hund kann sogar zwischen widerstreitenden Gefühlen hin- und hergerissen sein (Mischmotivationen). Zugleich liegen den Gefühlen auch bei unserem Hund Bedürfnisse zugrunde. Es mag beispielsweise sein, dass er mehr Sicherheit braucht, das Respektieren territorialer Grenzen, Ruhe, Essen oder ein Spielzeug, um darüber Status zu demonstrieren. Unerfüllte Bedürfnisse sind auch bei unserem Hund Ursache für seine Gefühle. Dinge, die andere Hunde oder auch wir tun oder sagen, können diese Gefühle lediglich auslösen. Dennoch passiert es auch Tieren zuweilen, dass sie anscheinend Ursache und Auslöser für ihre Gefühle vermischen und sich zu Strafaktionen und „Racheakten" hinreißen lassen. Meine Katze Smilla lieferte dafür immer wieder schöne Beispiele. Wer sie z. B. streichelte, obwohl sie nicht gestreichelt werden wollte (Bedürfnis), konnte damit rechnen, dass sie zunächst aufstand und ging, jedoch nur, um Minuten später zurückzukommen und „aus heiterem Himmel" zu beißen. Einmal saß Smilla geschlagene zehn Minuten sauer herum, ehe sie sich rächte. Nach ihren Racheakten war sie jedes Mal wie auf Knopfdruck erleichtert und zufrieden. Man konnte sehen, wie sie sich entspannte. In einem Film über Wölfe habe ich eine Wolfsmutter sogar einmal denselben „Fehler" machen sehen, den Hundehalter immer noch begehen, wenn sie ihren Hund bei seiner Rückkehr fürs vorherige Weglaufen bestrafen. Ein Welpe dieser Wölfin war an einen Bären geraten und alle begaben sich in Gefahr, um den Kleinen zu retten. Als der Bär verjagt war, erhielt der Welpe von Mama noch einmal eine Abreibung, einen heftigen Stoß mit der Schnauze, dass er nur so im Gras purzelte. Mein Bummi attackiert übrigens manchmal Elsa, wenn sie sich nach einem Rückruf von mir nicht augenblicklich „Beine" gemacht hat.

Während wir zwischen Ursache und Auslöser für unsere Gefühle unterscheiden können, sind Hunde dazu, so denke ich, tatsächlich nicht in der Lage. Dennoch halte ich es für möglich und wert, es stellvertretend für sie innerhalb unserer Mensch-Hund-Kommunikation zu tun. Und ich plädiere dafür, einen Hund grundsätzlich sagen zu lassen, was er sagen möchte. Das schließt aggressive Kommunikation ein, gerade weil sie in den allermeisten Fällen mit jedem Knurren, jedem harten Blick, jeder Scheinattacke der Vermeidung tatsächlicher Schäden dient. Ein Hund, der knurrt, ist in meinen Augen deshalb alles andere als „böse„, sondern echt nett, zeigt er mir doch, dass ihm grundsätzlich nicht daran gelegen ist, jemandem „Böses" anzutun, wenn dieser Jemand bereit ist, die jeweiligen Bedürfnisse des Hundes zu respektieren. Wer seinen Hund für Drohverhalten bestraft und ihm z. B. das Knurren „abgewöhnt", bekommt als Resultat keinen „lieben" Hund. Er erreicht lediglich, dass der Hund ihn nicht mehr wissen lässt, wenn ihn etwas nervt. Weil er sein Gefühl nicht mehr mitteilen kann, sozusagen „mundtot" gemacht wird, bleibt auch das darunterliegende Bedürfnis unerfüllt, mit der Folge, dass der Hund vielleicht irgendwann massivere Abbruchsignale einsetzt, straft oder keinen anderen Ausweg mehr sieht, als aus der Selbstverteidigung heraus zu beißen.

Drohverhalten ist dennoch immer ein Alarmsignal, weil es in letzter Konsequenz um unsere Sicherheit geht. Es ist außerordentlich ratsam, im Zweifel einen versierten Verhaltenstherapeuten zurate zu ziehen, vor allem, weil ein Großteil hundlicher „Aggressivität" nach meiner Erfahrung auf fehlender Führung und Missverständnissen innerhalb der Mensch-Hund-Kommunikation beruht. Drohverhalten ist in den meisten Fällen zugleich ein Zeichen von mangelndem Vertrauen, von Angst oder eben unklaren Rangverhältnissen und zeugt damit davon, dass sich auch der Hund unter den gegebenen Lebensbedingungen nicht wohlfühlt. Die Konsultation eines Experten ist dann nicht nur Menschenschutz, sondern zugleich aktiver Tierschutz.

Vom Umgang
mit der Macht

Wer sich in der Kommunikation einfühlsam mit seinem Gegenüber auseinandersetzt, gerade auch im Streit, findet zumeist irgendwann zu einem Konsens. Im Gegensatz zum Kompromiss, bei dem die Beteiligten hinsichtlich ihrer Wünsche und Bedürfnisse Abstriche machen, bedeutet Konsens, eine neudeutsch so schön genannte Win-win-Situation zu erreichen, eine Lösung also, bei der alle Beteiligten gewinnen. Mag die GfK das auch als primäres Ziel anstreben, so lehrt die Lebenserfahrung doch, dass Dialog und gegenseitiges Einvernehmen manchmal nicht gelingen. In solchen Fällen kann die Anwendung von Macht sinnvoll sein.

In Mensch-Hund-Beziehungen sind wir Menschen in der Regel diejenigen, die die Macht besitzen und ausüben. Das liegt daran, dass wir mit unseren Hunden in einer „Menschenwelt" leben, die wir Menschen bestimmen und gestalten und in der die Anwendung von Macht nicht zuletzt der Rücksichtnahme und Schadensabwendung dient. Die Macht, die wir über unsere Hunde ausüben, geht jedoch noch weiter. Hunde sind uns in einem Maße ausgeliefert, das wir in seiner Tragweite tatsächlich nur schwer ermessen können. Sie sind im wahrsten Sinne des Wortes Leibeigene. In der Regel kaufen wir unsere Hunde und suchen dabei den in unseren Augen schönsten, frechsten, mitleiderregendsten oder übrig gebliebenen aus, der Hund selbst bestimmt (mit wenigen Ausnahmen) eher nicht, dass er bei uns leben wird. Wir bestimmen darüber, was der Hund frisst, wo er schläft, welche Farbe seine Leine hat und ob er im Winter einen Mantel anzieht, ob seine Krallen lackiert werden, er einer Schutzhundeausbildung unterzogen wird, im Flugzeug mit in den Urlaub fliegt oder welche Artgenossen oder welche anderen Tierarten als Mittiere bei uns einziehen. Wir bestimmen, ob wir unseren Hund mit Belohnung oder Strafe erziehen, wir bestimmen, wann und womit er spielt, ob und mit wem er Babys bekommt und ob und welche Vorsorge- oder Behandlungsmaßnahmen ihm ein Tierarzt im Bedarfsfall angedeihen lässt. In ihrem Bedürfnis, geführt zu werden, sind Hunde darauf angewiesen, dass wir Macht ausüben. In der GfK legen wir dabei aber nicht nur Wert auf die Verhinderung von Machtmissbrauch, sondern auch auf die Unterscheidung von beschützender und strafender Macht. Nicht zuletzt liegt es auch in unserer Macht, ob sich die Bedürfnisse unseres Hundes innerhalb unserer Mensch-Hund-Beziehung erfüllen oder nicht.

Die beschützende Macht

Beschützende Macht wenden wir an, um Schäden abzuwenden, die unser Hund verursachen könnte, wenn wir ihm absolute Freizügigkeit gewähren würden. Da Hunde nun einmal Hunde sind und keine kleinen Menschen mit Fell und vier Beinen, sind ihnen auch nicht immer die Konsequenzen all ihrer Handlungen bewusst. Zudem machen sie sich manchmal keine Gedanken darüber, ob sie andere verletzen, wenn sie versuchen, sich bestimmte Bedürfnisse zu erfüllen. Ich würde nicht so weit gehen zu behaupten, sie würden sich nie Gedanken darüber machen, denn sonst ließe sich auch keine Rücksichtnahme beobachten. Mögen meine Hunde meinem Kind hinterrücks den Keks aus der Hand klauen, so beißen sie ihm deswegen nicht gleich die ganze Hand ab. Dennoch gibt es Hunde, die eigene Interessen auch gegenüber Menschen ohne Rücksicht auf Verluste durchzusetzen versuchen. Und insoweit auch gar nicht rücksichtsvoll sein wollen.

Beschützende Macht wird von unseren Werten und Bedürfnissen geprägt, z. B., wenn wir verhindern, dass unser Hund Rehe jagt, in Sandkästen pinkelt, verhasste Artgenossen massakriert, Autofahrer zu riskanten Bremsmanövern nötigt oder sich selbst gefährdet. Beschützende Macht bedarf insoweit immer vorausschauenden Handelns unsererseits. Beschützende Macht wirkt auch, wenn wir aus bestimmten Gründen Bitten unseres Hundes nicht erfüllen. Denn aus der Tatsache, alles zu bekommen, was er will und wann er es will, leitet mancher Hund einen hohen Status, einen hohen Rang ab, was in der Beziehung zu seinem oder seinen Menschen zu massiven Problemen führen kann. Insbesondere, wenn der Hund noch sehr jung ist. Solche Dinge müssen nicht, können aber passieren, weshalb aus meiner Sicht auch „Vorbeugungsmaßnahmen" zu beschützender Macht zählen. Meine erwachsenen Hunde beispielsweise genießen deshalb weitaus mehr Privilegien und Freizügigkeit als meine jüngeren Hunde oder Welpen. Solche Vorbeugungsmaßnahmen fallen mir zuweilen durchaus schwer, weil „die Kleinen" einerseits so babygleich an mein Fürsorgeverhalten appellieren, die Erfüllung einer Hundebitte andererseits aber auch viel mit Schenken zu tun hat. Schenken wiederum ist das, was uns glücklich macht, glücklicher noch, als selbst beschenkt zu werden. Zur Bereicherung des Lebens beitragen

ist eines unserer grundlegendsten Bedürfnisse, und speziell die Bereicherung eines kleinen Hundelebens macht uns so ungeheuer viel
Freude, weil der Hund so herrlich fähig ist, anzunehmen. Er stellt
sich nicht nach dem Motto „Eine Hand wäscht die andere" in unsere
Schuld und degradiert unser Geschenk zu einem Abhängigkeitsver-
hältnis, wie es uns manchmal mit anderen Menschen passieren kann.

Hundewünsche erfüllen

Dennoch dürfen wir uns durchaus erlauben, auf Bitten unseres Hundes einzugehen. Vielfach heißt es, der Hund fordere dieses oder jenes.
Das Wort „fordern" halte ich jedoch nicht immer für passend, weil
„fordern" kein Bedürfnis zum Ausdruck bringt, sondern darauf abzielt, einen anderen zu einer ganz bestimmten, vordefinierten Handlung zu veranlassen, über einen anderen zu bestimmen. Es gibt Hunde, die das versuchen und dafür „über Leichen" gehen. Diese Hunde
sind nach meiner persönlichen Erfahrung jedoch äußerst selten. Die
allermeisten unserer Hunde signalisieren uns nach meiner Auffassung eher ein Bedürfnis, wenn sie vermeintlich „fordern". Hunde
bilden also einen „Ich-Satz", keinen „Du-Satz": *Ich möchte"* oder *„will
haben"* ist insoweit etwas völlig anderes als *„Gib mir"*. Wie oft wir es
uns leisten können, auf Hundebitten einzugehen, ist von Hund zu
Hund sehr unterschiedlich und hängt von vielen Faktoren ab, die
sich nicht nur auf die Rasse des Hundes beziehen, sondern vor allem auf seine individuelle Persönlichkeit. Es gibt Hunde, denen man
praktisch jeden Wunsch von den Augen ablesen darf, ohne dass diese
unseren hohen Rang je infrage stellen. Es gibt jedoch auch Hunde,
bei denen hier eine äußerst restriktive Behandlung empfehlenswert
ist. Bei solchen Hunden kann es manchmal sogar sinnvoll sein, sie
nicht mehr aus ihrem Napf, sondern nur noch aus der Hand zu füttern, wobei sich die Hunde jeden kleinen Bissen wirklich erarbeiten.

Konditionierungsprozesse

Wichtig ist, daran zu denken, dass in Sachen Hunde-Wunscherfüllung Konditionierungsprozesse wirken. Wenn mir meine Hunde beim Kochen signalisieren: *„Wir möchten jeder ein Stück rohes Rindergulasch"*, habe ich mehrere Möglichkeiten, darauf zu reagieren, instrumentelle Konditionierung ist in jedem Fall beteiligt. Lasse ich keinen Gulasch rüberwachsen, bleibt das Gute, die Belohnung, aus, was der Hund als Strafe für das gerade gezeigte Verhalten empfindet, vom Sitz machen bis hin zum Fiepen. Wenn ich niemals Gulasch abgebe, verzichten meine Hunde deshalb irgendwann auf Verhaltensangebote. Sie signalisieren dann nicht mehr, dass sie etwas abhaben wollen, weil es ja sowieso nichts bringt. Entsprechend belohne ich Verhaltensangebote, wenn ich ihrem Wunsch nach einem Stück Gulasch nachkomme. Wenn die Hunde sitzen, das Sitzen, wenn sie fiepen, das Fiepen. Wenn sie im Angesicht meines Fleischermessers gar zu sabbern beginnen, obwohl der Gulasch noch im Kühlschrank liegt, weiß ich, dass mir ganz im Vorbeigehen auch noch eine klassische Konditionierung gelungen ist. Wenn ich darauf achte, in welchem Augenblick ich Gulasch verschenke, kann ich meine Hunde zuverlässig darauf trainieren, ganz bestimmte Dinge zu tun, wenn ich koche: etwa fiepend Männchen zu machen oder sich hinter mir still abzulegen, aus der Terrassentür in den Garten zu schauen oder mit geschlossenen Augen zu atmen. Das Witzige an der Sache ist, dass einige dieser Verhaltensweisen unbeteiligten Beobachtern wie „betteln" erscheinen, andere hingegen nicht. Wenn Lotti irgendwann beim Kochen immer in den Garten guckt, wissen nur wir beide, dass das das Signal für *„Ich möchte ein Stück rohes Rindergulasch"* ist. Wie könnte da noch jemand auf den Gedanken kommen, Lotti würde betteln?!

Wenn wir unseren Hund jedes Mal, wenn er etwas Bestimmtes tut, belohnen, dann belohnen wir ihn kontinuierlich. Was anfangs, solange der Hund tatsächlich noch lernt, sinnvoll ist, ist später nicht

Eine Schleppleine ist ein empfehlenswertes Hilfsmittel, um beschützende Macht auszuüben, wenn ein Hund zum Beispiel jagt.

Auch „nette" Hunde können stinksauer sein, wie Bummi und Dara, die um ein verlorenes Leckerchen streiten.

Hunde spiegeln in ihrem Verhalten oft unsere eigenen inneren Befindlichkeiten.

mehr unbedingt empfehlenswert. Hat unser Hund verinnerlicht, dass er immer etwas bekommt, wird er je nach Persönlichkeit irritiert, verzweifelt, frustriert oder sehr sauer sein, wenn die Belohnung einmal ausbleibt. Etwas Verwandtes kennen wir Menschen aus unserer Arbeitswelt. Für uns ist das sogar so bedeutsam, dass es Eingang in Gesetz und Rechtsprechung gefunden hat: die betriebliche Übung. Als „betriebliche Übung" wird der Umstand bezeichnet, dass ein Arbeitnehmer aus der regelmäßigen Wiederholung bestimmter Verhaltensweisen seines Arbeitgebers zu Recht ableiten darf, dass der Arbeitgeber sich auch in Zukunft bzw. auf Dauer auf diese Art verhalten wird, beispielsweise bei der Gewährung von Leistungen und Vergünstigungen. Dadurch werden echte, einklagbare Rechtsansprüche auf solche Leistungen begründet: Was unser Arbeitgeber ursprünglich freiwillig tat, muss er nun tun, das kann er allein auch nicht mehr rückgängig machen. In unserem Arbeitsvertrag braucht z. B. kein Wort von Weihnachtsgeld zu stehen, ist unser Arbeitgeber irgendwann aber so freundlich, uns dennoch welches zu überweisen, und tut er das dann drei Jahre in Folge ohne sogenannten Freiwilligkeitsvorbehalt, haben wir im vierten Jahr das Recht auf Weihnachtsgeld. Wenn wir es nun nicht mehr bekommen sollen, können wir uns irritiert, verzweifelt, frustriert oder sehr sauer auf den Weg zum Gericht machen und eine Klage auf Auszahlung unseres Weihnachtsgeldes einreichen, das wir am Ende auch definitiv bekommen werden.

„Betriebliche Übungen"

Auch mit unseren Hunden etablieren wir in vielen Bereichen so etwas wie „betriebliche Übungen", Dinge also, die einfach immer so sind, wie sie sind. Betriebliche Übungen sind dabei sogar außerordentlich wichtig, weil sie für Sicherheit und verlässliche Verhältnisse sorgen. „Betriebliche Übungen" kennen wir als Hundebesitzer auch unter der Bezeichnung „Hausstandsregeln", wobei auch für Regeln gilt: Sie stellen Strategien zur Erfüllung von Bedürfnissen dar. Sind die Dinge dann einmal anders als gewohnt, reagiert unser Hund entsprechend. In einigen Bereichen ist es sinnvoll, das zu verhindern, vor allem wenn Belohnung im Spiel ist und es um Hunde-Wunscherfüllung geht. Der Schlüssel heißt „intermittierende Belohnung" oder „Intervallbelohnung" und bedeutet, dass unser Hund von der Erkenntnis „Ich bekomme was" zu „Ich bekomme vielleicht was" gelangt. Erstaunlicherweise festigt dieses „Vielleicht" antrainierte Verhaltensweisen um ein Vielfaches stärker als kontinuierliche Belohnung. Wenn Klienten in der Beratung anmerken: „Aber das haben wir doch nur manchmal gemacht!", ist das für mich immer ein Alarmsignal dafür, dass die Problembehandlungen noch um einiges schwieriger und langwieriger werden könnten, als es zunächst den Anschein hat. Hinsichtlich unerwünschten Verhaltens kann dann notwendig sein, dieses eine Zeit lang kontinuierlich zu belohnen, ehe man die Belohnung weglassen kann und das Verhalten in der Folge irgendwann ausbleibt. Solange der Hund aber noch denkt: „Vielleicht, vielleicht, vielleicht", ist seine Motivation für das Verhalten außerordentlich groß. Vor diesem Hintergrund ist die Anwendung beschützender Macht Voraussetzung dafür, dass wir eine Balance zwischen „vielleicht" und „betrieblicher Übung" finden, die sich begünstigend auf die Erfüllung unserer und der Bedürfnisse unseres Hundes auswirkt und eine hohe Beziehungsqualität fördert. Wir kommen später noch einmal darauf zurück.

Beschützende Macht kommt nicht zuletzt darin zum Tragen, dass wir unsere Hunde diverse Kunststücke wie „sitz", „platz", „bei fuß", „nein", „komm" oder „warte" lernen lassen. Bei der Ausübung beschützender Macht kommen wir damit auch wieder zu der in Sachen Kommunikation zum Teil umstrittenen Frage der Belohnung.

Meine Ansicht ist, dass Belohnungen es uns erleichtern,
beschützende Macht gegenüber unseren Hunden auszuüben,
eine Entschädigung für unerfüllte Bedürfnisse die Gefühle
unseres Hundes von „negativ" zu „positiv" lenken kann und
positive Bestärkung nicht zuletzt Konditionierungsprozesse
beeinflusst.

Belohnung im Rahmen beschützender Macht spielt gerade auch dann eine entscheidende Rolle, wenn wir in den Bereich der Therapie bzw. Veränderung von problematischem Verhalten bei unseren Hunden eintreten. Von größter Bedeutung ist dabei, eine Belohnung als Verstärker einzusetzen und sie nicht in bloße Ablenkung oder Bestechung kippen zu lassen.

Beschützende Macht ist die eine Seite, strafende Macht die andere.

Strafende Macht

Es gibt verschiedene Arten strafender Macht, in Bezug auf unsere Hunde kommt vor allem körperliche und seelische Gewalt in Betracht, Schimpfen, Schlagen, längeres Ignorieren, Einsperren, Anketten etc. Genauso wie es noch immer Eltern gibt, die meinen, dass eine Tracht Prügel oder drei Wochen Stubenarrest noch keinem Kind geschadet haben, gibt es Hundebesitzer, für die außer Frage steht, dass ein Hund ab und an auch mal Strafe braucht. Meine persönliche Beobachtung ist, dass wir dann zur Anwendung strafender Macht neigen, wenn wir beschuldigen und verurteilen *(„Dafür hat er eine Strafe verdient")* oder wenn wir uns mit einem Verhalten unseres Hundes überfordert und hilflos fühlen.

Wie wir Ersteres verhindern, zeigt uns die GfK, bei Letzterem kann in den allermeisten Fällen ein Hunde-Verhaltensberater helfen. Was die Anwendung von Strafe an sich betrifft, so bin ich überzeugt, dass wir (fast) immer eine Lösung finden können, die Strafmaßnahmen gänzlich überflüssig macht. Wirkungsvolles Strafen ist eine Kunst, die den meisten Hundebesitzern im Alltag selten bis gar nicht gelingt. Schon um einen Hund positiv zu bestärken reicht es nicht, ihm einfach nur Leckerchen zu füttern oder „Gutes" zu tun. Neben der Art der Belohnung ist das Timing von entscheidender Bedeutung, der Zeitpunkt, zu dem die Belohnung, der Verstärker, verabreicht wird. Faustregeln, die uns versichern, dass wir „zwischen zwei und fünf Sekunden Zeit haben", um ein Verhalten unseres Hundes zu belohnen, erscheinen mir aus der Luft gegriffen, denn im Zweifel kann eine Sekunde nicht ausreichend sein. Hunde sind so flink und beweglich, auch im Denken, dass wir Menschen, um Hunde wirklich präzise belohnen zu können, nach meiner Erfahrung eine Menge Übung brauchen, gerade weil es häufig nicht um Sekunden, sondern um Sekundenbruchteile geht. Amsel, die heute Biene heißt, der erste Welpe, der in meiner Zucht das Licht der Welt erblickte, lieferte mir einmal mehr ein beeindruckendes Beispiel dafür.

Bienes Besitzer riefen mich an, als ihr Hundetrainer in Sachen Leinenführigkeit das Handtuch warf und zu einem Halti, einem Kopfhalfter für Hunde, riet. Alternativ wollte er „einmal mit dem Hund hinters Haus gehen", was das aber bedeutete, wollten Bienes Besitzer lieber nicht wissen. Ein Halti kam für sie allerdings auch nicht infrage, obwohl ich persönlich es als sehr nützlich betrachte. Wir verabredeten uns, damit ich mir das Problem anschauen konnte. Biene an der Leine war tatsächlich eine mittlere Katastrophe, entpuppte sich allerdings als ein klassischer Fall von: *„Ich weiß, dass ihr etwas von mir wollt, ich weiß aber nicht, was es ist."* Also versuchte sie, „es" herauszubekommen, indem sie alles Mögliche anbot: nach vorn ziehen, zur Seite und nach hinten, neben ihrem Menschen hopsen, 30 Zentimeter hoch, einen Meter, anderthalb, hopsen mit Drehung nach links, hopsen mit Drehung nach rechts, neben ihrem Menschen auf den Hinterbeinen laufen, neben ihrem Menschen auf den Hinterbeinen hopsen, vor ihrem Menschen hopsen, hoch, hoch und höher, mit Drehung, auf den Hinterbeinen, hinsetzen, aufstehen, Knicks machen. Zwischendurch wechselte sie jeweils auch noch die Seiten, und das alles in einem Tempo, das einem die Ohren nach hinten stehen ließ. Ich machte eine der wenigen Ausnahmen von meiner Grundregel, keinem Hundebesitzer beim Training je die Leine aus der Hand zu nehmen, und formte den Anfang von Bienes Leinenführigkeit selbst, ehe ich abwechselnd neben ihr und ihren Besitzern herspazierte und *„Jetzt das Leckerli"* wisperte. Nach einer knappen halben Stunde hatte Biene alles begriffen und lief bei Fuß, als wäre sie so auf die Welt gekommen. Zugegeben, EIN solcher Erfolg ist nur der erste Schritt auf dem Weg zum Ziel und führt nicht dazu, dass ein Hund fortan immer und in allen Lebenslagen perfekt bei Fuß geht, aber es verdeutlicht die Bedeutung des richtigen Timings.

Auch ich selbst wäre vor zehn Jahren noch an Biene gescheitert. Aber wenn richtiges Belohnen schon echt schwierig sein kann, so ist präzises Strafen noch ungleich schwerer. Wir leben nicht in Versuchslabors, wo sich sämtliche störenden Eventualitäten ausschließen lassen, wir liegen im Alltag zumeist auch nicht nach erwünschtem oder unerwünschtem Verhalten auf der Lauer, um im günstigsten Moment zu belohnen oder zu bestrafen. Im Angesicht von „Missetaten" erstarren wir vielmehr erst einmal in der Schrecksekunde, vielleicht rufen wir bestürzt auch noch: *„Das hat er ja noch nie gemacht!"*, in jedem Fall hat unser Hund in der Zwischenzeit aber jede Menge Gelegenheit, Dinge zu tun oder zu denken, die mit der „Missetat" rein gar nichts mehr zu tun haben. Vielleicht lässt er den angekauten BH sogar fallen und läuft erfreut auf uns zu; weil wir aber meinen: „*Es ist ja erst zwei Sekunden her*", glauben wir, unseren Hund noch wirksam bestrafen zu können. Sobald unser Hund jedoch nicht mehr an das denkt, was er gerade noch getan hat, können wir ihn dafür auch nicht mehr wirksam bestrafen. Wir bestrafen ihn dann vielleicht fürs Herankommen, für Die-Lampe-Anschauen oder Mit-dem-Schwanz-Wackeln. Unser Hund versteht so die Welt nicht mehr, zieht aber seine Schlüsse aus unserem Verhalten. Er lernt, und wenn er reichlich Gelegenheit bekommt zu lernen (was auch immer!), wird er uns im schlimmsten Fall für unberechenbar oder gar gefährlich halten. In jedem Fall beeinträchtigen seine Erkenntnisse über unsere bzw. die menschliche Natur die Qualität unserer Beziehung.

Abbruchsignale

Bis zu einem gewissen Grad gilt nach meinem Ermessen das Beschriebene auch für die sogenannten Abbruchsignale. Mit solchen Signalen setzen Hunde oder auch Wölfe untereinander Grenzen bzw. signalisieren, dass ein Artgenosse gerade im Begriff ist, zu weit zu gehen, zu nerven oder Grenzen zu verletzen. Wie wir bereits gesehen haben, können Abbruchsignale körperlich sein (z. B. abschnappen, „plattmachen"), sie müssen aber nicht. Tatsächlich bleibt der, gegenüber dem ein Abbruchsignal eingesetzt wird, zumeist körperlich unangetastet, insbesondere werden ihm in den allermeisten Fällen keine körperlichen Schmerzen zugefügt. Im Allgemeinen genügt ein visuelles Signal (z. B. ein Anstarren, ein kurzfristiges Bedrängen oder Einschränken) oder/und ein akustisches Signal (z. B. knurren, wuffen, bellen), um den anderen von seinem jeweiligen Vorhaben abzubringen. Auch Abbruchsignale sind damit Signale mit Appellfunktion. Abbruchsignale sind auch in der Mensch-Hund-Kommunikation von enormer Wichtigkeit, und wenn das Timing stimmt, ist es im Einzelfall absolut in Ordnung, einen Hund auch mal zu rempeln, beiseitezuschieben oder Ähnliches, also körperlich zu werden, um ihn in einem unerwünschten oder gar gefährlichen Verhalten zu stoppen – wenn diese Maßnahme erforderlich und angemessen ist. Bei echten „Hundeprofis" ist das in aller Regel der Fall. Beim „Hundehalter von nebenan" trifft das nach meiner Beobachtung allerdings nicht immer zu. Zum einen scheinen sich viele ein „Lieblingsabbruchsignal" auszusuchen, zumeist eines, das aufgrund seiner Intensität zuverlässige Wirksamkeit und universellen Erfolg verspricht. Dieses wird dann auch universell eingesetzt, unabhängig von der jeweiligen Schwere einer „Missetat". Dann wird gerempelt, an der Leine geruckt oder über die Schnauze gegriffen, obwohl ein Blick, ein „nein" oder „lass das" oder ein in den Weg gestelltes Bein ausgereicht hätten, den Hund zu stoppen. Von Erforderlichkeit oder Angemessenheit des Abbruchsignals kann dann meiner Ansicht nach keine Rede mehr sein. Hinzu kommt, dass das, was als Abbruchsignal angedacht war, zuweilen im Sekundenbruchteil zur ausgewachsenen Strafaktion mutiert und nicht selten völlig übers Ziel hinausschießt. Ein Rempeln gipfelt dann in einem Tritt ins Kreuz, ein Wegschieben in einer knallharten Ohrfeige. Dennoch werden solche Übergriffe gern und allzu bereitwillig mit der Begründung gerechtfertigt und legitimiert, dass sich Hunde untereinander „auch nicht mit Samthandschuhen anfassen". Hunde unter sich sind aber weitaus seltener zu grob, zu langsam, unangemessen, inkonsequent, nachlässig oder widersprüchlich in Ausdruck und Körpersprache, als Menschen gegenüber Hunden. Ein schönes Beispiel gibt hier der sogenannte Leinenruck ab. Die Brutalität des Wortes suggeriert, dass ein „echter" Leinenruck mit möglichst viel Kraft ausgeführt werden muss, am besten noch unter Verwendung eines möglichst schmalen Halsbandes oder gar Ketten- oder Stachelhalsbandes. Entsprechend gab es schon Hunde, denen mit einem

„ordnungsgemäßen" Leinenruck mal ganz nebenbei die Schulter ausgerenkt wurde, Berichte von Verletzungen der Halswirbelsäule oder des Kehlkopfes betroffener Hunde sind zahlreich. Die alternative Bezeichnung „Impuls" macht das Ganze nicht geschmeidiger.

Was schnell vergessen ist: Ein „Leinenruck" soll eigentlich bloß eine Hilfe sein, eine Erinnerung daran, dass der Hund im Begriff ist, eine Grenze zu überschreiten und das Wohlbefinden eines anderen zu beeinträchtigen. Hilfen dürfen nach meiner Überzeugung jedoch niemals Schmerzen oder auch nur unangenehme Empfindungen verursachen, sie sind vielmehr mit weicher, leichter Hand auszuführen. Ein behutsames Hinfühlen ist unerlässlich, denn eine Hilfe muss enden, wenn der Hund das gewünschte Verhalten zeigt. Weder ein Ruck noch ein Impuls haben irgendetwas mit behutsamem Hinfühlen gemein. Dabei ist gerade dieses Hinfühlen der eigentliche Zaubertrick. Vor allem in Sachen Leinenführigkeit, wo der Leinenruck im Allgemeinen als probates Erziehungsmittel angeführt wird. Wer die Strategie ausprobieren möchte, sollte sich zunächst bewusst machen, dass das Ziehen an der Leine zu einem Druck an der Hundekehle führt, einem sehr sensiblen Bereich. Druck erzeugt jedoch Gegendruck, jedem Druck an der Kehle wird sich ein Hund also vehement entgegenstemmen. Das Kunststück ist nun, die Leine nicht mehr als Druckmittel zu verstehen, sondern als eine Art Telefonleitung: Zu spüren, wenn der Hund mit gefühlten zehn Tonnen zieht, und dann gerade so viel Leine nachzugeben, dass er dazu verführt wird, seinerseits zwei Zehntel Gramm nachzulassen. In genau diesem Moment gibt man sofort und komplett die Leine frei, sodass der Hund merkt: *„Nachgeben führt zu totalem Druckverlust."* Sehr schnell ist dann zu merken, dass der Hund seinerseits beginnt, hinzufühlen. An diesem Punkt entspinnt sich ein ständiges Hin und Her zwischen Mensch und Hund, eine Art „Leinentelefonat", währenddessen eine Übereinkunft hinsichtlich der beiderseitigen Bedürfniserfüllung während des Gehens an der Leine erarbeitet wird. An dessen Ende steht ein Hund, der aus Kooperation nicht mehr zieht und nicht, weil ihm sonst Schlimmes widerfährt. Um beim Bild des Leinentelefonats zu bleiben: Ein Leinenruck oder -impuls kommt hier einem abrupten Auflegen und Kommunikationsabbruch gleich. Deshalb kann er auch nicht funktionieren. Wenn er funktionierte, hätten wir längst keine ziehenden Hunde mehr. Letztlich bestimmen Empathie, Beziehungsqualität und Kommunikation, Kooperation, Konzentration und inneres Bild insgesamt darüber, ob ein Hund lernt, vom Halter unerwünschtes Verhalten abzulegen (z. B. eben nicht mehr an der Leine zu zerren) oder nicht. Abseits dieser Ganzheitlichkeit nähren wir meiner Ansicht nach nur unsere Vorstellung vom Maschinenhund. Eine „weiche Hand" und ein „Leinentelefonat" können Hundebesitzer anfangs übrigens sehr schön mit einem menschlichen Partner trainieren, der ihnen Rückmeldung über die Stärke des Zuges und seine Empfindungen gibt. Manchmal erstaunt es dann, wie viel mehr ein Weniger tatsächlich sein kann.

Zusammenfassend reichen bei den allermeisten Hunden verbale Abbruchsignale, evtl. gepaart mit Distanzunterschreitungen oder einem direkten Blick, völlig aus, um sie in unerwünschtem Verhalten zu stoppen. Körperliche Abbruchsignale können wir meiner Überzeugung nach Einzelfällen vorbehalten. Wenn wir die Versöhnungssignale nicht vergessen und die Tatsache, dass man Abbruchsignale auch konditionieren kann (z. B. „nein") – und Letzteres auch ohne dem Hund unangenehme oder gar schmerzhafte (Straf-)Reize zuzufügen.

Strafe hat ihren Preis. Hinzu kommt, dass Strafe allein nicht dazu führt, dass ein Hund sein Verhalten auf Dauer ändert. Ein Hund lernt durch Strafe oder auch Abbruchsignale nicht das, was wir eigentlich von ihm erwartet haben, das, was für ihn lohnend gewesen wäre, weil es zur Erfüllung seiner Bedürfnisse beigetragen hätte. Ein schönes Beispiel dafür lieferte Rowdy, der Rhodesian-Ridgeback-Rüde einer Klientin. Seine ursprünglichen Besitzer hatten ihn am Tierheim angebunden, als er etwa zwei Jahre alt war, abgemagert bis auf die Knochen. Wenige Wochen später wurde er adoptiert und kam zu mir in die Hundeschule. Ich glaube, dass er nur wenig Erfahrung mit anderen Hunden hatte und eine Menge Frust mit sich herumtrug. Seine Anwesenheit in der Gruppe artete anfangs echt in Arbeit aus: Sobald Rowdy einen anderen Hund, ganz gleich ob Rüde oder Hündin, als ihm unterlegen identifizierte, setzte er diesen richtig unter Druck, bis der Hund Angst bekam, weglief oder sogar schrie. Rowdy ließ ihn auch dann nicht in Ruhe, sondern jagte, rempelte und kniff ihn weiter. Frauchens Interventionen waren ihm egal. Ich bin gar nicht mal sicher, dass es Rowdy tatsächlich um das Piesacken ging, sondern dass er einfach nicht gelernt hatte, wie man mit anderen Hunden spielen kann. Ihm fiel nichts Besseres ein. Ich habe Rowdy bei seinen Aktionen drei Mal einen Regenschirm in die Seite gestupst. Nach diesen drei Malen genügten glücklicherweise ein Blick von mir und ein drohendes *„Wag es!"*, um ihn zu stoppen. Er schielte nach mir und brach seine Attacken ab wie im Zeichentrickfilm, wenn er sich in seinen Absichten ertappt wusste. Hätte er gekonnt, hätte er im Augenblick wahrscheinlich die Lippen gespitzt und ein Liedchen gepfiffen. Letztlich war es jedoch nicht die Aktion mit dem Regenschirm, die sein Verhalten nachhaltig änderte (obwohl mein Timing offenbar gepasst hatte), sondern die vielfachen Gelegenheiten, sich mit anderen Hunden auseinanderzusetzen, sich am Beispiel anderer großer Hunde soziale Kompetenzen anzueignen und im Zusammenleben mit seinem Frauchen die Frustration abzubauen, die seine früheren Beziehungen zu Menschen geprägt haben mag. Heute ist er ein anhänglicher, verschmuster Kerl, der sich aus Streitereien mit anderen Hunden heraushält. Im Spiel hat er seine sehr körperliche Art beibehalten, jedoch nur gegenüber seinen ihm ebenbürtigen Kumpeln. Artgenossen, die ihm unterlegen sind, schaut er nicht mehr an, seien es Rüden oder Hündinnen. In letzter Zeit hat er sogar herausgefunden, dass er sich nur ein bisschen mäßigen und beherrschen muss, damit auch kleinere Hunde Freude daran haben, mit ihm zu spielen.

Was bei Rowdy funktionierte, kann bei einem anderen Hund völlig danebengehen. Denn wie ich bereits angedeutet habe, ist der Erfolg von Strafe bzw. Abbruchsignalen auch davon abhängig, ob sie angemessen sind und inwieweit sich das jeweilige Individuum davon beeindrucken lässt. Eine zu harte Strafe, ein zu hartes Abbruchsignal können ebenso unerwünschte Auswirkungen haben wie eine zu schwache Maßnahme, die dann möglicherweise auch noch in eine Spirale von Gewöhnungseffekten und immer härter werdenden Aktionen führt, ohne dass sich irgendeine Besserung einstellt. Ebenso gibt es Hunde, die sich gegen Strafe zur Wehr setzen, was außerordentlich gefährlich werden kann. Hinzu kommt, dass nach meiner Erfahrung Hunde, die viel geschimpft und sanktioniert werden, selbst auch viel „schimpfen" und sanktionieren, gerade im Zusammensein mit Artgenossen (wie es in den Wald hineinschallt, so schallt es heraus). Im Alltag erscheint es mir manchmal mehr wie eine Glückssache, wenn Strafe funktioniert, zumal in Sachen Angemessenheit Intuition und Erfahrung eine große Rolle spielen. Selbst wenn es einem professionellen Trainer gelingt, präzise zu strafen bzw. Abbruchsignale zu setzen, kann das dem zum Hund gehörenden Besitzer nicht immer zur Nachahmung empfohlen werden. Mit dem Einsatz von Strafe bin ich deshalb sehr, sehr vorsichtig.

Ein Erlebnis mit meiner Lotti zeigte mir unlängst, wie tiefgreifend die GfK auf unsere Sichtweise und unser daraus resultierendes Verhalten wirken kann, gerade im Hinblick auf beschützende Macht und Strafe.

Lotti schafft es, frei bei Fuß an grasenden Rehen und Hasen vorbei-
zuflanieren, wendet sich aber nur eines der Tiere zur Flucht, gibt es
für Lotti kein Halten. Deshalb leine ich sie bei unseren Spaziergängen
an manchen Stellen des Weges an. Außerdem trägt Lotti Glöckchen
am Halsband, die vorhandenem Wild unser Kommen ankündigen.
Wildbegegnungen sind daher tatsächlich sehr selten geworden und
Verfolgungsjagden gab es seitdem auch keine mehr. Henry durfte
überall ohne Leine gehen, denn zu „jagdbarer Beute" gehörten für
ihn nur Bälle. Bummi und Elsa kennen wilde Tiere bislang nur aus
dem Zoo. Wie es der Zufall wollte, hoppelte uns an diesem Tag ein
Hase entgegen. Etwa zehn Meter vor uns blieb er stehen, machte erst
einen langen Hals und dann auf der Ferse kehrt, um davonzurasen.
Henry schaute ihm nach und Lotti explodierte. Sie warf sich in die
Leine, bellte und heulte, doch anstatt genervt zu sein, sah ich nur
Lottis Verzweiflung, Frustration und vielleicht auch Ärger darüber,
dass sie nicht konnte wie sie gern wollte. Sie war so außer sich, dass
sämtliche Ablenkungsversuche ins Leere liefen. Mir kam dennoch
überhaupt nicht in den Sinn, Lottis Verhalten zu verurteilen oder
zu bestrafen, weil ich es als Ausdruck ihrer innersten Gefühle und
(über-)mächtiger unerfüllter Bedürfnisse sah. Ich setzte mich also
hin und wartete, bis sich Lotti wieder beruhigt hatte und wir ohne
Gezerre und Geheule weitergehen konnten. Zugegeben, es dauerte
geschlagene 20 Minuten. Als es vorbei war, holte ich ein paar Fut-
terbröckchen aus der Tasche und machte mit beiden Hunden ein
Futtersuchspiel. Alles war wieder gut. Denn auch für einen Hund
gehören „negative" Gefühle zum Leben dazu. Auch bei einem Hund
sind sie nicht dazu da, möglichst schnell „weggemacht" zu werden.
    In der Öffentlichkeit hätte ich mit Lotti wahrscheinlich ziemliches
Aufsehen erregt, und sicher hätte es Leute gegeben, die uns schief
angesehen hätten. Doch auch diese Leute hätten das aus ihren Werten
und Bedürfnissen heraus getan. Unangenehm wird uns dergleichen

nur, wenn wir die Blicke und Äußerungen persönlich nehmen und uns für die Gefühle der Leute verantwortlich machen. Mithilfe der GfK gelingt es uns, das zu verhindern und Wut oder Frust, Schuld- und Schamgefühle gar nicht erst aufkommen zu lassen. Unsere neue Gelassenheit wird sich unmittelbar auf unseren Hund auswirken. Denn wir geben darin genau das Bild ab, das er sich von der Führungspersönlichkeit macht, die er braucht.

Macht und Hilflosigkeit

Wenn wir Macht ausüben, und das gilt auch für beschützende Macht, so kann derjenige, über den wir bestimmen, Hilflosigkeit erleben. Hilflosigkeit ist ein psychologischer Zustand, der häufig dadurch hervorgerufen wird, dass Ereignisse unkontrollierbar sind. Unkontrollierbar heißt, dass wir nichts an einem Ereignis ändern können. Was immer wir tun oder auch nicht tun, es bewirkt nichts. Wenn wir im Flugzeug sitzen und das Triebwerk ausfällt, können wir nichts daran ändern. Wenn das Flugzeug abstürzt, stürzt es ab. Hilflosigkeit können nicht nur wir Menschen empfinden, sondern auch unsere Hunde. Für uns beide gilt dabei zugleich, dass wir Hilflosigkeit auch lernen können.

Erlernte Hilflosigkeit

Der Begriff der „erlernten Hilflosigkeit" geht auf den Psychologen Martin E. P. Seligman zurück, der in den 1970er-Jahren umfangreiche Forschungen zum Thema betrieb. Er und andere realisierten zahlreiche Experimente, insbesondere auch mit Hunden, um neue Therapieansätze für die Behandlung von Depression beim Menschen zu entwickeln. Seligman war überzeugt davon, dass erlernte Hilflosigkeit ein wichtiger Grund für die Ausbildung einer Depression beim Menschen sein kann. Es überrascht, wie selbstverständlich er voraussetzte, dass seine Versuchstiere in gleichem Maße über die Fähigkeit zu fühlen verfügten wie menschliche Probanden: Aus den Beobachtungen in Tierexperimenten übertrug Seligman ohne Federlesens seine Schlussfolgerungen auf den Menschen und wurde dafür auch heftig kritisiert. Dennoch sind seine bahnbrechenden Untersuchungen bis heute Standardwerke der Sozialwissenschaften.

Die Experimente, in die Hunde involviert waren, sind aufschlussreich, oft aber auch entsetzlich. Ich halte es dennoch für wichtig, einige hier zu zitieren, auch wenn sich mein tierliebendes Herz in: „Wie konnten die nur so etwas tun", entrüstet. Die Erfahrung zeigt mir, dass wir solche Sachen in vielfältiger Weise jeden Tag unseren Hunden antun, nicht wissend, was wir tatsächlich bewirken. Ich fände es unverantwortlich, nur deshalb wegzuschauen, weil die Wissenschaft zuweilen auf grausame Weise zu ihren Erkenntnissen gelangt. Was wir uns heute aufgrund dieser Erkenntnisse bewusst machen können, hilft uns, unseren Hunden zu helfen. Das geht weit über die Förderung unserer Beziehungsqualität hinaus und ist aktiver Tierschutz.

In Bezug auf das Phänomen der erlernten Hilflosigkeit wirken Konditionierungsprozesse. Menschen und Tiere lernen sehr leicht, welche Zusammenhänge zwischen einer Reaktion und einer Konsequenz bestehen. Hunde sind dazu auf präzises Training angewiesen. Ansonsten können sich „abergläubische" Reaktionen entwickeln. Der betroffene Hund glaubt dann, dass eine Reaktion die Konsequenz hervorruft, die das tatsächlich nicht tut. Ein Beispiel: Eine Hundebesitzerin möchte ihrem Hund ein Schweineohr geben. Als sie soeben zur Tüte greift, muss der Hund niesen. Frauchen sagt „Prost" und reicht dem Hund das Schweineohr. Der ist beeindruckt und glaubt fortan, Niesen ließe Schweineohren regnen. Eine Zeit lang versucht er, „künstlich" zu niesen, und schaut Frauchen immer erwartungsfroh an, wenn er tatsächlich niesen musste.

Manchmal nähren wir Menschen abergläubisches Verhalten, wenn wir nicht präzise belohnen (oder auch nicht präzise strafen). Ein Beispiel dafür lässt sich häufig in Hundeschulen beobachten, wenn die Hunde „sitz" machen sollen. Präzise trainierte Hunde bleiben sitzen, bis sie das Signal erhalten, wieder aufzustehen. Manche Hunde aber stehen von selbst sofort wieder auf, unmittelbar nachdem sie sich gesetzt haben. Der Hundehintern berührt kaum den Boden, da ist er schon wieder oben. Eine solche Reaktion ist auf Aberglaube infolge unpräzisen Trainings zurückzuführen. Die Hunde haben gelernt, dass „sitz" bedeutet: *„Tupfe deinen Po auf die Erde."* Wenn man das vorangegangene Training in solchen Fällen Revue passieren lässt, fällt auf, dass der Hund seinen Verstärker, seine Belohnung für „sitz", meistens zu spät bekommen hat, nämlich nicht, als er (noch) saß, sondern erst, als er gierig aufstand, um sich etwa ein im Anflug befindliches Leckerchen abzuholen. Ohne Marker belohnen wir immer das Verhalten, das der Hund zuletzt zeigt. Von diesem Verhalten glaubt der Hund, dass es die Belohnung, die Konsequenz, hervorgerufen hat. Wenn ein Hund also nach dem Hinsetzen sofort wieder aufsteht, ist es ratsam, auch eine bereits im Anflug befindliche Belohnung ganz schnell wieder wegzustecken und einen neuen Versuch zu starten.

Wer Schwierigkeiten hat, das gewünschte Verhalten zu belohnen, weil der Hund zu fix oder er selbst zu langsam ist, kann mithilfe eines Clickers sehr leicht Abhilfe schaffen. Dabei lernt der Hund, dass „klick" bedeutet: *„Das hast du richtig gemacht (also komm her und hol dir deine Belohnung ab)."* Für viele Menschen ist es leichter, im richtigen Moment zu klicken als z. B. ein Leckerchen zu geben.

Stimmt der „Klick", macht es nichts aus, wenn der Hund danach ein anderes Verhalten zeigt, weshalb ein Clicker insbesondere geeignet ist, um Verhaltensweisen zu belohnen, die der Hund auf Entfernung zeigt. Sitze ich z. B. auf dem Sofa, während mein Hund am anderen Ende des Raums das Licht anschaltet, und klicke ich in dem Augenblick, in dem der Hund auf den Lichtschalter drückt, belohne ich anschließend das Betätigen des Lichtschalters auch dann, wenn der Hund danach zu mir läuft, um sich das Leckerchen abzuholen. Ohne den „Klick" ist die Wahrscheinlichkeit groß, dass mein Hund glaubt, fürs Herankommen belohnt zu werden.

Mir selbst ist es einst gelungen, meinem Henry abergläubisches Verhalten anzutrainieren, als er noch ein Welpe war. Ich habe ihn im Winter bekommen, in einem minus dreizehn Grad kalten Februar. In der Nacht gingen die Temperaturen noch weiter in den Keller, trotzdem musste Henry zum Pieseln nach draußen, ziemlich häufig und immer ganz, ganz schnell. Keine Zeit, irgendetwas überzuwerfen. Es gibt zwar Zimmerzwinger und Boxen, aber es hätte mindestens so lange gebraucht wie das Stubenreinheitstraining selbst, Henry daran zu gewöhnen. Deshalb verzichtete ich darauf und rannte mit ihm und im Nachtgewand hinaus. Ich rannte stets ebenso schnell wieder hinein, und Henry, der gute Kerl, machte sein Geschäft allein da draußen und kam auch von selbst zurück. Drinnen erhielt er seine Belohnung (weil ich um den Aberglauben wusste, gleich ganz schnell an der Tür – ha, ha). Nach einigen Tagen schien Henry noch öfter nach draußen zu müssen als ohnehin schon. Glücklich, einen Welpen zu haben, der mit neun Wochen Bescheid gab, wenn er „musste", öffnete ich ihm die Tür – nur um ein ums andere Mal festzustellen, dass Henry zwei Schritte hinausging, sich umdrehte und wieder hereinkam, woraufhin er mich erwartungsfroh und schwanzwedelnd anschaute. Es fiel mir wie Schuppen aus den Haaren, wie man so schön sagt, dass

Männchen: Um erwünschtes Verhalten präzise belohnen zu können, gerade auch auf Entfernung, ist der Einsatz eines Markers (z. B. eines Clickers) empfehlenswert.

Abbruchsignale erscheinen oft brutal, sind es aber gar nicht. Tatsächlich werden dem Gegenüber zumeist keinerlei Schmerzen verursacht.

Lotti hat nur leergeschnappt. Bummi wurde kein Haar gekrümmt.

Henry keineswegs klar war, dass das Leckerchen von mir fürs draußen Pieseln gedacht war. Er hatte es als Konsequenz für Hereinkommen abgespeichert. Zugegebenermaßen war das auch ganz nützlich, weil er so nach dem Pieseln nicht allein draußen spazieren ging. An die Stirn geklatscht und geärgert habe ich mich trotzdem.

Hinsichtlich des Zusammenhangs zwischen Reaktion und Konsequenz lernen Tiere wie auch wir Menschen insgesamt vier Varianten: Wir unterscheiden immer und nie (kontinuierliche Verstärkung) sowie manchmal und vielleicht (intermittierende Verstärkung). In all diesen Fällen gelingt es uns, durch eine bestimmte Reaktion Kontrolle über die jeweilige Konsequenz zu gewinnen, also zu beeinflussen, ob die Konsequenz eintritt, vielleicht oder wahrscheinlich eintritt oder nicht eintritt. In Bezug auf unsere Hunde ist das hinsichtlich des Einsatzes von Belohnung und Strafe bedeutsam: Wenn ein Verhalten immer, nie, manchmal oder vielleicht belohnt wird, ist die Konsequenz „Belohnung" kontrollierbar und beeinflussbar. Sie ist sogar mit einer gewissen Wahrscheinlichkeit vorherzusagen. Gleiches gilt für Strafe: Wird ein Verhalten immer, nie, manchmal oder vielleicht bestraft, lässt sich der Eintritt der Strafe beeinflussen – und vorhersagen. Unser Hund kann also willentlich beeinflussen und mit relativer Wahrscheinlichkeit voraussagen, ob er belohnt oder bestraft wird, wenn er dieses oder jenes tut oder nicht tut. Ist er in Bezug auf die entsprechenden Kenntnisse noch „jungfräulich", hat er also noch nicht gelernt, kann er durch Ausprobieren, also wiederum willentliche Reaktionen, zu den entsprechenden Erkenntnissen gelangen. Am Ende stehen in jedem Fall Sicherheit und verlässliche Verhältnisse (auch beim Einsatz von Strafe, vorausgesetzt, es wurde wirklich immer präzise gestraft). Der Hund kann für sich entscheiden, was sich lohnt und was nicht, was er tut und was nicht und ob es sich lohnt, für irgendetwas einen Preis zu bezahlen, also mit Sicherheit oder wahrscheinlich eine hinter die Ohren zu kassieren, wenn er z. B. die Wurst vom Tisch holt. Selbst abergläubischen Reaktionen liegen willentliche Reaktionen zugrunde, die die Konsequenz beeinflussen, wenn, objektiv gesehen, auch nur vermeintlich. Wird der Irrtum entdeckt, ist ein Umlernen ebenso möglich wie Erfolg versprechend, wiederum aufgrund der Tatsache, dass willentliche Reaktionen die Konsequenz beeinflussen.

Gelingt es nicht, einen Zusammenhang zwischen Reaktion und Konsequenz herzustellen, sieht das anders aus. Lässt sich der Eintritt einer Konsequenz nicht kontrollieren, nicht beeinflussen, sind die grundsätzlichen Bedingungen für Hilflosigkeit erfüllt. Ein Mensch oder ein Tier sind hilflos gegenüber einer Konsequenz, wenn diese unabhängig von allen ihren willentlichen Reaktionen eintritt, ganz egal, ob sie etwas tun und was sie tun oder ob und was sie nicht tun.

Erlernte Hilflosigkeit bedeutet, dass der Mensch oder das Tier die Hilflosigkeitserfahrung so sehr verinnerlicht hat, dass er später in ähnlichen, aber auch in völlig anderen Situationen erwartet, hilflos zu sein. Die Folge ist, dass die Motivation zu handeln abnimmt, weil es sowieso keinen Sinn hat.

Im alltäglichen Leben ist die Fähigkeit, Hilflosigkeit zu lernen, grundsätzlich überaus wichtig. Es ist wichtig, zu erkennen, dass man auf manches keinen Einfluss hat, und es ist wichtig, sich damit abfinden zu können (Frustrationskontrolle). Keiner von uns kann beeinflussen, ob es morgen regnet oder ob die Sonne scheint, ob die Bahn pünktlich ist oder dass das Flugzeug, in dem wir sitzen, nicht abstürzt. Ein Hund, der für ein „Sitz" mit Leckerli belohnt wird, muss zugleich lernen können, dass er das Leckerli nicht fürs gleichzeitige Schmatzen oder Mit-den-Ohren-Wackeln bekommt. Wenn er gelernt hat, dass eine bestimmte Reaktion die Konsequenz beeinflusst, muss er auch lernen, dass andere Reaktionen, die er vielleicht gleichzeitig ausführt, keinen Einfluss haben. Hunde lernen das problemlos. Das Tragische daran ist, dass sie Hilflosigkeit auch dann „problemlos" lernen, wenn es ganz und gar nicht sinnvoll ist, und beinahe noch tragischer ist, dass Hilflosigkeit sehr schnell generalisiert, also verallgemeinert und von einer Lebenssituation auf andere ausgeweitet wird. Bei uns Menschen kann das beispielsweise dazu führen, dass jemand, der etwa aufgrund von Arbeitslosigkeit und stolzen 260 erfolglosen Bewerbungen in erlernte Hilflosigkeit geraten ist, sich plötzlich nicht nur nicht mehr bewirbt, sondern auch sein Äußeres vernachlässigt, seine Partnerschaft oder die Erziehung seiner Kinder.

Angstkonditionierung und instrumentelles Lernen

Das Phänomen der erlernten Hilflosigkeit entdeckte Seligman, als er mit einigen Kollegen den Zusammenhang von Angstkonditionierung und instrumentellem Lernen untersuchte. Dazu hatten die Forscher Mischlingshunde im pawlowschen Geschirr fixiert, das verhinderte, dass sich die Hunde unkontrolliert bewegen konnten (das gleiche Geschirr hat Pawlow übrigens bei seinen Experimenten zur Speichelsekretion des Hundes und zur klassischen Konditionierung verwendet). Seligman spielte seinen Hunden zunächst Töne vor, auf die zuverlässig elektrische Schläge folgten. Diese Schläge waren zwar schmerzhaft, richteten ansonsten aber keinen körperlichen Schaden an. Den Forschern fiel zunächst gar nicht auf, was für klassische Konditionierung so typisch ist: Sie ist unabhängig vom Willen des Betroffenen. Die Hunde konnten die elektrischen Schläge entsprechend durch nichts beeinflussen, weder durch Bellen noch durch Schwanzwedeln, Stillhalten oder Gegen-das-Geschirr-Ankämpfen. Beginn und Ende, Dauer und Intensität der Schläge wurden allein vom Versuchsleiter bestimmt. Die Bedingungen waren für die Hunde also unkontrollierbar. „Elektrischer Schlag" bedeutet in solchen Experimenten nicht „Klatsch und aus", wie wir uns das in aller Regel vorstellen. Der „Klatsch" hält vielmehr so lange an, bis der Forscher ihn wieder ausschaltet. Das ist in etwa so, wie wenn wir einen Weidezaun anfassen und nicht gleich wieder loslassen.

Nachdem die Hunde diesen Erfahrungen unterzogen worden waren, wurden sie einen Tag später in eine Shuttle Box gesetzt. Eine Shuttle Box ist ein Käfig, über dessen Boden elektrische Schläge verabreicht werden können. In der Mitte des Käfigs befindet sich eine Barriere. Wenn der Hund darüber hinwegspringt, kann er sich vor den elektrischen Schlägen in Sicherheit bringen. Elektrische Schläge können dabei auf beiden Seiten der Barriere verabreicht werden, kontrollieren kann sie der Hund also nicht dadurch, dass er in einer bestimmten Käfighälfte bleibt, sondern allein dadurch, dass er die Barriere überspringt. Auch in einer Shuttle Box wird jeder elektrische Schlag durch ein Signal angekündigt, in Seligmans Experimenten mit eben jenem Ton, den die Hunde aus den vorangegangenen Erfahrungen im pawlowschen Geschirr kannten. Springt der Hund gleich auf das Signal hin über die Barriere und noch bevor der elektrische Schlag einsetzt, kann er ihm gänzlich entgehen. Seligman erwartete nun, dass die Hunde sehr schnell lernen würden, die elektrischen Schläge in der Shuttle Box zuverlässig zu vermeiden, immerhin kannten sie ja bereits das Signal, das zuverlässig elektrische Schläge ankündigte. Was tatsächlich geschah, verblüffte den Forscher zutiefst.

Naive Hunde, also solche, die keinen unkontrollierbaren Schlägen ausgesetzt waren, ehe sie in die Shuttle Box kamen, rasten mit Beginn des ersten Schlages wie verrückt im Käfig hin und her, bis sie mehr zufällig über die Barriere kletterten. Im zweiten Durchgang geschah das Gleiche, doch die Barriere wurde schon schneller überwunden, und innerhalb weniger Durchgänge hatten die Hunde verstanden und lernten, die Schläge komplett zu vermeiden. Nach spätestens 50 Durchgängen standen sie völlig gelassen vor der Barriere, sprangen beim Einsetzen des Tons elegant darüber hinweg und bekamen keinen einzigen elektrischen Schlag mehr. Ganz anders verhielten sich die Hunde, die zuvor den unkontrollierbaren Schlägen im pawlowschen Geschirr ausgesetzt waren. Zwar rasten auch sie etwa eine halbe Minute lang wild hin und her, wenn der elektrische Schlag in der Shuttle Box einsetzte, dann aber hielten sie inne, legten sich zur großen Überraschung der Forscher hin und winselten leise, während der elektrische Schlag weiter anhielt. Das sahen sich die Forscher eine Minute lang an, dann schalteten sie den Strom aus. Das Bild wiederholte sich in allen weiteren Durchgängen, wobei die Phase des wilden Herumrasens zu Beginn der Schläge immer kürzer wurde, bis sich die Hunde fast sofort niederlegten und alle Schocks passiv über sich ergehen ließen. Selbst wenn es einige Hunde schafften, zufällig über die Barriere zu klettern und dem Schock so zu entfliehen, stellten sie keinen Zusammenhang zwischen ihrer Reaktion und der Konsequenz (Ende des elektrischen Schlages) her, wie es die naiven Hunde taten. Selbst wenn es diesen Hunden gelang, mehrmals über die Barriere zu klettern, lernten sie nicht, dass sie dadurch den elektrischen Schlag vermeiden konnten. Seligman nennt das ein Musterbeispiel für erlernte Hilflosigkeit.

In der Folge entwickelte er „verfeinerte" Versuchsanordnungen, um erlernte Hilflosigkeit bei Hunden hervorzurufen. Zunächst verabreichte er Hunden im pawlowschen Geschirr unkontrollierbare elektrische Schläge. Diese wurden nicht durch ein Signal angekündigt und waren zufällig über die Dauer des Experiments verteilt. 24 Stunden später wurden die Hunde in der Shuttle Box untersucht, wo jeder elektrische Schlag durch Tonsignal angekündigt wurde. Danach hatten die Hunde zehn Sekunden lang Zeit, über die Barriere zu springen. Taten sie das nicht, setzte der elektrische Schlag ein. Schaffte es der Hund nun immer noch nicht über die Barriere, brach 60 Sekunden später der Durchgang automatisch ab. Insgesamt unterzog Seligman rund 150 Hunde diesem Versuch. Von diesen 150 Tieren reagierten zwei Drittel, also etwa 100, hilflos. Diese Tiere zeigten in der Shuttle Box das oben beschriebene eigenartige Verhalten des Aufgebens. Das verbleibende Drittel verhielt sich völlig normal. Wie naive Hunde lernten sie schnell den Zusammenhang zwischen Reaktion und Konsequenz und vermieden die elektrischen Schläge komplett, indem sie innerhalb der zehn Sekunden nach dem Tonsignal und vor Einsetzen des elektrischen Schlags über die Barriere sprangen. Ein „Mittelding" zwischen diesen beiden Gruppen beobachtete Seligman nicht. Er unterzog nun naive Hunde dem Test in der Shuttle Box und stellte fest, dass von diesen etwa fünf Prozent hilflos reagierten, ohne zuvor unkontrollierbaren Bedingungen im pawlowschen Geschirr ausgesetzt gewesen zu sein. Er schlussfolgerte, dass diese Hunde aufgrund ihrer bisherigen Lebenserfahrungen hilflos reagierten, ebenso wie er annahm, dass das „unbeeindruckte" Drittel aus dem Vorversuch aufgrund seiner Lebenserfahrungen immun gegen erlernte Hilflosigkeit war. Er dehnte seine Experimente auf Hunde aus, die unter Laborbedingungen aufgezogen wurden, und stellte fest, dass Tiere, je reizärmer sie aufgezogen wurden, umso leichter Hilflosigkeit lernten.

Seligman variierte in allen Versuchen Frequenz, Intensität, Häufigkeit, Dauer und zeitliche Verteilung der Schocks, ohne dass sich das auf das Verhalten der hilflosen Hunde auswirkte. Es spielte auch keine Rolle, ob die Schocks durch ein Signal angekündigt wurden oder nicht. Ebenso war ohne Belang, ob die Hunde im pawlowschen

Geschirr oder in der Shuttle Box die ersten Hilflosigkeitserfahrungen machten, beides ließ sich in den Experimenten austauschen, die Ergebnisse blieben gleich. Und auch außerhalb von Shuttle Box und pawlowschem Geschirr unterschieden sich hilflose und nicht hilflose Hunde: Wenn der Forscher einen Zwinger betrat, um einen Hund herauszuholen, wehrten sich die nicht hilflosen Hunde, bellten, liefen weg, sträubten sich gegen Manipulationen. Hilflose Hunde dagegen erschienen völlig willfährig, sie streckten sich passiv auf dem Boden aus, rollten sich zuweilen auf den Rücken und nahmen eine unterwürfige Haltung ein. In keinem Fall aber übten sie irgendwelchen Widerstand, ganz gleich wogegen.

Seligman fragte sich nun, ob erlernte Hilflosigkeit tatsächlich ein psychologisches Phänomen ist oder ob es nicht vielleicht schon aus dem bloßen Erleben eines Traumas resultiert. Dazu entwickelte er einen triadischen Versuchsplan und untersuchte drei Gruppen von Hunden. Die Hunde der ersten Gruppe wurden im pawlowschen Geschirr fixiert, wobei sich über ihren Köpfen Pedale befanden. Setzte der elektrische Schlag ein und betätigten die Hunde während ihrer Abwehrreaktionen zunächst zufällig die Pedale, brach der Schock ab. Die Hunde der ersten Gruppe konnten also lernen (und das lernten sie schnell), die Schocks zu kontrollieren. Die Hunde der zweiten Gruppe wurden ebenfalls im pawlowschen Geschirr fixiert, und auch sie hatten die identischen Pedale über ihren Köpfen, jedoch nur als Attrappen. Sie erhielten in gleicher Anzahl die identischen Schocks wie die Hunde der Gruppe eins, mit dem einzigen Unterschied, dass sie die Schocks nicht kontrollieren konnten. Die Hunde der dritten Gruppe erhielten keine elektrischen Schläge. 24 Stunden nach dem Training wurden die Hunde aller Gruppen in der Shuttle Box beobachtet. Die naiven Tiere und die Tiere, die die elektrischen Schläge hatten kontrollieren können, lernten gleichermaßen problemlos, dass sie sich durch das Überspringen der Barriere in Sicherheit bringen, die Ereignisse kontrollieren konnten. Die Hunde, deren Pedale Attrappen gewesen waren, lernten das nicht. Auch in diesem Experiment ließen sie nach einiger Zeit sämtliche Schocks passiv über sich ergehen, auch dann, wenn sie es ein paarmal zufällig über die Barriere geschafft hatten.

Wer glaubt, die passiven Hunde hätten lediglich gelernt, stillzuhalten, irrt, wie ein Kollege Seligmans, Steve F. Maier, nachwies. Er wiederholte Seligmans soeben beschriebenen Versuch mit dem Unterschied, dass die Hunde der Gruppe eins die Schocks nur dadurch kontrollieren konnten, dass sie die Pedale nicht drückten. Nur, wenn die Hunde nach dem die Schocks ankündigenden Signal nichts taten, blieben die Schocks aus. In der Shuttle Box lernten dennoch auch diese Tiere problemlos, über die Barriere zu springen, also aktiv zu reagieren und die elektrischen Schläge zu vermeiden.

Ich habe bereits erwähnt, dass auch einige naive Hunde in Seligmans Experimenten hilflos reagierten, einigen anderen hingegen Hilflosigkeitserfahrungen nichts anhaben konnten. Aus der Vorgeschichte dieser Hunde ist nichts bekannt, dennoch kommen allein frühere Lebenserfahrungen dieser Hunde als Gründe für ihr Verhalten in Betracht. Es sind nicht nur elektrische Schläge, die erlernte Hilflosigkeit bei unseren Hunden hervorrufen können, sondern die zahlreichen Situationen, in denen wir Macht über unsere Hunde ausüben, die zahlreichen Situationen, in denen sie uns ausgeliefert sind. Insbesondere die strafende Macht ist hier von Bedeutung, wenn auch nicht allein. Wenn wir unseren Hund z. B. bestrafen, weil wir glauben, dass er oder sein Verhalten Strafe verdient, ist es unserem Hund nicht möglich, die Strafe abzuwenden. Ob wir schimpfen, ihm eine hinter die Ohren geben oder ihn gar schütteln: Nichts wird uns davon abhalten, kein Knurren, kein Beschwichtigen, kein Stillhalten. Hinzu kommen die vielen Gelegenheiten, in denen wir nicht darauf achten oder gar missverstehen, was der Hund kommuniziert bzw. was wir selbst mit unserer Körpersprache zu ihm „sagen" (Blickkontakt, Vorbeugen, Umarmen etc.). Wie oft muten wir unserem Hund Dinge zu, von denen wir glauben, sie dienten einem guten Zweck: *„Der muss das aushalten, wenn ihm das Kind an den Ohren zieht", „Der braucht keine Angst zu haben, wenn ich ihn streichle", „Der kriegt keinen Mantel, das muss er dann eben mal aushalten."* Gerade den letzten Satz bemühen wir in vielerlei Hinsicht ziemlich oft, ob es ums Alleinbleiben geht, den Fastentag, „platz-bleib" auf der Hundewiese im Winter oder was auch immer. Vergessen wir nicht die vielen Gelegenheiten, in denen wir beschützende Macht anwenden. Oder die unzähligen Situationen, in denen unser Hund uns durch nichts zu dem bringen kann, was er sich wünscht, vom Spielen über Spazierengehen und Auf-dem-Sofa-Kuscheln bis hin zum Rindergulasch beim Kochen oder überhaupt der täglichen Mahlzeit. Unregelmäßige Fütterungszeiten sind bei vielen beliebt, weil der Wolf im Wald ja auch nicht regelmäßig frisst und nicht zuletzt nur der Chef bestimmen soll, wann gegessen wird. Das bedeutet für den Hund aber nicht nur, dass er nicht weiß, wann es Futter gibt, für ihn ist auch nicht klar, ob es Futter gibt. Bei manchen Hunden kann genau das aufgrund von Verhaltensproblemen wichtig sein. Bei den meisten ist es das keineswegs. Denn hier greifen Unkontrollierbarkeit und Unvorhersagbarkeit ineinander: Unkontrollierbar ist auch das, was ich nicht mit hinreichender Wahrscheinlichkeit vorhersagen kann. Gleiches gilt in Bezug auf Spielen, Spazierengehen und überhaupt alle Bedürfnisse des Hundes, die er nur mit unserer Hilfe erfüllen kann. Macht er ausreichend oft die Erfahrung, dass er missverstanden oder ignoriert wird und dass seine Bedürfnisse unerfüllt bleiben, ganz gleich, was er tut, sind eine Vielzahl an Hilflosigkeitserfahrungen an der Tagesordnung, in denen die Erwartung, dass alles, was er versucht, keinen Sinn haben wird, genährt und Hilflosigkeit gelernt wird. Insoweit ebenfalls pikant: Es sind nicht nur traumatische Erfahrungen, die zu erlernter Hilflosigkeit führen können, sondern auch das, was wir landläufig unter „Verwöhnen" verstehen. Auch der, dem alles geschenkt wird, ist hilflos, weil er den Erfolg nicht beeinflussen kann. Deshalb sind unter uns Menschen auch die „Erfolgsverwöhnten" und die „Glückskinder" nicht davor gefeit, in erlernte Hilflosigkeit zu geraten.

Ein hilfloser Hund ist ein „braver Hund"

Die Macht, die wir über unsere Hunde (wie schon gesagt, wie über Leibeigene) ausüben, ist absolut. Für mich persönlich ist dabei immer wieder erschreckend, wie angenehm wir Hunde erleben können, die Hilflosigkeit erlernt haben. Die Folgen erlernter Hilflosigkeit beim Hund sind

› mangelnde Motivation zu willentlichem (also auch eigenständigem, unabhängigem) Handeln,
› ausgeprägte Passivität (der Hund macht nur, was ihm „befohlen" wird),
› mangelnde Tendenz zu Autonomie (also auch wenig bis kein Neugier- und Erkundungsverhalten, Spiel, Kontaktaufnahme),
› wenig bis keine Problemlösungsversuche (also kein „forderndes Verhalten" hinsichtlich Aufmerksamkeit, Spielen, Futter etc.),
› wenig bis keine Kommunikationsversuche (keine Mitteilung von Befindlichkeiten, Gefühlen, Wünschen und Bedürfnissen),
› Willfährigkeit (lässt sich alles gefallen),
› keine Selbstverteidigung,
› kein Fluchtverhalten,
› schnelles bis sofortiges Aufgeben bei Widerstand (bei Schimpfen oder „nein" ist immer und sofort Schluss).

Damit besitzt ein hilfloser Hund augenscheinlich sämtliche Qualitäten, die man gemeinhin einem „braven" Hund zuschreibt. Einen Hund, der niemanden stört, immer gehorcht, alles mit sich machen lässt und wenig Initiative zeigt, Grenzen auszuloten, eigene Wünsche durchzusetzen und eigene Ziele zu verfolgen. Einer, der allenfalls dadurch auffällt, dass er so unauffällig ist. Erinnern wir uns an Rosenbergs Einstellung zum Bravsein, verwundert es nicht, dass die Symptome für erlernte Hilflosigkeit beim Hund vielfach mit Anzeichen für Depression, wie wir sie beim Menschen kennen, einhergehen. Das Ganze wird umso schlimmer, je mehr Hilflosigkeitserfahrungen mit Furcht und Angst verbunden sind. Furcht verschwindet nur, wenn der Hund lernt, dass seine Reaktionen die traumatischen Ereignisse kontrollieren. Sie bleibt bestehen, solange der Hund unsicher ist, ob er die Ereignisse kontrollieren kann, und sie mündet in Angst und Depression, wenn der Hund Gewissheit über die Unkontrollierbarkeit erlangt. Für mich ist dabei bedeutsam, dass nicht nur die erlernte Hilflosigkeit zu dem „gehorsamen", unauffälligen „Traumhund" führt, den wir uns alle wünschen. Den gleichen tollen Hund bekommen wir, wenn wir ihn durch positive Bestärkung und negative Bestrafung Kontrollierbarkeit erfahren lassen. In seinem Inneren wird dieser Hund aber ein anderer sein. Vielleicht lässt sich ein solcher Hund von einem Kleinkind dann auch mal am Fell ziehen. Er hat dafür aber andere Gründe als sein hilfloser Kollege, der nicht einmal mehr auf die Idee kommt, dass er auch aufstehen und weggehen könnte. Ein sehr sensibler Bereich, in dem erlernte Hilflosigkeit oft nicht erkannt wird, ist die Arbeit mit Therapiehunden. Deren Ausbildung beinhaltet häufig „Duldungsübungen zur Förderung der Stress- und Schmerztoleranz". Soll ein Hund dadurch lernen, Beeinträchtigungen seines Wohlbefindens auszuhalten, läuft das Training auf das Erlernen von Hilflosigkeit hinaus. Ich persönlich finde das ethisch nicht vertretbar.

Gegenwehr

So leicht, wie Hunde Hilflosigkeit lernen, so selbstverständlich wehren sie sich dagegen. Häufig beobachten wir dann, dass sie sich z. B. besonders unterwürfig, aggressiv oder auch Fluchtverhalten zeigen. Das Verhalten dient in diesen Fällen dazu, Hilflosigkeit zu verhindern. Umso wichtiger ist es meiner Ansicht nach, spätestens zu diesem Zeitpunkt einen versierten Verhaltenstherapeuten zu Rate zu ziehen, der die Mensch-Hund-Beziehung, die Haltungsbedingungen und das Kommunikationsverhalten von Mensch und Hund unter die Lupe nimmt. Ich selbst bin stets dankbar, wenn sich ein Hund nicht in sein Schicksal ergibt, sondern auffällig wird, denn dann kann ihm und seinen Menschen in den allermeisten Fällen noch geholfen werden. Das ist in Bezug auf Hunde nicht anders als in Bezug auf Kinder.

Nicht zuletzt können Hilflosigkeitserfahrungen des Hundebesitzers in Mensch-Hund-Beziehungen zum Tragen kommen. Wir Menschen machen nicht nur hinsichtlich des Wetters oder der Bahn Hilflosigkeitserfahrungen, sondern beispielsweise auch in unseren Beziehungen zu anderen Menschen, bei Arbeitslosigkeit oder dem Verlust eines nahen Angehörigen. Auch wir können Hilflosigkeit lernen, durch Traumata ebenso wie durch „Verwöhnung". Wer als Kind um seinen Erfolg in der Schule nicht kämpfen musste, von den Eltern jeden Stein aus dem Weg gerollt, jeden Wunsch von den Augen abgelesen bekam, gerät unter Umständen leichter in die Gefahr erlernter Hilflosigkeit als jemand, der verinnerlicht hat, dass man selbst seines Glückes Schmied ist. Letztere Personen werden als intern attribuiert bezeichnet. Diese Menschen sind überzeugt davon, dass das, was sie erreicht haben oder erreichen können, ganz allein von ihnen selbst und ihrer Leistung abhängt. Extern attribuierte Persönlichkeiten halten es im Zweifel eher für Glück, wenn sie dieses oder jenes erreicht haben. Selbst wenn sie aufgrund ihrer Leistung einen Erfolg erreichen, fällt es ihnen schwer, einen Zusammenhang zwischen Aktion und Konsequenz herzustellen. Im Zweifel führen diese Menschen ihren Erfolg dann auf „glückliche Umstände", den „Zufall" oder darauf zurück, dass die Herausforderung nicht sonderlich groß war. Was auf den ersten Blick wie falsche Bescheidenheit anmutet, ist im Grunde nichts anderes als das, was Seligmans hilflose Hunde in der Shuttle Box zeigten: Selbst wenn sie es mehrfach über die Barriere schafften, lernten sie nicht, dass sie sich auf diese Weise den elektrischen Schlägen entziehen konnten. Inwieweit wir selbst intern oder extern attribuierte Persönlichkeiten sind, kann sich auch auf unser Verhalten gegenüber unseren Hunden und ganz besonders in der Erziehung unserer Hunde auswirken.

Erlernte Hilflosigkeit wirkt übrigens auch hinsichtlich gewisser Klischees, die wir in Bezug auf unsere Hunde nähren. Die Aussage etwa, Jagdhunde seien so, Schäferhunde so, Staffordshire Terrier so, prägt unsere Erwartungen hinsichtlich des Zusammenlebens mit einem solchen Hund (inneres Bild!). Dackel und Beagle haben ihren eigenen Kopf. Welchen Sinn sollte es also haben, Zeit und Engagement in eine Erziehung zu investieren? Die Hunde machen am Ende doch sowieso nur, was sie wollen ...

Da Machtausübung und Hilflosigkeitserfahrungen sowie Frustrations- und Impulskontrolle dennoch wichtig sind, besteht das Kunststück darin, zwischen allem eine Balance, das individuell richtige Maß zu finden. Ein bekanntes Zitat des Theologen, Philosophen und Politikwissenschaftlers Reinhold Niebuhr bringt es auf den Punkt:

„Gib mir die Gelassenheit, Dinge hinzunehmen, die ich nicht ändern kann, den Mut, Dinge zu ändern, die ich ändern kann, und die Weisheit, das eine vom anderen zu unterscheiden."

Dabei sind es nicht zuletzt die Prinzipien der GfK, die uns helfen können.

Hilflosigkeit überwinden und verhindern

Einige Hunde aus Seligmans Experimenten lernten Hilflosigkeit nicht. Sie waren immun. Das Erlernen von Hilflosigkeit hat also Grenzen. Seligman sieht den entscheidenden Faktor dafür im Übergang von der Erfahrung von Unkontrollierbarkeit zu der Ausbildung der Erwartung, dass die Konsequenzen unkontrollierbar sein werden. Unter bestimmten Bedingungen wird diese Erwartung nicht ausgebildet, selbst dann nicht, wenn das Tier oder der Mensch tatsächlich Unkontrollierbarkeit erfahren. Seligman benennt insbesondere drei Voraussetzungen, die die Erwartung von Unkontrollierbarkeit nicht aufkommen lassen:

1. Immunisierung durch eine inkompatible Erwartung,
2. Immunisierung durch diskriminative Kontrolle,
3. relative Bedeutung der Konsequenzen.

1. Immunisierung durch eine inkompatible Erwartung

Wer aufgrund seiner Lebenserfahrung verinnerlicht hat, dass allein die eigenen Leistungen, eigenes Handeln, über Konsequenzen, über Erfolg oder Misserfolg entscheiden, der erwartet, dass das, was er tut oder willentlich sein lässt, eine Wirkung zeigt (interne Attribution). Die Erwartung, dass Ereignisse kontrollierbar sind, ist inkompatibel mit der Erwartung, dass sie es nicht sein könnten.

2. Immunisierung durch diskriminative Kontrolle

Dies stellt eine zweite Einschränkung hinsichtlich der Verallgemeinerung von Hilflosigkeit dar. Auch wenn uns beispielsweise klar ist, dass wir auf einem Flug von München nach Berlin keinen Einfluss auf das Fluggeschehen haben, so wird von dieser Hilflosigkeitserfahrung keineswegs unsere Handlungsfähigkeit bei unserem anschließenden Meeting mit den Geschäftspartnern beeinträchtigt. Wir unterscheiden zwischen den Orten, an denen wir hilflos sind, und denen, an denen wir nicht hilflos sind. Hinzu kommt, dass wir entscheiden, also beeinflussen können, ob wir uns in ein Flugzeug begeben oder ob wir nicht lieber mit dem Auto fahren, das uns ein hohes Maß an Kontrolle über das Fahrgeschehen ermöglicht. Wir könnten uns auch entscheiden, mit der Bahn zu fahren, weil sie uns vielleicht vertrauter ist oder immerhin ermöglicht, im Fall der Fälle mithilfe der Notbremse das Fahrgeschehen zu kontrollieren. Gleiches geschieht mit Hunden, die z. B. beim Tierarzt Hilflosigkeit erfahren, aber genau zwischen Tierarzt und zu Hause oder anderswo unterscheiden.

3. Relative Bedeutung der Konsequenzen

Seligman bemerkt dazu, dass Hilflosigkeit zwar leicht von einer stark traumatischen Erfahrung auf weniger traumatische oder unbedeutende Ereignisse übertragen werden kann. Umgekehrt geht das allerdings nicht. Ein Hund, der beim Kochen also niemals ein Stück rohes Rindergulasch abbekommt, ganz gleich, was er tut, mag die Erfahrung von Hilflosigkeit machen. Das allein wird jedoch nicht dazu führen, dass er Hilflosigkeit generalisiert.

Hilflosigkeit heilt sich bis zu einem gewissen Grad selbst. Beim Menschen gibt es die magische Zahl von 48 Stunden, berichtet Seligman: Bei großen Katastrophen, wie z. B. einer Überschwemmung oder einem Brand mit vielen Todesopfern, großen Sachschäden und Verlusten, verfallen die Betroffenen in der Regel etwa 48 Stunden lang in Lethargie, ehe sie sich aufrappeln und die Aufräumarbeiten beginnen. Auch Seligmans Hunde erholten sich von der Erfahrung von Unkontrollierbarkeit. Untersuchte der Forscher die Hunde eine

Woche nach dem Training im pawlowschen Geschirr in der Shuttle Box, so verhielten sich auch die zuvor hilflosen Hunde normal, das heißt, auch sie lernten problemlos, die elektrischen Schläge durch das Überspringen der Barriere zu vermeiden. Voraussetzung dafür war, dass sie nur einmal die Erfahrung von Unkontrollierbarkeit gemacht hatten. Etwas Ähnliches wie die „48-Stunden-Heilungszeit" lässt sich manchmal auch bei Hunden beobachten, wenn sie beim Tierarzt oder auch in der Hundeschule Hilflosigkeitserfahrungen gemacht haben. Die Besitzer berichten dann häufig: *„Danach ist er zwei Tage lang der liebste Hund, und dann geht alles von vorn los."*

Konfrontierte Seligman seine Hunde über einen längeren Zeitraum hinweg immer wieder mit Hilflosigkeitserfahrungen, blieb die erlernte Hilflosigkeit bestehen. Seligman unternahm in der Folge zahllose Versuche, sie wieder aufzuheben, was zunächst jedoch nicht gelang. Weder Drohungen noch gute Worte noch Bestechungsversuche zeigten irgendeine Wirkung. Am Ende entfernte Seligman sogar die Barriere aus der Shuttle Box, kletterte selbst hinein und versuchte, die Hunde mithilfe eines Leckerbissens in die sichere Hälfte zu locken. Doch die Hunde blieben passiv und rührten sich nicht. Erst die Bemerkung eines Hundetrainers, der sagte, er würde die Hunde mit einem Tritt von der einen auf die andere Seite der Shuttle Box befördern, brachte den Durchbruch. Seligman trat seine Hunde zwar nicht, aber er entfernte wiederum die Barriere, band den Hunden eine Leine um und zerrte die völlig passiven Tiere während der Schocks immer wieder in den sicheren Teil des Käfigs. Es dauerte unterschiedlich lange, aber bei allen hilflosen Hunden bewirkte die Behandlung, dass sie ihre Hilflosigkeit überwanden. Zunächst brauchte Seligman immer weniger Kraft, um die Hunde von einer Seite der Shuttle Box auf die andere zu ziehen, bis die Hunde schließlich nach einem kleinen Impuls von selbst aufstanden und in die sichere Käfighälfte liefen.

Hunde, die in einer sprichwörtlich „reizvollen" Welt aufwachsen, die entdecken und experimentieren dürfen, sind weniger in Gefahr, Hilflosigkeitserfahrungen zu generalisieren.

Glückliche Mensch-Hund-Beziehungen erwachsen aus Partnerschaftlichkeit und einer Sensibilität für Bedürfnisse.

Wenn „Gehorsam" aus Kooperation erwächst, bedeutet Hundeerziehung weitaus mehr als bloße Reglementierung.

Ein Geheimnis guter Beziehungen ist gegenseitige Rücksichtnahme. Beziehungsqualität kann nicht aus „sozialen Verpflichtungen" erwachsen.

Wer sich Klischees überlässt, provoziert sich selbst erfüllende Prophezeiungen. Kein Hund ist „unerziehbar". Rassezugehörigkeiten spielen insoweit eine untergeordnete Rolle.

„Kunststücke" können mehr sein als Zirkus: Hat ein Hund verinnerlicht, dass willentliches Handeln die Konsequenzen des Handelns beeinflusst, kann ihn das gegen das Erlernen von Hilflosigkeit immunisieren.

Dann baute Seligman stückweise die Barriere wieder auf, sodass die Hunde Schritt für Schritt das Überspringen lernen konnten. Die Hunde brauchten zwischen 50 und 200 Durchgänge, um ein ebenso sicheres Vermeiden der elektrischen Schläge zu lernen wie naive Hunde und solche, die keine Unkontrollierbarkeit erfahren hatten. Man beachte die hohe Anzahl der erforderlichen Durchgänge: Während naive und immunisierte Hunde nach spätestens 50 Wiederholungen die Elektroschocks ganz gelassen zu vermeiden wussten, brauchten hilflose Hunde dafür mindestens 50 und bis zu 200 Wiederholungen.

Beim Menschen bedarf es einer umfassenden kognitiven Therapie, um erlernte Hilflosigkeit aufzubrechen. Unter anderem werden für die Betroffenen gezielt Situationen geschaffen, in denen sie durch eigenes Handeln Kontrolle über eine Vielzahl von Ereignissen erleben. Zugleich werden sie diesbezüglich an einen positiven Erklärungsstil herangeführt, sodass sie von externer Attribution zu interner Attribution gelangen können. Teilweise lassen sich diese Therapieansätze auch auf Hunde anwenden, um von vornherein zu verhindern, dass sie in erlernte Hilflosigkeit geraten, um sie zu immunisieren. Wie wir gesehen haben, birgt unser Alltag immenses Potenzial für erlernte Hilflosigkeit bei unseren Hunden. Wenn wir jedoch den Prinzipien der GfK folgen, gelingt es uns, dieses Potenzial weitgehend zu minimieren:

› keine Anwendung strafender Macht (Strafe muss vermeidbar sein!),
› wertfreies Beobachten hundlichen Verhaltens,
› intensive Beschäftigung mit hundlichem Ausdrucksverhalten und hundlichen Bedürfnissen, einschließlich Rassebesonderheiten sowie hinsichtlich der individuellen Persönlichkeitsmerkmale,
› Erkennen der Gefühle des Hundes,
› Erkennen der hundlichen Bedürfnisse,

› keine Be- bzw. Verurteilung des Hundes aufgrund seiner durch die jeweilige Situation bedingten Gefühle und Bedürfnisse,
› Identifikation unserer eigenen Gefühle,
› Identifikation unserer eigenen Bedürfnisse,
› Vermeidung von Schuldzuweisungen und Scham,
› Zeigen emotionaler Beständigkeit (keine Vermischung von Auslöser und Ursache insbesondere für „negative Gefühle", sowohl beim Hund als auch bei uns selbst),
› verlässliches, also für den Hund auch vorhersagbares Erfüllen der hundlichen Bedürfnisse, kein Ignorieren hundlicher Bedürfnisse ohne wichtigen Grund (Ausübung beschützender Macht),
› kein Ignorieren hundlicher Kommunikation, insbesondere auch hinsichtlich der Unterscheidung von Kommunikation und „aufmerksamkeitsheischendem" bzw. „forderndem Verhalten",
› keine Erfüllung von eigenen Bedürfnissen auf Kosten der Bedürfnisse des Hundes,
› keine „soziale Verpflichtung" des Hundes (z. B. sich streicheln und umarmen lassen müssen),
› Führung durch Folgschaft auf freiwilliger Basis,
› Festsetzung und Einhaltung verlässlicher und konsistenter Regeln („betriebliche Übung"), um dem Hund die Möglichkeit zu geben, mit Hilflosigkeitserfahrungen fertig zu werden und Frustrationskontrolle zu lernen, nicht die Generalisierung von Hilflosigkeit,
› Schaffung von Situationen, insbesondere in Erziehung und Ausbildung, die dem Hund ermöglichen, die Konsequenzen seiner Reaktionen zu kontrollieren (positive Bestärkung, negative Bestrafung).

▷ Vor allem das Clickertraining birgt weitreichende Möglichkeiten, Hunde gegen erlernte Hilflosigkeit zu immunisieren, nicht nur im Hinblick auf die Erfahrung von Kontrolle über die Konsequenzen von Reaktionen. Clickertraining aktiviert das Seeking-System im Gehirn, eine Region, die lange mit dem Sitz des Lustzentrums verwechselt wurde. „Seeking" bedeutet „Suchen" und ist vor allem für Hunde in höchstem Grade befriedigend, weil es Glücksgefühle verursacht (Jagdverhalten beim Hund, Verstecken spielen oder Schatzsuche bei Kindern oder auch Erwachsenen). Es fördert damit auch die Motivation zu willentlichem Handeln, also dazu, durch ein Verhalten zu bewirken, dass Glücksgefühle aufkommen. Angenehme Empfindungen wiederum sind absolut inkompatibel mit dem Gefühl von Hilflosigkeit. Ebenso empfehlenswert sind die zahlreichen Problemlösungsspiele, sogenannte Intelligenzspiele, die es mittlerweile vielerorts zu kaufen gibt, die sich mit ein bisschen Geschick und Fantasie aber auch leicht selbst basteln und erfinden lassen. Ein besonderer Tipp in diesem Zusammenhang ist zudem die vom Hundetrainerehepaar Ina und Thomas Baumann entwickelte Zielobjektsuche (ZOS).

Die Würde des Hundes ist unantastbar

Die Gewaltfreie Kommunikation auf unsere Hunde anzuwenden, bedeutet nicht nur, eine beiderseitig höhere Beziehungsqualität im Zusammenleben mit unseren Hunden zu erreichen. Es bedeutet auch, die Würde des Hundes anzuerkennen. An der Frage, ob nicht nur Hunde, sondern Tiere im Allgemeinen Träger von Würde sein können, scheiden sich die Meinungen ebenso sehr wie an der Frage, ob sie Gefühle haben, wenn nicht gar noch vehementer. Entsprechend erfolglos blieben bislang sämtliche Bemühungen in Deutschland, die Würde des Tieres ausdrücklich im Gesetz zu verankern. In der Schweiz ist man da schon einen Schritt weiter: Hier ist die Würde der Kreatur bereits seit dem Jahr 1992 verfassungsrechtlich geschützt. Artikel 120 der Schweizer Bundesverfassung verpflichtet den Bund, Vorschriften über den Umgang mit dem Keim- und Erbgut von Tieren, Pflanzen und anderen Organismen zu beachten. Dabei ist nicht nur der genetischen Vielfalt sowie der Sicherheit von Mensch, Tier und Umwelt Rechnung zu tragen, sondern eben insbesondere auch der kreatürlichen Würde.

Was viele nicht wissen: Auch wenn in den deutschen Gesetzen nirgends Worte über die Würde von Tieren zu finden sind, ist auch hierzulande anerkannt, dass Tiere selbstverständlich Träger von Würde sind. Es bedarf dazu nicht unbedingt eines Artikels oder Paragrafen, der so etwas besagt wie: *„Die Würde des Tieres ist unantastbar."* Zu jedem Gesetz gehört ein sogenannter Kommentar, in dem, salopp ausgedrückt, alles steht, was nicht in die Gesetzestexte hineingepasst hat. Mit Artikel 20a unseres Grundgesetzes wurde der Tierschutz als Staatsziel in die Verfassung aufgenommen. Weil §1 des Tierschutzgesetzes ausdrücklich die Verantwortung des Menschen für das Tier als Mitgeschöpf betont, wird im entsprechenden Kommentar zum Gesetz genau daraus die Würde des Tieres abgeleitet:

„Wenn der Begriff Würde das Substantiv zu dem Adjektiv wert bildet und das Gesetz dem Tier einen vom Menschen unabhängigen (Eigen-)Wert zuspricht, dann muss dem Tier auch eine eigene, schützenswerte Würde zuerkannt werden."

Die Anerkennung der tierlichen Würde basiert dabei auch auf den klugen Gedanken zahlreicher Philosophen und Theologen, die sich den Kopf darüber zermartert haben, was Würde denn überhaupt ist, wie man sie definieren kann. Der Theologe Michael Rosenberger hat einige dieser Gedanken in seinem Beitrag „Mensch und Tier in einem Boot – Eckpunkte einer modernen theologischen Tierethik", veröffentlicht in dem Buch „Gefährten – Konkurrenten – Verwandte", zusammengetragen: So machte der Philosoph Paul W. Taylor den Würdebegriff 1981 an der Fähigkeit fest, Träger eigener Güter zu sein. Als eigene Güter gelten beispielsweise Leben, Gesundheit und Wohlbefinden. Damit kann aber auch ein Tier Träger von Würde sein, denn auch ihm liegt an der Erhaltung und Unverletzlichkeit seiner Gesundheit, seines Lebens und seines Wohlbefindens: z. B. halten

Tiere Haar- oder Federkleid sauber, um nicht an Gesundheit und Wohlbefinden Schäden zu provozieren, oder verhalten sich in bestimmter Weise, um in Auseinandersetzungen Schäden für Leib und Leben von sich abzuwenden. Die Ethologie beschreibt dergleichen mit dem sogenannten Schadensvermeidungskonzept. Hinsichtlich der Würde des Tieres wartete 1987 Taylors Kollege Friedo Ricken mit einer eigenen Würdedefinition auf, nach der als Träger von Würde jeder gilt, der Subjekt eigener Zwecke und eines praktischen Selbstverhältnisses ist. Bedeutet: Wer eigene Ziele verfolgt und sich zu seinen Bedürfnissen verhält – trinken geht, wenn er Durst hat, schläft, wenn er müde ist, Spielpartner aufsucht, wenn er spielen möchte (der Ethologe nennt es Appetenzverhalten) –, ist selbstverständlich auch Träger von Würde, also auch das Tier. 1995 folgte Frederick Ferré, ebenfalls Philosoph, mit der Idee der value-ability. Danach ist Träger von Würde jeder, der die Fähigkeit besitzt, Bewertungen vorzunehmen. Ob ein Futter schmeckt oder nicht, ob Beagle Eddie sympathischer ist als Mops Helmut, ein Bett gemütlicher als der Fußboden oder ob Ballspielen mehr Spaß macht als mit der Socke zerren, kann auch ein Tier bewerten. Also muss es auch Träger von Würde sein.

So wie sich einige moderne Philosophen der tierlichen Würde annäherten, wagten sich auch Theologen auf dieses Terrain. So schreibt Hans Jürgen Münk den Tieren Würde zu, weil Gott sie geschaffen hat und die Tiere damit eine unmittelbare Beziehung zu Gott haben (1997). Und Michael Rosenberger selbst erinnert vor diesem Hintergrund daran, dass Jesus nicht in erster Linie Mensch, sondern „Geschöpf" geworden ist, denn die Bibel spreche nicht von Menschwerdung, sondern von „Geschöpfwerdung". Was Fleisch ist, ist Geschöpf und damit Träger von Würde, also eben auch das Tier, so Rosenberger. In einem Vortrag bemerkte der Theologe übrigens, dass nach seiner Auffassung Tiere nach ihrem Tod auch in den Himmel kämen.

Dennoch ist der Streit um die tierliche Würde längst nicht beigelegt. Der Grund dafür liegt in der Würde-Definition dessen, der den Würdebegriff so stark wie wohl kein anderer geprägt hat: Immanuel Kant. Wer Kants Auffassung folgt, argumentiert, dass nur derjenige Träger von Würde sein kann, der moralisch selbstbestimmt handelt: *„Handle nur nach derjenigen Maxime, durch die du zugleich wollen kannst, dass sie ein allgemeines Gesetz werde"* (kategorischer Imperativ). In diesem Punkt sind sich die Gelehrten offenbar sehr einig darüber, dass Tiere das eben nicht können. Die Fähigkeit zu moralischem Handeln scheint damit allein uns Menschen vorbehalten zu sein. Ich persönlich bin jedoch überzeugt, dass auch Tiere moralisch selbstbestimmt handeln können, auch wenn ich es nicht empirisch beweisen kann und mich auf Anekdoten, Analogien und Anthropomorphismen berufen muss, ganz wie in Sachen Tiere und Gefühle.

Über die Moral

Für Moral gibt es eine ganze Reihe sich ähnelnder Definitionen. So steht z. B. im Lexikon für philosophische und theologische Ethik:

> *„Moral wird als Gesamtheit der sozial repräsentierten und im Persönlichkeitssystem der Individuen verankerten regelbezogenen Handlungsorientierungen und wechselseitigen Verhaltenserwartungen oder als eine näher bestimmte Teilklasse dieser Erwartungs- und Orientierungsmuster verstanden."*

Vereinfacht auf den Punkt gebracht bedeutet Moral demnach die Unterscheidung zwischen „richtig" und „falsch", zwischen dem, was sich gehört, und dem, was sich nicht gehört. Moral sind die sogenannten „Guten Sitten". Unsere anscheinend hoch entwickelte Moral ist dabei allerdings ein außerordentlich beeinflussbares Gebilde. Denn die Frage, ob etwas richtig oder falsch ist, lässt sich nicht immer ohne Weiteres beantworten. Sie stellt sich immer dann, wenn wir uns in einem moralischen Dilemma befinden und zwischen Werten und Bedürfnissen abwägen müssen: Es scheint unmoralisch, also falsch, zu sein, wenn wir unseren Hund z. B. trotz Leinenzwang im Park frei laufen lassen, weil wir so gegen Gesetze und Verordnungen verstoßen. Dasselbe Verhalten kann jedoch zugleich moralisch und richtig sein, weil wir durch den Freilauf einen Beitrag zur artgerechten Haltung unseres Hundes leisten, seine Bedürfnisse erfüllen. Was ist also richtig(er)?

Es gibt darauf keine allgemeingültige und einzig „richtige" Antwort. Dabei konfrontiert uns unser Alltag tagtäglich mit einer Vielzahl an Dilemmas. Jedes einzelne erleben wir höchst subjektiv. Grund dafür sind unsere individuell sehr unterschiedlichen Wertvorstellungen und Bedürfnisse. Es ist deshalb keineswegs so, dass wir Menschen alle dieselben Moralvorstellungen (= Werte!) teilen. Nicht einmal dann, wenn wir uns hinsichtlich bestimmter Parameter ähneln, also beispielsweise gleich alt, gleich gebildet oder gleich gekleidet sind.

Die sechs Stufen der Moral

Der Journalist Nikolas Westerhoff hat diesbezüglich in seinem Artikel „Ethische Zwickmühlen: Wen retten? Wen opfern?", erschienen in der Zeitschrift „Psychologie Heute", zahlreiche Forschungsergebnisse der letzten Jahre zusammengestellt und diskutiert. In seinem Artikel zitiert Westerhoff unter anderem den Entwicklungspsychologen Lawrenz Kohlberg, der drei übergeordnete Moralniveaus unterschied und davon ausging, dass sich das moralische Urteilsvermögen des

Menschen von Kindheit an stufenweise ausbildet. Diese Stufen sind als die „Sechs Stufen der Moral" bekannt.

Niveau 1: Präkonventionelle Moral

1. Stufe: Orientierung an Belohnung und Strafe sowie Befolgen von autoritären Anweisungen, etwa durch die Eltern, Erzieher oder Lehrer.

2. Stufe: Kosten-Nutzen-Abwägung und Befriedigung der eigenen Bedürfnisse, sofern nötig im Austausch mit anderen, es gilt das Prinzip der Gegenseitigkeit („Auge um Auge, Zahn um Zahn").

Niveau 2: Konventionelle Moral

3. Stufe: Orientierung an wechselseitigen Erwartungen mit dem Versuch, durch eigenes Handeln Anerkennung von anderen zu gewinnen und Kritik zu vermeiden.

4. Stufe: Orientierung am sozialen System und am Gewissen; damit verbunden ist das Bemühen, allgemein anerkannten Regeln zu folgen und neben eigenen auch die Interessen anderer zu wahren.

Niveau 3: Postkonventionelle Moral

5. Stufe: Orientierung am sozialen Vertrag und gesellschaftlichen Nutzen, wobei die gängigen sozialen Regeln zugunsten übergeordneter Prinzipien relativiert werden können.

6. Stufe: Orientierung an ethischen Prinzipien, wobei selbst gewählte und selbst begründete moralische Grundsätze befolgt werden.

Moral und Wertevermittlung

Kohlberg und auch zahlreiche andere Wissenschaftler glaub(t)en, dass Moral vom Grad der Bildung eines Menschen abhänge, dass also nur derjenige zu moralischem Handeln fähig sei, der für sich geklärt habe, was „Gerechtigkeit", „Fürsorge" oder „Hilfsbereitschaft" sind, bemerkt Westerhoff. Moral kann demnach geübt, gelernt und trainiert werden, was mit der viel beschworenen Wertevermittlung im Rahmen bildungspolitischer Debatten ja auch immer wieder gefordert und versucht wird. Hinzu kommt, geben die Verfechter dieser Ansicht zu bedenken, dass sich die moralischen Probleme (Dilemmas) im Laufe eines Lebens durchaus ändern können, weshalb man gezwungen sei, stets an der eigenen moralischen Urteilsfähigkeit zu arbeiten.

Die Fähigkeit zu moralischem Handeln am Intelligenzquotienten festzumachen, halten andere Wissenschaftler für bedenklich, darunter die Moralpsychologin Revital Ludewig, die Westerhoff in seinem Artikel ebenfalls zu Wort kommen lässt. Eine vermeintliche Kausalität zwischen Moral und Intelligenz unterstellt, dass weniger gebildete Menschen unmoralischer sind. Jeder von uns wird eine ganze Reihe von Beispielen anführen können, die zeigen, dass dem ganz und gar nicht so ist. Wissenschaftler wie Revital Ludewig sind der Meinung, dass nicht nur diejenigen moralisch handeln können, die über Moral nachdenken können, sondern auch die, die völlig unreflektiert in „richtig" und „falsch" unterscheiden und sich entsprechend verhalten.

Tatsächlich zeigte eine große Längsschnittstudie, dass die Bereitschaft von Kindern, moralisch zu handeln, weder vom Wertesystem der Eltern noch vom Bildungsniveau abhängt. Die Longitudinalstudie zur Genese individueller Kompetenzen, kurz LOGIK, verfolgte die Entwicklung von rund 200 Kindern vom vierten Lebensjahr an und stellte fest: *„Je klüger das Kind, desto größer seine Moral"* ist eher ein Wunsch denn Realität. Interessant ist dabei, dass nachgewiesen wurde, dass Kinder keineswegs erst lernen müssen, was richtig ist und was nicht. Sie wissen es instinktiv, sie wollen im Zweifel aber nicht danach handeln. Als die Leiterin der LOGIK-Studie, die Psychologin Gertrud Nunner-Winkler vom Max-Planck-Institut für Kognitions- und Neurowissenschaften in München, Kindern ein Comic vorlegte, in dem ein Junge seinem Freund Süßigkeiten stiehlt, entdeckte sie Erstaunliches: Alle Kinder, sie waren alle erst vier Jahre alt, gaben auf entsprechende Nachfrage an, dass der Junge nicht hätte stehlen dürfen. Auf die Frage, wie er sich beim Klauen wohl gefühlt haben mag, antworteten die Kinder allerdings ebenso übereinstimmend, dass sich der Junge toll gefühlt habe. Indem sie dem Dieb Emotionen des Glücks zuschrieben und nicht etwa Bedauern oder Scham, offenbarten sie, was ihnen selbst wichtiger ist, so die Wissenschaftler: Eigene Bedürfnisbefriedigung oder moralisches Handeln. Dass für die Kinder die eigene Bedürfnisbefriedigung offenbar an erster Stelle stand, sahen sie durchaus als problematisch an.

Menschen handeln für sich – nicht gegen andere

Aus der Sicht der GfK stellt sich das ein wenig anders dar. Denn wie schon dargelegt, betont die GfK, dass alles, was jemand tut, einzig und allein dazu dient, sich selbst Bedürfnisse zu erfüllen. Menschen handeln also stets für sich, nicht gegen andere. Das gilt selbst für Straftaten, Mord und Totschlag eingeschlossen. Aus der Sicht der GfK ist es ganz natürlich, dass die eigene Bedürfnisbefriedigung grundsätzlich vor allem anderen kommt. Das bedeutet jedoch keineswegs, dass sie auch immer durchgesetzt wird. Denn die Bedürfniserfüllung kann mit den persönlichen Werten einer Person unvereinbar sein. Damit korrespondiert die einhellige Meinung der Kinder, dass der Junge im Comic nicht hätte stehlen dürfen. Ihr diesbezüglicher „Instinkt" muss dabei nicht unbedingt aus dem Wissen um Verbote resultiert sein. Er könnte sich auch aus Empathie und Gerechtigkeitsempfinden ergeben haben, denke ich.

Welche Werte jemand für sich wählt, hängt von seiner kulturellen und sozialen Entwicklung ab. Es kann dabei sein, dass der Respekt vor und das Befolgen von Regeln und Gesetzen einen Wert darstellt. Sämtliche Hoffnungen der Dominanzkultur dürften darauf beruhen. Auch Regeln und Gesetze stellen jedoch „nur" Strategien dar – allgemein bevorzugte Strategien zur Erfüllung von Bedüfnissen. Ich glaube deshalb, dass die allermeisten Menschen ihre Werte unabhängig von „äußeren Vorgaben" wählen. Und zwar nicht, um sich auf Kosten anderer Vorteile zu verschaffen, sondern um ein erfüllendes Miteinander in jener Gemeinschaft zu erreichen, der sie angehören wollen. Wer Regeln anerkennt, teilt die Werte und Bedürfnisse dessen, der die Regeln aufgestellt hat. Regeln werden gebrochen, wenn der Einzelne individuell oder situativ Werte oder Bedürfnisse hat, deren Erfüllung ihm im Augenblick persönlich wichtiger erscheint. Auch für Menschen ist jedoch die Kooperation eine zentrale Strategie zur Erfüllung einer Vielzahl an Bedürfnissen. In der Kooperation kann es für jeden Einzelnen aber auch weit mehr Glück bedeuten, sich Werte zulasten einzelner Bedürfnisse zu erfüllen als umgekehrt.

Werte können also grundsätzlich schwerer wiegen als Bedürfnisse. Und sie können ihrerseits die Erfüllung anderer, tieferer Bedürfnisse bedeuten: Leben wir in der Entsprechung zu unseren Werten, verhelfen wir nach dem Verständnis der GfK dem Leben in unseren Augen zu seiner schönsten Entfaltung. Das wiederum hat mit Schenken zu tun, damit, zum Leben beizutragen, was die GfK als das zentrale Bedürfnis des Menschen ansieht. Erfüllt sich dieses Bedürfnis, verschmerzen wir es, wenn andere Bedürfnisse vielleicht unerfüllt bleiben. Wiederum tun sich diverse Strategien zur Bedürfniserfüllung auf. „Moralisches Handeln" ist eine davon. Und wenn „moralisches Handeln" froh macht, trägt es eben zugleich auch zu einem befriedigenden und „schönen" Zusammenleben bei.

Zwang berührt nicht

Moralisches Handeln ist eine Sache, moralische Urteile sind eine andere. Wenn wir hingehen und über andere Menschen moralische Urteile fällen, dann tun wir das, weil diese Menschen unsere Werte nicht teilen. Wir denken dann, dieser oder jener „sollte", „müsste", „hat (k)ein Recht auf ..." und Ähnliches. Eine unserer naheliegendsten Strategien ist oft, nach Verpflichtungen zu rufen, um dem anderen unsere Werte aufzuzwingen, durch Strafandrohung ebenso wie durch Lob, Schuldzuweisung oder Scham (eben auch durch Regeln, Gesetze, Gebote). Genau das versucht die Dominanzkultur. In einem gewissen Rahmen kann das sinnvoll sein, denken wir nur an die Ausübung beschützender Macht. Die Strategie der GfK ist dennoch eine andere. Sie stellt uns vielmehr vor die bereits an anderer Stelle erwähnte Frage: _Wie schaffe ich es, Menschen von meinen Werten zu berühren?"_ Dass es moralischen Urteilen, Regeln und Gesetzen im Allgemeinen nicht gelingt, uns zu berühren, offenbart die Tatsache, dass vielen von uns nicht etwa die „Gesetzestreuen", die „Braven" und „Gehorsamen" besonders sympathisch sind, sondern die „Outlaws", die „aufmüpfigen" Zeitgenossen, die tun, was sie wollen, und nicht, was sie sollen. Das wirkt in ganze Bestseller hinein: Brave Mädchen kommen in den Himmel, böse überallhin. Das Wort „Mädchen" ist austauschbar. Setzen wir doch mal „Hunde" dafür ein!

Der Moral genügt das Gefühl

Womit wir wieder bei unseren Hunden angekommen wären. Nach Ansicht von Revital Ludewig stellt ein Dilemma einen gefühlten (!) Konflikt dar, eine innerliche Zerreißprobe. Können Hunde einen solchen inneren Konflikt fühlen? Können sie hin- und hergerissen sein zwischen: _„Richtig wäre, das zu tun, falsch wäre, das zu tun"_?

Wenn wir uns an die Empathiefähigkeit unserer Hunde und an ihr ausgeprägtes Gerechtigkeitsempfinden erinnern, denke ich, dass sie es können. Selbst wenn sie nicht in „richtig" und „falsch" differenzieren, halte ich es für denkbar, dass sie nachvollziehen: *„Für mich allein lohnte sich das, für mich als Teil dieser Gruppe und damit für das Miteinander lohnt sich das aber mehr."* Oder auch: *„Ich brauche bzw. ich wünsche mir ... (Bedürfnis), aber wenn ich das und das tue, verletze ich ... (Wert)."* Worte sind nach meiner Auffassung dafür nicht erforderlich. Ich denke, dass Hunden entsprechende Empfindungen völlig genügen, verbunden vielleicht mit inneren Bildern. Ich bin überzeugt, dass auch Hunde sich zugunsten ihrer Werte gegen die Erfüllung von Bedürfnissen entscheiden können. Wenn ihre zentrale Überlebensstrategie die Kooperation ist, müssen auch Hunde das tiefe Bedürfnis haben, zum Leben beizutragen, damit das Leben in der Gruppe zu seiner schönsten Entfaltung gelangt bzw. dazu, dass sich alle miteinander wohlfühlen. Genau wie wir Menschen haben Hunde jedoch die Freiheit, sich so oder so zu entscheiden, je nach dem, wie sie zwischen persönlichen Werten und Bedürfnissen abwägen. Zu argumentieren, Tiere verfügten insoweit nicht über einen freien Willen, halte ich vor dem Hintergrund der Ausführungen in diesem Buch für absurd.

Die Wurzeln menschlicher Moral

Dass die Wurzeln unserer menschlichen Moral weit ins Tierreich zurückreichen müssen, betont der bekannte Evolutionsbiologe Frans de Waal in seinem Buch „Primaten und Philosophen – Wie die Evolution die Moral hervorbrachte". Sozial lebende Tiere, so Frans de Waal, müssen in der Lage sein, die Befriedigung eigener Bedürfnisse zurückzustellen, da sonst das Leben in der Gruppe unmöglich wäre, das Leben in der Gruppe dem einzelnen Individuum wiederum

Überlebensvorteile verschafft (Kooperation als Überlebensstrategie). Das Überraschende dabei ist, dass es keineswegs unsere nächsten Verwandten sind, die sich hier besonders hervortun, im Gegenteil. Schimpansen sind z. B. nicht sonderlich bereit dazu, einem Mitglied ihrer Gruppe einen Vorteil zu verschaffen, ohne selbst einen Nutzen davon zu haben. Wenn wir mit unserer Vorstellung von „Eine Hand wäscht die andere" Geschenke in Abhängigkeitsverhältnisse ummünzen und uns für einen Gefallen in die Schuld eines anderen stellen, sind auch wir der „Schimpansennatur" ziemlich verhaftet, glaube ich. Schimpansen sind ausgesprochen „egoistisch" und persönliche Vorteile haben für sie hohe Priorität. Wissenschaftler des Max-Planck-Instituts für Primatenforschung in Leipzig zeigten das in einem Versuch, in dem zwei Affen miteinander kooperieren mussten, um an Futter zu gelangen. Sie setzten die Tiere in zwei benachbarte Käfige und präsentierten ihnen in einigem Abstand ein langes Tablett mit Weintrauben. An beiden Seiten des Tabletts waren Stricke angebracht, die bis in die Käfige reichten. Aufgabe der Schimpansen war nun, parallel an den Stricken und damit das Tablett zu den Käfigen heranzuziehen, wonach sich jeder seiner Trauben bemächtigen konnte. Das Experiment funktionierte, allerdings nur so lange, wie beide Tiere eine Belohnung erhielten. Erhielt nur noch eines Weintrauben für seine Bemühungen, stellte das andere Tier seine Mitarbeit ein, wenn es einige Male leer ausgegangen war. Diesem Schimpansen war absolut gleichgültig, dass sein Kumpel dann ebenfalls keine Weintrauben erhielt. Bei Krallenäffchen laufen solche Experimente anders ab.

Solche sehr kleinen Äffchen, zu denen beispielsweise auch die hübschen Weißbüscheläffchen zählen, wurden einem ähnlichen Test wie die Schimpansen unterzogen. Hier stellte allerdings keines der Äffchen seine Mithilfe ein, wenn es ohne Belohnung blieb. Selbst wenn das begünstigte Tier vollständig darauf angewiesen war, dass sein Kumpel allein die Maschinerie in Bewegung setzte, schritt der Kumpel zur Tat. Auch, wenn er damit rechnen musste, dass er selbst rein gar nichts von der Aktion haben würde. In anderen Experimenten erwiesen sich die Begünstigten jedoch großzügig und im sprichwörtlichen Sinn dankbar, denn sie waren bereit, den Gewinn zu teilen. Keiner der begünstigten Schimpansen kam je auf den Gedanken, seinem Helfer von seinen Trauben abzugeben. Ein Krallenäffchen aber, das fünf Weintrauben gewonnen hatte, gab drei davon seinem Helfer ab. In unseren Augen erscheint ein solches Verhalten sogar „mehr als fair" und von hohem moralischem Niveau bzw. einer Entsprechung tierlicher Werte mit unseren eigenen.

Einige Wissenschaftler, darunter der Primatenexperte Carel van Schaik aus Zürich, vertreten die Ansicht, dass ein gemeinsames Ziel das hervorgebracht haben könnte, was wir „moralisches Handeln" nennen, dazu, Gerechtigkeit und Fairness, Fürsorge und Hilfsbereitschaft walten zu lassen. Ein solches gemeinsames Ziel sieht Schaik insbesondere in der gemeinsamen Aufzucht der in eine Gruppe hineingeborenen Jungtiere. Bei unseren nächsten Verwandten ist „Babysitting" tatsächlich wenig verbreitet. Beschäftigen sich Schimpansen mit einem fremden Kind, so dient das nicht dazu, der Mutter „Arbeit abzunehmen", sondern allein der Befriedigung eigener Bedürfnisse wie Neugier, Spielen, Kuscheln oder Ähnliches. Es kommt gar vor, dass einer Mutter das Baby geraubt und von der Gruppe verspeist wird, wie etwa die Schimpansenforscherin Jane Goodall eindrucksvoll berichtete. Krallenäffchen hingegen ist derlei völlig fremd. Bei ihnen kümmert sich stets die gesamte Sippe um den Nachwuchs, was den Weibchen ermöglicht, sogar zweimal im Jahr Junge zu bekommen.

In uns Menschen scheinen sowohl die Schimpansen als auch die Krallenäffchen zu stecken. Auch wir können überaus eigennützig sein, und insbesondere hinsichtlich der Anschaffung eines Hun-

Hunde müssen nicht über Moral nachdenken können, um fähig zu sein, bestimmte Prinzipien zu leben. Empfindungen reichen dafür völlig aus.

Menschen handeln für sich, nicht gegen andere – Hunde auch.

Henry: Die Würde des Hundes ist unantastbar.

des verfolgen wir kaum etwas anderes als Schimpansen, die sich mit fremder Mütter Kindern beschäftigen: maximale Befriedigung eigener Bedürfnisse, wie Silke Wechsung in ihrer Mensch-Hund-Beziehungsstudie herausfand. Zugleich aber betreiben wir gemeinsame Jungenaufzucht, verfolgen gemeinsame Ziele, verhalten uns selbstlos, hilfsbereit, fair – eben moralisch, um der Einfachheit halber bei diesem Wort zu bleiben. Hinzu kommt, dass Schimpansen zwar keine gemeinsame Jungenaufzucht betreiben, ansonsten aber sehr wohl füreinander einstehen, Freundschaften und Allianzen bilden, einander beistehen und trösten und zwischen Dingen unterscheiden, die man einem anderen tut oder auch nicht antut. Hinzu kommt: Mögen die getesteten Tiere auch nicht geteilt und ohne Gewinn nicht kooperiert haben – wer will wissen, ob es andere Individuen in gleicher Situation nicht doch getan hätten? Hat jeder von uns einen Organspendeausweis oder ein Patenkind bei World Vision? Auch wenn der Gedanke naheliegt: Die Wurzeln unserer Werte, unserer Moral, enden keineswegs bei den Primaten. Denn vor allem, wenn wir uns auf die gemeinsame Jungenaufzucht konzentrieren, die möglicherweise die Ursache für die Entwicklung moralischen Verhaltens war, sehen wir, dass wir und die Krallenäffchen nicht allein sind.

Die hundliche Moral

Auch die Urahnen unserer Haushunde, die Wölfe, sind Tiere mit hoch entwickeltem Sozialverhalten, die gemeinsam ihre Jungen aufziehen. Dabei ist „Papa" zwar zumeist der Mann von „Mama", es kommt aber auch gar nicht so selten vor, dass Papa zugleich der Mann von Mamas Lieblingsschwestern oder ihrer besten Freundin ist und nicht nur mit Mama Kinder hat, sondern auch mit den anderen Damen, die einander deshalb nicht zwangsläufig in Stücke reißen müssen. Welche Verhältnisse auch immer vorherrschen mögen, (fast) immer kümmern sich alle Familien- bzw. Rudelmitglieder um die Kinderschar, inklusive der Geschwister, Onkel und Tanten, Freunde, Großeltern, Cousins und Cousinen. Die alte Mähr, dass Wölfe verletzte, kranke oder schwächere Rudelmitglieder „gnadenlos" aus ihrer Gemeinschaft ausstoßen, stimmt ebenso wenig, auch wenn es durchaus vorkommt. Genauso ließ sich aber auch schon beobachten, dass Tiere, die durch Krankheit oder Verletzung zeitweise außer Gefecht gesetzt waren, beschützt, mit Futter versorgt und gepflegt wurden. Und das monatelang, bis sie wieder fit waren.

Was die gemeinsame Jungenaufzucht betrifft, so scheinen unsere Haushunde das Fürsorgeniveau ihrer Urahnen reichlich herabgesetzt zu haben. Dank der menschlichen Fürsorge im Zuge der Domestikation würgt kaum noch eine Hündin ihren Welpen Futter vor oder trägt ihnen welches zu, auch Mithunde zeigen diesbezüglich null Engagement. Das betrifft nicht nur Hunde in unserem Hausstand, sondern auch verwilderte Haushunde. Zuweilen wollen Mithunde dem Nachwuchs gar den Garaus machen. Was durchaus vorkommt, ist jedoch keineswegs die Regel. Viele Züchter können hinreißende Geschichten über Freundinnen, Onkel und Brüder, Mütter, Töchter und Schwestern erzählen, die die (Mit-)Sorge um Welpen regelrecht an sich gerissen haben. Bis heute synchronisieren viele Hündinnen, die in Mehrhundehaushalten leben, ihre Läufigkeitszyklen, sodass Welpen auch dann versorgt werden und Muttermilch erhalten können, wenn die leibliche Mutter erkrankt oder gar stirbt. Manche Welpen verdanken ihr Überleben nur einer scheinträchtigen Tante oder Freundin. Auch unsere Hunde tragen also die Bereitschaft und Fähigkeit hinsichtlich gemeinsamer Jungenaufzucht in sich. Ein sehr eindrucksvolles Beispiel von gemeinsamer Jungenaufzucht bei verwilderten Haushunden hat Günther Bloch bei seinen „Pizza-Hunden" dokumentiert.

„Instinktiv" aus Empathie, Gerechtigkeitsempfinden und Kooperationsgedanken moralisch handeln zu können ist eine Seite. Ich denke, dass die Moral bzw. die Fähigkeit unserer Hunde, bestimmte Werte für sich zu wählen, noch darüber hinausgeht, dass Hunde auch menschliche Werte im Ansatz übernehmen und sich entsprechend verhalten können. Die Besitzerin eines kleinen Rüden aus meiner Zucht beispielsweise besann sich auf die Attraktivität von Tauschgeschäften, als sie ihrem Hund das Signal „aus" beibrachte. Erwischte sie ihren Daps mit Dingen im Fang, die nicht seine waren, gab sie ihm im Austausch immer etwas, das er behalten durfte, wenn sie ihm „Verbotenes" wegnahm. Das moralische Prinzip, die Wertvorstellung: *„Jemandem einfach etwas wegnehmen = falsch, deshalb: Wenn du jemandem etwas wegnimmst, dann gib etwas dafür = richtig",* hat Daps für sich übernommen: Als seine Besitzerin kürzlich Wäsche aufhängte und Daps im Wäschekorb die geliebten Socken seiner Freundin Emily entdeckte, nahm er die Socken nicht, wie er es sonst immer getan hatte, einfach an sich. Er hielt vielmehr inne, verließ den Raum und kam kurz darauf mit seinem Gummiquietschhuhn wieder. Er legte das Huhn in den Wäschekorb und angelte sich erst dann die Socken! Eine ähnliche Episode ereignete sich vor Kurzem, nachdem Dapsens Besitzerin der Dusche entstiegen war: Barfuß stand sie auf einem Handtuch, als ihr Hund ins Bad rannte, in das Handtuch biss und daran zerrte. Als seine Besitzerin deswegen schimpfte, rannte er hinaus und holte ihre Hauslatschen. Die warf er ihr vor die Füße, sehr wahrscheinlich in der Erwartung, nun im Austausch das Handtuch zu bekommen. Mein Bummi macht in letzter Zeit mit etwas Ähnlichem auf sich aufmerksam: Wenn ich Schokolade esse, kommt er manchmal mit Resten seiner Knabberutensilien an und legt mir Überbleibsel von Ochsenziemern, Kauknochen und Rinderpansen auf den Bauch. Ich nehme an, dass er versucht, diese gegen meine Schokolade einzutauschen.

Hunde auf den Stufen der Moral

Schaue ich mir die sechs Stufen der Moral nach Lawrenz Kohlberg an, finde ich für mich zahlreiche Hinweise darauf, dass Hunde in der Lage sein könnten, grundsätzlich alle sechs Stufen emporzuklimmen:

Niveau 1: Präkonventionelle Moral

Hunde sind fähig, sich an Belohnung und Strafe zu orientieren, autoritäre Anweisungen (bzw. Signale mit Appellfunktion) zu befolgen, Kosten-Nutzen-Abwägungen hinsichtlich der Erfüllung eigener Bedürfnisse anzustellen und dem Prinzip der Gegenseitigkeit zu folgen, ganz nach dem Motto: *„Was du nicht willst, das man dir tu', das füg' auch keinem andern zu!"*

Niveau 2: Konventionelle Moral

Wie wir gesehen haben, können sich auch Hunde an wechselseitigen (sozialen) Erwartungen orientieren, auch verbunden mit dem Versuch, durch eigenes Handeln Anerkennung zu gewinnen und Kritik zu vermeiden. „Anerkennung" und „Kritik" sind in Bezug auf Hunde vielleicht keine offensichtlich geeigneten Wörter, sie haben aber eine Beziehung zu Status und Rang, und sie tragen die Bedeutungen von „Aufgenommensein in eine Gemeinschaft" (Anerkennung) und „Möglichkeit des Ausschlusses aus einer Gemeinschaft" (Kritik) in sich. Und demnach orientieren sich Hunde sowohl uns Menschen als auch Artgenossen gegenüber sehr wohl an wechselseitigen Erwartungen, wobei sie versuchen, in eine Gemeinschaft aufgenommen zu werden bzw. aufgenommen zu bleiben und den Ausschluss aus der Gemeinschaft zu verhindern. Jede Gemeinschaft stellt dabei ein soziales Gefüge dar, in dem jeder, der zu moralischem Handeln fähig ist, das Bemühen zeigen muss, den ganz eigenen Regeln der jeweiligen Gemeinschaft zu folgen und neben eigenen Interessen auch die Interessen der anderen in der Gemeinschaft und die Interessen der

Gemeinschaft als Ganzes zu wahren. Wie wir gesehen haben, trifft das auf Hunde zu. Interessant finde ich, dass auch Marc Bekoff argumentiert, dass moralisches Verhalten sich möglicherweise deshalb lohnt, weil es „gute" Gefühle macht und damit auch die Qualität des Zusammenlebens hebt.

Interessant ist insoweit auch ein Blick auf die Hormone. Udo Gansloßer und die Tierärztin Sophie Strodtbeck weisen in ihrem Buch „Kastration und Verhalten beim Hund" unter anderem darauf hin, dass in Pubertistenhirnen zwar viele ungenutzte Verbindungen wegrationalisiert werden, dafür aber in anderen Bereichen die Empfindlichkeit für Nervenimpulse und damit auch für Denk- und Handlungsvorgänge verbessert wird. Umgestaltungsprozesse fänden vor allem im vorderen Stirnhirn statt. Dieses Gebiet, das auch mit sozialer Kompetenz und sozialem Beziehungsverhalten verknüpft ist, gewinne im Lauf der Pubertät an Empfindlichkeit für bestimmte Botenstoffe, während die Empfindlichkeit für eben diese Botenstoffe im Bereich des limbischen Systems abnehme. Das bedeute, so Gansloßer und Strodtbeck, das mehr rational-vernünftiges und weniger emotionales Verhalten an den Tag gelegt werde. Ich denke, dass sich das auf moralisches Verhalten auswirken könnte.

Niveau 3: Postkonventionelle Moral

Wenn wir in Bezug auf die Orientierung am sozialen Vertrag und am gesellschaftlichen Nutzen wieder auf die Verfolgung gemeinsamer Ziele und insbesondere die gemeinsame Aufzucht des Nachwuchses innerhalb sozialer Gruppen zurückkommen, sehen wir den Hund meines Erachtens auch auf der fünften Stufe. Dabei sind Hunde durchaus auch fähig, anerkannte soziale Regeln zugunsten übergeordneter Prinzipien zu relativieren. Ein Beispiel dafür ist der intelligente Ungehorsam. Hinzu kommt, dass jeder Hund genauso wie jeder Mensch seine eigenen moralischen Prinzipen festlegt (Autonomie!), seine Werte selbst wählt und stets selbst und frei entscheidet, ob und inwieweit er sich gegenüber wem rücksichtsvoll, umsichtig, großzügig, hilfsbereit, fürsorglich etc. verhält.

Die Vermutung, dass das „Ob" und das „Inwieweit" von unserer jeweiligen Mensch-Hund-Beziehung beeinflusst werden können (nicht müssen!), liegt nahe: Auch seine bisherigen Erfahrungen mit Vorbesitzern und Artgenossen, die „Kinderstube", aus der unser Hund kommt und das Beispiel, das wir ihm gegenwärtig vorleben, wenn wir uns ihm und anderen Menschen (auch fremden) gegenüber in bestimmter Weise verhalten, können die Wertvorstellungen unseres Hundes beeinflussen. Ich bin überzeugt, dass es uns durch bloßes Verhalten gelingen kann, auch unseren Hund von unseren Werten zu berühren, zumindest ein Stück weit.

Wenn wir unseren Hunden die Fähigkeit, moralisch selbstbestimmt zu handeln, zugestehen, begeben wir uns allerdings zugleich in die große Gefahr, moralisches Handeln von unseren Hunden zu erwarten. Eine solche Erwartung wird jedoch kein Hund je erfüllen können, nicht einmal ansatzweise (was im Übrigen auch für unsere Mitmenschen und ganz besonders für unsere Kinder gilt).

Hinzu kommt, dass ein und dasselbe Verhalten moralisch völlig unterschiedlich bewertet werden kann, wie wir bereits gesehen haben. Menschen können uns über ihre Beweggründe aufklären, Hunde nicht. Was wir also leichtfertig und vorschnell als unmoralisch verurteilen, kann aus Sicht des Hundes im Gegenteil hoch moralisch sein. Wenn meine Lotti durch die Anwendung einer List erreicht, sich den Knabberkram der anderen Hunde aneignen zu können, mag das nicht unbedingt im Einklang mit unseren eigenen Werten stehen.

Aber Lotti gelingt volle Bedürfnisbefriedigung mit geringstmöglichem Kollateralschaden. Umgekehrt hat sie noch nie versucht, sich durch die Anwendung von Gewalt, insbesondere Drohung, in den Besitz von fremden Ressourcen zu bringen. Ihrer List liegt meiner Ansicht nach eine ganz eigene Wertvorstellung zugrunde. Insbesondere eine, die aus meiner Sicht nicht darauf abzielt, „Kampfschäden" für sich selbst zu vermeiden. Denn vor allem gegenüber Elsa (die übrigens nicht mit ihr verwandt ist) hätte Lotti nichts zu befürchten. In meinen Augen handelt Lotti damit moralisch – hundemoralisch.

Zwischen tierlicher Moral und menschlicher Moral zu unterscheiden, finde ich nicht nur legitim, sondern auch wichtig. Einen entsprechenden Denkansatz verfolgen Marc Bekoff und Jessica Pierce, dem sie in ihrem Buch „Vom Mitgefühl der Tiere" nachgehen. Pierce und Bekoff machen die Fähigkeit zu moralischem Handeln ebenfalls am Empfindungsvermögen fest, insbesondere an der Fähigkeit von Tieren zu Empathie, der sie auch Sympathie, Mitgefühl, Trauer und Trösten zuordnen, Gerechtigkeit, zu der sie Teilen, Gleichheit, Fairness und Vergebung zählen, und Kooperation, die nach Pierce und Bekoff auch Altruismus, Gegenseitigkeit, Ehrlichkeit und Vertrauen beinhaltet. Dabei kommen auch sie zu dem Schluss, dass Tiere sehr wohl moralisch selbstbestimmt handeln können. Pierce und Bekoff betonen dabei, wie wichtig eine Unterscheidung zwischen menschlicher Moral und tierlicher Moral sei. Sie argumentieren, dass Moral artspezifisch ist, Hunde also Hundemoral besitzen, Wölfe Wolfsmoral etc. Das leuchtet ein. Hunde können nicht über menschliche Moral verfügen, weil sie keine Menschen sind. Ich denke jedoch, dass es gar nicht darauf ankommt, ob Hunde „menschlich moralisch" handeln können. Meiner Auffassung nach geht es um Moral als solche, um die Fähigkeit, überhaupt eigene Werte wählen und sich diesen Werten entsprechend verhalten zu können. Und sobald auch nur ein Individuum dazu in der Lage ist, halte ich es nicht mehr für legitim, der Spezies als Ganzes die Fähigkeit abzusprechen. Zwischen „Ein Tier kann nicht" und „Ein Tier macht nicht" besteht ein großer Unterschied.

Insoweit sind für mich nicht die graduellen Unterschiede in menschlicher und hundlicher Moral von Bedeutung, sondern die Bereiche, in denen sich menschliche und hundliche Moral überschneiden. Wie lautete Kants kategorischer Imperativ doch gleich: *„Handle nur nach derjenigen Maxime, durch die du zugleich wollen kannst, dass sie ein allgemeines Gesetz werde."* Auch hier bin ich überzeugt, dass Hunde das nicht denken müssen, um in der Lage zu sein, das Prinzip als solches zu leben. Aus den entsprechenden Gefühlen, Werten und Strategien kann es ganz selbstverständlich, bzw. aus sich selbst heraus erwachsen. Hinzu kommt: Gedanken über das, was wir Moral nennen, sind Philosophie, Hundeverhalten ist Ethologie. Wenn ich beides miteinander vermische, möchte ich mich vom Grundsatz „Im Zweifel für das Tier" leiten lassen. Nur weil Hunde etwas können, heißt das nicht, dass sie es deshalb auch müssen. Das macht sie nicht schlecht. Hunde sind keine Heiligen und keine „besseren" Menschen. Hunde bleiben, was sie sind und immer waren: Hunde. Vielleicht ist ihre größte moralische Leistung, dass sie uns, so erscheint es mir zumindest, nie verurteilen. Ganz gleich, was wir tun. Und auch ganz gleich, was wir ihnen vielleicht antun oder angetan haben.

„*Sobald ich die Überzeugung nähre, in welchem Ausmaß
auch immer, dass es so etwas gibt wie ‚rücksichtsloses Handeln‘ oder ‚pflichtbewusstes Handeln‘ oder einen ‚gierigen
Menschen‘ oder einen ‚anständigen Menschen‘, dann trage
ich zur Gewalt auf diesem Planeten bei. … Statt sich darauf
zu einigen oder auch nicht zu einigen, was Menschen sind,
wenn sie morden, vergewaltigen oder die Umwelt verschmut-
zen, fördern wir meiner Meinung nach die lebensbejahenden
Energien mehr, wenn wir unsere Aufmerksamkeit auf das
lenken, was wir brauchen. … Gewaltfreie Kommunikation
funktioniert über Berührtheit. Wenn das Menschenbild der
gewaltfreien Kommunikation richtig ist, dann erreicht echte
Einfühlung jeden Menschen und erinnert ihn an sein Herz
und an das, wonach er wirklich sucht.*“

(Marshall Rosenberg)

Ich bin überzeugt, dass das auf Hunde genauso zutrifft. Wir müssen
keine philosophischen Kopfstände vollführen, um für den Begriff
der Würde Definitionen zu finden, die auch auf Tiere oder eben nicht
auf Tiere passen. Die Würde des Hundes ist unantastbar. Die Würde
jedes anderen Tieres ebenso. Schauen wir hin, und entdecken wir
Anekdoten, Analogien und Anthropomorphismen, solange uns Beweise fehlen. Wie gesagt: Ein Mangel an Beweisen ist kein Beweis
fürs Gegenteil.

> *„Wahrscheinlich werden wir nie alles wissen, was sich im Kopf und im Herzen eines Tiers abspielt, doch das müssen wir auch nicht. Wir als Gesellschaft müssen uns lediglich fragen: Was verursacht mehr Schaden? Was hat die größeren Konsequenzen? Säugetiere, Vögel, Fische und Reptilien so zu behandeln, als wären sie im Besitz des vollen Spektrums an Emotionen und Empfindungen, nur um eines Tages festzustellen, dass Tiere nur manche dieser Eigenschaften besitzen? Oder weiterhin alle Tiere zu missbrauchen, um eines Tages festzustellen, dass jede Spezies ein Empfindungsvermögen sowie ein ebenso reiches Gefühlsleben besitzt wie der Mensch?"*
>
> *(Marc Bekoff)*

Wertschätzung feiern

Vielleicht ist es unser Hunger nach Bestätigung, der uns dazu bringt zu loben, wenn wir, ganz gleich ob Mensch oder Hund, Anerkennung zeigen wollen. „gute Arbeit", „braver Hund", „prima", „du bist total nett". Der Haken daran: Solche Äußerungen stellen, auch wenn sie positiv ausfallen, Urteile und Bewertungen dar, also lebensentfremdende bzw. trennende Kommunikation. Das Trennende spüren wir, wenn wir uns mit einem Lob nicht rundum wohlfühlen und versuchen, es abzutun, z. B. mit *„Das war doch selbstverständlich"* oder *„Das war doch gar nichts"* oder *„Das ist doch mein Job"*. Manchmal gewinnen wir durch ein Lob auch den Eindruck, nur gelobt zu werden, damit wir uns (noch) mehr anstrengen. All das verleiht Lob und Anerkennung einen faden Beigeschmack, so Rosenberg.

Wenn wir uns unsere Hunde anschauen, stellen wir fest, dass sie uns nie loben. Dennoch sind die meisten Hundehalter überzeugt davon, dass ihnen ihr Hund Wertschätzung entgegenbringt. Hunde urteilen nicht über uns, nehmen uns stets so an, wie wir sind, und ganz gleich, was wir getan haben oder auch nicht, wie wir aussehen, wie vermögend, wie arm, krank oder alt wir sind, Hunde scheinen stets und immer nur das Beste in uns zu sehen. Genau darauf bauen mittlerweile ganze Behandlungskonzepte im therapeutischen und pädagogischen Bereich auf, der tiergestützten Intervention. Das Geheimnis unserer Hunde liegt dabei einzig und allein darin, dass sie eben nicht loben, sondern Wertschätzung feiern, und das überraschenderweise genau so, wie es die GfK nahelegt.

Das Problem mit dem Lob

Das Problem mit dem Loben ist dasselbe, das allen Be- und Verurteilungen innewohnt: Wer lobt, bringt damit nicht zum Ausdruck, was er fühlt und warum er so fühlt. Dabei loben wir nur, wenn wir uns „gut" fühlen, was wir wiederum nur dann tun, wenn unsere Bedürfnisse erfüllt wurden. So wie die Ursache von Ärger oder Wut, Frustration, Bedauern oder Traurigkeit unsere unerfüllten Bedürfnisse sind, sind erfüllte Bedürfnisse Ursache für unsere Freude, für Glück, Begeisterung, Frohsinn, Hoffnung etc. Auch hier ist wieder die Unterscheidung von Auslöser und Ursache für unsere Gefühle wichtig: Was jemand oder unser Hund tut oder sagt, löst lediglich die wohltuenden Gefühle aus. Die Ursache dafür ist schlicht und ergreifend, dass sich bestimmte Bedürfnisse erfüllt haben. Genau das bringen wir in der GfK zum Ausdruck, wenn wir anderen Wertschätzung entgegenbringen. Nach Rosenberg setzt sich Wertschätzung aus drei Bestandteilen zusammen:

1. die Handlungen, die zu unserem Wohlbefinden beigetragen haben,
2. unsere jeweiligen Bedürfnisse, die sich erfüllt haben,
3. die angenehmen Gefühle, die sich durch die Erfüllung dieser Bedürfnisse eingestellt haben.

Unsere Hunde sind Meister darin, diese „Dreifaltigkeit" mit einem Blick oder einem Schwanzwedeln zu vermitteln (so wie sie sich nach meiner Auffassung bei genauerem Hinsehen als Meister der gesamten Gewaltfreien Kommunikation entpuppen). Wenn sich ein Hundebedürfnis erfüllt, kommuniziert unser Hund seine Gefühle. Wenn er sich irrsinnig freut, dann zeigt er das, und mir fällt dafür kein anderer Grund ein als der, dass er seine Gefühle feiert.

Danke sagen

Wenn wir in der GfK Wertschätzung ausdrücken, ist unsere einzige Absicht, zu feiern, wie unser Leben durch andere schöner wurde, betont Rosenberg. Ein Lächeln oder ein einfaches Dankeschön können dafür ebenso genügen wie das Schwanzwedeln eines Hundes. Wenn wir aber sichergehen wollen, dass ein (menschliches) Gegenüber wirklich erfährt, wie es zur Bereicherung unseres Lebens beigetragen hat, empfiehlt Rosenberg, die oben genannten drei Punkte tatsächlich in Worte zu fassen.

„Als ich gesehen habe, dass du aufgeräumt hast, habe ich mich gefreut, weil ich die Unterwäsche, die du mir geschenkt hast, heute Abend anziehen wollte und sie nun auch anziehen kann, weil der Hund sie nicht angekaut hat."

Wertschätzung annehmen

Rosenberg weist darauf hin, dass es schwerfallen kann, Wertschätzung anzunehmen, weil wir uns zuweilen fragen, ob wir sie verdienen. Die GfK hilft uns hier, indem sie uns an das empathische Zuhören erinnert: Wir werfen einen wertfreien Blick (Beobachtung) auf unser Handeln, nehmen die „guten" Gefühle wahr und hören auf die

Bedürfnisse, die sich erfüllt haben. Und das feiern wir. Mehr nicht. Wertschätzung verdienen wir uns ebenso wenig wie Strafe.

Verbunden mit den Schwierigkeiten, die wir damit haben können, Wertschätzung anzunehmen, sind gewisse Hemmungen, die uns daran hindern können, Wertschätzung auszusprechen. Das liegt daran, dass wir im Allgemeinen dazu neigen, uns stärker auf die Dinge zu konzentrieren, die nicht in Ordnung sind, als auf die, die in Ordnung sind. Anstatt uns über Erfolge oder auch Teilerfolge zu freuen, schielen wir immer auf das, was noch aussteht. Gerade in der Hundeerziehung kann das eine große Rolle spielen. Als ich in der Hundeschule einmal gegenüber einer Labradorbesitzerin bemerkte: *„Das klappt jetzt aber mit Rückruf!"*, äußerte die Besitzerin keine Freude über die neue, zuverlässige Abrufbarkeit ihres Hundes, sondern entgegnete genervt: *„Ja, nur an der Leine gehen kann sie nicht!"* Auf unserer fortwährenden Suche nach Verbesserungsmöglichkeiten werden wir leicht blind für all die kleinen Sachen, die (schon oder mittlerweile) gut oder zumindest besser laufen bzw. die, die uns noch nie Probleme bereitet haben. Bei allem Verbesserungspotenzial sind es aber gerade diese Dinge, die unser Leben bereichern, weil sich in ihnen unsere Bedürfnisse erfüllt haben.

„Als du immer gekommen bist, wenn ich dich gerufen habe, habe ich mich erleichtert und sicher gefühlt, weil ich mir immer gewünscht habe, auf dem Hundespaziergang entspannen und mich mit den anderen Hundebesitzern unterhalten zu können. Das hat mir heute sehr gutgetan."

Unser Hund muss solche Worte nicht verstehen, denn sie sind in der Kommunikation nicht für ihn bestimmt, sondern in unserem Selbstgespräch über den Hund für uns selbst. Indem wir uns auf diese

Art die Wertschätzung, die wir unserem Hund tatsächlich entgegenbringen, bewusst machen, verhelfen wir uns gleichzeitig zu mehr Zufriedenheit innerhalb unserer Mensch-Hund-Beziehung. Hunde sind wie wir selbst Lebewesen und damit alles andere als perfekt, ganz gleich, welches Ideal wir anstreben mögen. Streben ist wichtig, aber wenn wir im Streben aus den Augen verlieren, womit wir warum eigentlich ganz zufrieden sind, verliert auch die Qualität unserer Mensch-Hund-Beziehung.

Nach meiner Beobachtung sind unsere Hunde vielfach weitaus besser als das Bild, das wir uns von ihnen machen. Das gilt einerseits in Bezug auf die Sicht, die wir auf unseren eigenen Hund haben, andererseits aber auch in Bezug auf die Sicht, die unsere Gesellschaft auf Hunde im Allgemeinen hat. Auf die gesellschaftliche Sicht haben wir weit weniger Einfluss als auf unsere individuelle in Bezug auf unseren eigenen Hund. Wenn wir mit ihm nach den Prinzipien der GfK kommunizieren, ihm Wertschätzung entgegenbringen und Wertschätzung feiern, sehen wir ihn (vielleicht) in einem anderen, „glanzvolleren" Licht, ohne ihn jedoch zu idealisieren. Es gelingt uns, unseren Hund dort abzuholen, wo er steht. Und vielleicht sehen wir unseren Hund dann so, wie er uns sieht. So wie wir wirklich sind.

Das Menschenbild der GfK

> Menschen sind einfühlsame Wesen, die das tiefe Bedürfnis haben, zum Leben beizutragen.

> Alles, was Menschen tun, tun sie, um sich Bedürfnisse zu erfüllen.

> Was immer ein Mensch tut, es ist in der Situation das Beste, was er zu diesem Zeitpunkt tun kann.

> Menschen handeln immer für sich und nicht gegen andere.

Das Hundebild der GfK

> Hunde sind einfühlsame Wesen, die das tiefe Bedürfnis haben, zum Leben beizutragen.

> Alles, was Hunde tun, tun sie, um sich Bedürfnisse zu erfüllen.

> Was immer ein Hund tut, es ist in der Situation das Beste, was er zu diesem Zeitpunkt tun kann.

> Hunde handeln immer für sich und nicht gegen andere.

Quellen

Es gibt viele wunderbare Bücher und Artikel über Menschen und Tiere, im besonderen Hunde. Im Vorangegangenen habe ich zugunsten einer besseren Lesbarkeit auf die Verwendung von Fußnoten verzichtet. Im Einzelnen habe ich mich bei der Arbeit an „Mit Hunden gewaltfrei kommunizieren" auf folgende Publikationen gestützt, die auch für den Laien zumeist leicht verständlich und als weiterführende Lektüre sehr empfehlenswert sind:

Rosenberg, Marshall B.: **Gewaltfreie Kommunikation.** Eine Sprache des Lebens. Junfermann Verlag 2009

Rosenberg, Marshall B.: **Konflikte lösen durch Gewaltfreie Kommunikation.** Ein Gespräch mit Gabriele Seils. Herder Spektrum

Rosenberg, Marshall B.: **Gewaltfreie Kommunikation.** Aufrichtig und einfühlsam miteinander sprechen. Junfermann Verlag

Baumann, Thomas: **ZOS – Zielobjektsuche.** Baumann-Mühle-Verlag 2010

Baumann,Thomas: **Ich lauf schon mal vor ...** Hundeerziehung und vieles mehr. Baumann-Mühle-Verlag 2008

Bekoff, Marc: **Das Gefühlsleben der Tiere.** Ein führender Wissenschaftler untersucht Freude, Kummer und Empathie bei Tieren. Animal Learn Verlag 2008

Bekoff, Marc & Jessica Pierce: **Vom Mitgefühl der Tiere.** Verliebte Eisbären, gerechte Wölfe und trauernde Elefanten. Kosmos 2011

Bloch, Günther: **Der Wolf im Hundepelz.** Hundeerziehung aus unterschiedlichen Perspektiven. Kosmos Verlag 2004

Bloch, Günther: **Die Pizza-Hunde.** DVD. Kosmos Verlag 2008

Coppinger, Ray und Lorna: **Hunde.** Neue Erkenntnisse über Herkunft, Verhalten und Evolution der Kaniden. Animal Learn 2003

De Waal, Frans: **Primaten und Philosophen**. Wie die Evolution die Moral hervorbrachte. Hanser Verlag 2008

Donaldson, Jean: **Hunde sind anders … Menschen auch** – so gelingt die problemlose Verständigung zwischen Mensch und Hund. Kosmos Verlag 2009

Eibl-Eibesfeldt, Irenäus: **Die Biologie des menschlichen Verhaltens**. Grundriss der Humanethologie. Blank Verlag 2004

Fallani et al.: **Psychological Behavior**. March 2007, S. 16 ff.

Faulstich, Joachim: **Das Geheimnis der Heilung**. MensSana 2010

Feddersen-Petersen, Dorit Urd: **Ausdrucksverhalten beim Hund**. Mimik, Körpersprache, Kommunikation und Verständigung. Kosmos Verlag 2008

Feddersen-Petersen, Dorit Urd: **Hundepsychologie**. Sozialverhalten und Wesen. Emotionen und Individualität. Kosmos Verlag 2004

Finger, Katharina: **Intelligenzbestien**. 3sat, Sendung vom 22.12.2010

Goodall, Jane: **Ein Herz für Schimpansen**. Meine 30 Jahre am Gombe-Strom. Rowohlt Verlag 1996

Grandin, Temple (Hrsg.): **Genetics and the Behavior of Domestic Animals**. Academic Press 1998

Grandin, Temple: **Ich sehe die Welt die frohes Tier**. Eine Autistin entdeckt die Sprache der Tiere. Ullstein Verlag 2006

Gröning, Pia und Ariane Ullrich: **Antijagdtraining** – Wie man Hunde vom Jagen abhält. MenschHund! Verlag 2005

Hirt, Almuth; Christoph Maisack und Johanna Moritz: **Tierschutzgesetz**. Vahlen Verlag 2007

Hüther, Gerald: **Die Macht der inneren Bilder**. Wie Visionen das Gehirn, den Menschen und die Welt verändern. Verlag Vandenhoeck & Rupprecht 2010

Joly-Mascheroni, Ramiro M.; Atsushi Senju und Alex J. Shepherd: **Dogs catch human yawns**. Biology Letters, October 2008, vol. 4, no. 5, S. 446–448

Jones, Renate: **Aggression bei Hunden.** Kosmos Verlag 2009

Jurtschitsch, Erwin & Erentraud Hömberg: **Die Hormone für Macht.** Erfolg und Einfluss – Ideale Führungskräfte sind nicht immer stark oder klug – sie haben nur am wenigsten Angst. Focus Magazin Nr. 3, 1993, S. 102

Kirkilionis, Evelin: **Ein Baby will getragen sein.** Alles über geeignete Tragehilfen und die Vorteile des Tragens. Kösel Verlag 1999

Largo, Remo H.: **Babyjahre.** Die frühkindliche Entwicklung aus biologischer Sicht. Piper Verlag 2003

McConnell, Patricia B.: **Das andere Ende der Leine.** Was unseren Umgang mit Hunden bestimmt. Piper Verlag 2009

McConnell, Patricia B.: **Liebst du mich auch?** Die Gefühlswelt bei Hund und Mensch. Kynos Verlag 2007

Nöllke, Matthias: **Von Bienen und Leitwölfen** – Strategien der Natur im Business nutzen. Haufe Verlag 2008

O'Heare, James: **Die Neuropsychologie des Hundes.** Animal Learn Verlag 2009

Otterstedt, Carola und Michael Rosenberger (Hrsg.): **Gefährten – Konkurrenten – Verwandte.** Die Mensch-Tier-Beziehung im wissenschaftlichen Dialog. Vandenhoeck & Rupprecht 2009

Range, Friederike; Lisa Horn, Zsofia Viranyi, Ludwig Huber: **The absence of reward induces inequity aversion in dogs.** http://www.cleverdoglab.at/fileadmin/publications/Range_et_al__Inequity_aversion_dogs.pdf

Rosenberger, Michael: **Von der Würde des Menschen und der Würde des Tieres.** München, 13. November 2009

Rothermund, Dietmar & Mahatma Gandhi: **Eine politische Biografie.** Beck Verlag 2003

Sambraus, Hans Heinrich; Andreas Steiger: **Das Buch vom Tierschutz.** Enke Verlag 1997

Schneider, Wolfgang (Hrsg.): **Entwicklung von der Kindheit bis zum Erwachsenenalter**. Befunde der Münchner Längsschnittstudie LOGIK. Beltz Psychologie Verlags Union 2008

Schöning, Barbara; Nadja Steffen und Kerstin Röhrs: **Hilfe, mein Hund jagt**. Kosmos Verlag 2007

Scott, John Paul und John L. Fuller: **Genetics and the Social Behavior of the Dog**. The classic study. The University of Chicago Press 1965

Seligman, Martin E. P.: **Erlernte Hilflosigkeit**. Beltz Psychologie Verlags Union 1999

Silva, Karine und Liliana de Sousa: **'Canis empathicus'?** A proposal on dogs' capacity to empathize with human. Biological Letters, August 2011, vol. 7, no. 4, S. 489–492

Sondermann, Christina: **Das große Spielebuch für Hunde**. Beschäftigungsideen – Spaß im Hundealltag. Cadmos Verlag 2005

Strodtbeck, Sophie & Udo Gansloßer: **Kastration und Verhalten beim Hund**. Müller Rüschlikon Verlag 2011

Sundance, Kyra: **101 Hundetricks**. Ulmer Verlag 2009

Van Tongeren, Paul & Jean-Pierre Wils (Hrsg.): **Lexikon für philosophische und theologische Ethik**

Wechsung, Silke: **Mensch und Hund**. Beziehungsqualität und Beziehungsverhalten. S. Roderer Verlag 2008

Westerhoff, Nikolas: **Ethische Zwickmühlen: Wen retten? Wen opfern?** Psychologie Heute 1/2008, S. 44

Wie Tiere fühlen, Stern Nr. 47 vom 18. November 2010, S. 132

Wilhelm, Klaus: **Moral ist ein Instinkt**. Psychologie Heute 2/2008

Zimen, Erik: **Der Hund**. Abstammung – Verhalten – Mensch und Hund. Goldmann Verlag 2010

Zimen, Erik: **Der Wolf**. Verhalten, Ökologie und Mythos. Knesebeck Verlag 1997

Zimen, Erik: **Wölfe und Königspudel**. Piper Verlag 1982

Autorin

Nach dem Abschluss eines Wirtschaftsrecht-Studiums absolvierte Judith Böhnke ein Studium der Ethologie an der Akademie für Tiernaturheilkunde (ATN) in der Schweiz und machte ihre Tierliebe und ihr wissenschaftliches Interesse zu einer zweiten Profession. Neben ihrer Vortrags- und Seminartätigkeit arbeitet sie als Fachjournalistin und Tierverhaltensberaterin mit Spezialisierung auf Hunde und Heimtiere, die Ausbildung von Therapiehunde-Teams und Gewaltfreie Kommunikation (www.mensch-tier-akademie.de). Sie ist Mitglied im Verband der Tierpsychologen und Tiertrainer e.v. (VdTT) und züchtet im Jagdspanielklub, einem Mitgliedsverein des Verbandes für das Deutsche Hundewesen (VDH), Englische Cockerspaniels „von den Koboldsnasen".

Dank

Zum Gelingen dieses Buches haben viele Menschen beigetragen, gerade auch mit ihren ganz persönlichen „Mensch-Hund-Geschichten". Ihnen möchte ich besonders danken. Ein inniges Dankeschön gilt Zwergensprache-Gründerin Vivian König, der ich „die Entdeckung der GfK" verdanke. Weiterhin danke ich der Fotografin Tosca Sütö und allen, die sich für unsere Foto-Shootings zur Verfügung stellten: Franzi und Dara, Katrin, Jürgen und Dasti, Antje und Tyson, Paul und Maja, Ilka und Buddy, Ines mit Lilly, Krümel und Gina, Christel und Emily, Robert und Eddy, Christine und Face sowie Nadine mit den Bobtails „von den Sunshineteddybears". Nicht zuletzt danke ich meiner Familie und meiner Lektorin Hilke Heinemann für ihr behutsames Redigieren, ihre Offenheit und Geduld.

KOSMOS.
Zum Schmökern.

S 104.

Bekoff • Pierce | Vom Mitgefühl der Tiere
224 S., 8 Abb., €/D 19,95

Verliebte Eisbären, gerechte Wölfe und trauernde Elefanten

Tiere sind uns ähnlicher, als die Wissenschaft wahrhaben wollte. Marc Bekoff und Jessica Pierce haben das Sozialleben der Tiere viele Jahre erforscht und zeigen, dass Tiere ein großes Repertoire an „moralischen" Verhaltensweisen besitzen – bis hin zu Gerechtigkeitsinn, Mitgefühl, Vergebung, Treue und Urteilsvermögen. Ob es sich um trauernde Gorillas, verliebte Eisbären oder hilfsbereite Elefanten handelt – die Schilderungen im Buch berühren und zeigen, dass der Unterschied zwischen Tier und Mensch gar nicht so groß ist.

kosmos.de

Register

Bildnachweis
Mit 45 Fotos von Tosca Sütö/Kosmos (www.equine-foto.de).
Weitere Fotos von Judith Böhnke (4: Bildtafel 6 oben, Bildtafel 11,
Bildtafel 32 unten).

Impressum
Umschlaggestaltung von eStudio Calamar unter Verwendung von zwei
Farbfotos von Tosca Sütö.

Mit 49 Farbfotos.

Unser gesamtes lieferbares Programm und viele
weitere Informationen zu unseren Büchern,
Spielen, Experimentierkästen, DVDs, Autoren und
Aktivitäten finden Sie unter **kosmos.de**

Gedruckt auf chlorfrei gebleichtem Papier

© 2013, Franckh-Kosmos Verlags-GmbH & Co. KG, Stuttgart
Alle Rechte vorbehalten
ISBN 978-3-440-13401-6
Redaktion: Hilke Heinemann
Gestaltungskonzept: Populärgrafik, Stuttgart
Satz: Kullmann & Partner GbR / Kristijan Matić
Produktion: Eva Schmidt
Printed in The Czech Republic / Imprimé en République Tchèque

„Hunde jagen, Wölfe gehen auf die Jagd."
(118)

Training vor Ferien... Zeit ("Ferientelefonat")
(216)